新型研发机构发展报告

2020

《新型研发机构发展报告2020》编写组　编

科学技术文献出版社
SCIENTIFIC AND TECHNICAL DOCUMENTATION PRESS
·北京·

图书在版编目（CIP）数据

新型研发机构发展报告. 2020 /《新型研发机构发展报告2020》编写组编. —北京：科学技术文献出版社，2021.7（2022.11重印）
ISBN 978-7-5189-8082-6

Ⅰ . ①新… Ⅱ . ①新… Ⅲ . ①科学研究组织机构—研究报告—中国—2020 Ⅳ . ① G322.2

中国版本图书馆 CIP 数据核字（2021）第 139646 号

新型研发机构发展报告2020

策划编辑：丁芳宇　责任编辑：赵　斌　责任校对：张永霞　责任出版：张志平

出　版　者	科学技术文献出版社	
地　　　址	北京市复兴路15号　邮编　100038	
编　务　部	（010）58882938，58882087（传真）	
发　行　部	（010）58882868，58882870（传真）	
邮　购　部	（010）58882873	
官方网址	www.stdp.com.cn	
发　行　者	科学技术文献出版社发行　全国各地新华书店经销	
印　刷　者	北京虎彩文化传播有限公司	
版　　　次	2021 年 7 月第 1 版　2022 年 11 月第 3 次印刷	
开　　　本	889×1194　1/16	
字　　　数	365千	
印　　　张	19.75	
书　　　号	ISBN 978-7-5189-8082-6	
定　　　价	88.00元	

《新型研发机构发展报告 2020》
编写组

编写组组长：解　敏　张炳清　贾敬敦　张卫星

编写组成员：（按姓氏笔画排序）

于　磊　马文静　王胜光　刘会武　安温婕　孙翔宇

李　伟　杨　斌　张　培　陈　伟　周君璧　赵祚翔

胡一鸣　胡贝贝　黄燕飞　韩润奇　霍　竹

前　言
FOREWORD

　　为深入贯彻《中共中央关于制定国民经济和社会发展第十四个五年规划和二〇三五年远景目标的建议》关于完善国家创新体系的文件精神，认真落实 2020 年中央政府工作报告关于发展社会研发机构，加强关键核心技术攻关的决策部署，结合科技部《关于促进新型研发机构发展的指导意见》（国科发政〔2019〕313 号）相关要求，科技部政体司与火炬中心以 2020 年全国各省市新型研发机构摸底调查工作汇总数据和信息为基础，组织编写了《新型研发机构发展报告 2020》。报告旨在全面梳理和反映我国新型研发机构发展现状与成效，深入了解我国新型研发机构发展中的问题与需求，为政策制定及工作部署提供决策支撑。

　　报告按照上、下两篇组织编写，其中上篇为总体情况，包括繁荣发展的新型研发机构、新型研发机构发展基本情况分析、新型研发机构发展情况区域对比分析和新型研发机构发展的问题与建议等 4 章，下篇为案例分析，包含地方政府促进新型研发机构发展的典型做法、代表性新型研发机构案例分析等 2 章。

　　面向"十四五"，科技管理部门将着力做好新型研发机构发展的顶层设计，从优化完善国家创新体系和区域创新体系的视角对新型研发机构进行功能定位，研究提出针对性的政策措施，构建有效的培育工作体系，引导和支持新型研发机构健康有序发展。

目 录
CONTENTS

上篇　总体情况

下篇　案例分析

附件　政策文件

图表目录

上篇
总体情况

第一章 繁荣发展的新型研发机构

20 世纪 90 年代，以深圳清华大学研究院、中国科学院深圳先进技术研究院等为代表的科研机构开始在运营管理模式方面大胆探索、改革创新，引领和带动了一批科研机构的创新发展，催生出新型研发机构这支重要的新兴科研力量，成为促进科技与经济相结合的重要推力。2010 年《中关村国家自主创新示范区条例》颁布，率先提出支持战略科学家领衔组建新型科研机构，促进产学研深度融通。此后，多个地方政府陆续出台针对新型研发机构的支持政策，鼓励和引导新型研发机构蓬勃发展。2016 年，中共中央、国务院印发《国家创新驱动发展战略纲要》提出要"发展面向市场的新型研发机构"，标志着新型研发机构正式纳入国家创新体系。同年，国务院印发《"十三五"国家科技创新规划》提出"鼓励和引导新型研发机构等发展""发展面向市场的新型研发机构，围绕区域性、行业性重大技术需求，形成跨区域跨行业的研发和服务网络"，在宏观层面上为新型研发机构的快速发展指明方向。2019 年 9 月，科技部印发《关于促进新型研发机构发展的指导意见》，大力倡导和支持新型研发机构建设发展，并对新型研发机构培育建设工作做出顶层部署。

在中央政府、地方政府和市场要素的合力推动下，我国新型研发机构快速涌现，特别是2016 年以来，全国各地的新型研发机构建设进入全面爆发期，机构群体快速发展壮大，在国家和区域创新驱动发展中日益发挥出重要的战略作用。

一、规模发展壮大，成为区域创新体系的有机组成

根据科技部调查数据，截至 2020 年 4 月，全国各地成立的新型研发机构数量达到 2050家，成为颇具体量的创新机构群体。大多数新型研发机构是通过整合产学研资源形成的集研发、转化、孵化、投资等活动于一体的平台化组织。尤其基于新时代数字化条件，新型研发机构以多元化的业务布局和功能设置为依托，集聚区域各类创新活动主体形成共生关系，通过开放协同实现主体间的优势互补和彼此赋能，显著增强区域创新体系中各主体间的联系和影响。

新型研发机构以技术成果为纽带，联合产业基金和社会资本，推进技术、人才、资本、服务一体化，孵化育成科技型企业；以科技研发能力为依托，通过知识和技术输出服务，加快先进技术在企业和区域产业中推广应用；以平台科教资源为支撑，引进和吸纳国内外优秀人才和团队，培养科研领军人才和创新创业人才，实现区域产业发展高端人才集聚；以科研仪器设备为基础，通过提供产业技术诊断、检验检测、工业设计等技术服务，推动企业自主创新和区域行业高质量发展。新型研发机构凭借自身独特优势，有效地促进了区域各类创新活动主体间的协同发展和创新资源的融通集聚，成为区域创新体系中的有机组成部分。

二、引领源头创新，是攻克产业关键技术的新生力量

当前我国正进入高质量发展新阶段，同时面临中美科技脱钩和技术贸易壁垒等全球性风险，我国产业体系的源头创新和关键技术支撑亟须加强。目前主流的新型研发机构都是基于产业和应用目标导向开展源头科技研发，相较于传统科研机构，有着更加明确面向产业的研发与创新目标。因此，新型研发机构作为我国围绕产业需求开展基础研究和应用基础研究的新生力量，可以有效弥补我国在技术科学和应用科学研究力量部署的不足，对于产业关键技术的攻关和提高我国产业体系的源头创新能力具有重要意义。

问卷调查数据显示，目前我国有超过 50% 的新型研发机构开展了基础研究、应用基础研究和产业共性关键技术研发活动并实现了高水平的创新产出，如北京量子信息科学研究院，汇聚了北京大学、清华大学、中国科学院等一大批国内顶尖创新资源，瞄准世界量子物理与量子信息学前沿，面向国家战略急需，搭建了世界一流的综合性实验和研发平台，组建了一支全球顶尖的科学家和工程师团队，在量子物态科学、量子通信、量子计算、量子材料与器件、量子精密测量等方面开展科技攻关，在量子计算算法、高质量薄膜制备和物性探索等方面产出一批重大原始创新成果；清华长三角研究院通过搭建柔性芯片中试平台，开展核心技术攻关，着力破解了柔性芯片制造的可靠性难题。

三、赋能产业发展，是优化产业结构的有力支撑

作为科技和经济紧密融合的纽带，新型研发机构高度关注产业发展，通过为产业发展赋能，把科技创新活动与产业活动有效融合，从而更加高效地推动传统产业转型升级，促进新兴产业发展。

第二章　新型研发机构发展基本情况分析

在本次调查中，全国 27 个省（区、市）和 5 个计划单列市共报送新型研发机构名单 2050 家①，其中有 1938 家新型研发机构提交调查问卷，问卷回收率为 94.5%，经数据筛选、清洗，得到有效问卷 1856 份，有效率为 95.8%②。基于数据分析可以发现，我国新型研发机构发展呈现如下特征。

一、数量爆发式增长，空间分布集中

（一）"十三五"期间，新型研发机构数量快速增长

根据调查问卷，2016 年 1 月至 2020 年 4 月新注册成立的新型研发机构，占我国新型研发机构总量的 50.4%（图 2-1a）。其中，2018 年成立的新型研发机构数量最多，共 278 家；其次是 2017 年，全年共注册成立了 249 家；2019 年新成立的新型研发机构数量也超过 200 家（图 2-1b）。这种爆发式增长，主要源于我国产业转型升级的科技创新需求，同时与国家导向和地方政府支持密不可分。

---

① 新疆维吾尔自治区、新疆生产建设兵团、吉林省、黑龙江省、湖南省未报送新型研发机构，暂不纳入统计；内蒙古自治区报送 9 家新型研发机构但并未收到机构填写信息。原始报送名单为 2141 家，存在与计划单列市和所在省份重复报送情况，经删除重复项后共 2050 家。

② 数据处理说明：一是删除重复和缺项数据。主要根据统一社会信用代码/民办非企业代码，将各机构重复填写数据删除，将缺项数据过多（七成以上）的条目删除，获得有效样本 1856 条。二是进行数据的一致性检验。对注册资金、职工人数、固定资产、总收入、发明专利授权数等数据进行一致性检验，个别数据指标通过一致性检验的样本数据不足 1856 条，但这只影响该指标分析时的数据样本选取。

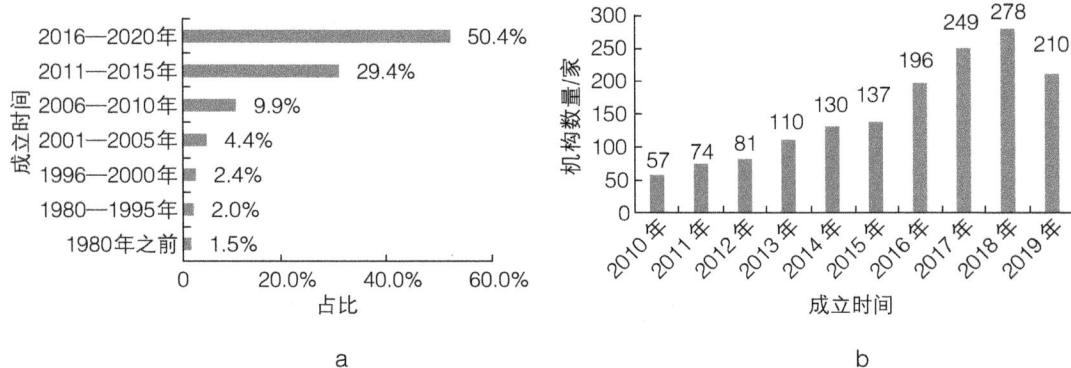

图2-1　新型研发机构成立时间分布

（二）新型研发机构群体的空间分布集中

东部地区^①新型研发机构数量最多，达到 1509 家，占我国新型研发机构总量的 73.6%，主要集中在江苏、山东、广东、浙江、福建，5 个省份的新型研发机构数量均超过 100 家，总量占全国的 61.4%。西部地区和中部地区新型研发机构数量分别为 300 家和 213 家，占全国总量的 14.6% 和 10.4%，其中，重庆、河南、四川等省市在新型研发机构发展方面表现较为突出，新型研发机构总量均突破 50 家。东北地区新型研发机构数量为 28 家，占全国总量的 1.4%（图 2-2 和图 2-3）。

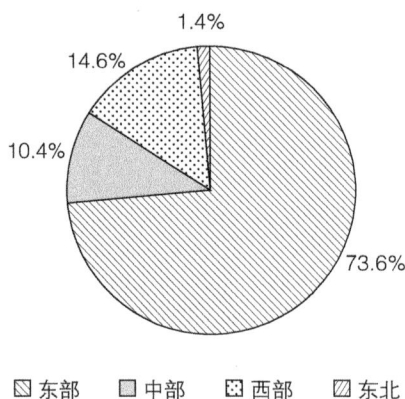

图2-2　新型研发机构区域分布

---

① 东部地区：北京、天津、河北、上海、江苏、浙江、福建、山东、广东、海南、青岛、厦门、宁波、深圳；中部地区：山西、安徽、江西、河南、湖北；西部地区：四川、重庆、贵州、云南、广西、西藏、陕西、甘肃、青海、宁夏、内蒙古；东北地区：辽宁、大连。

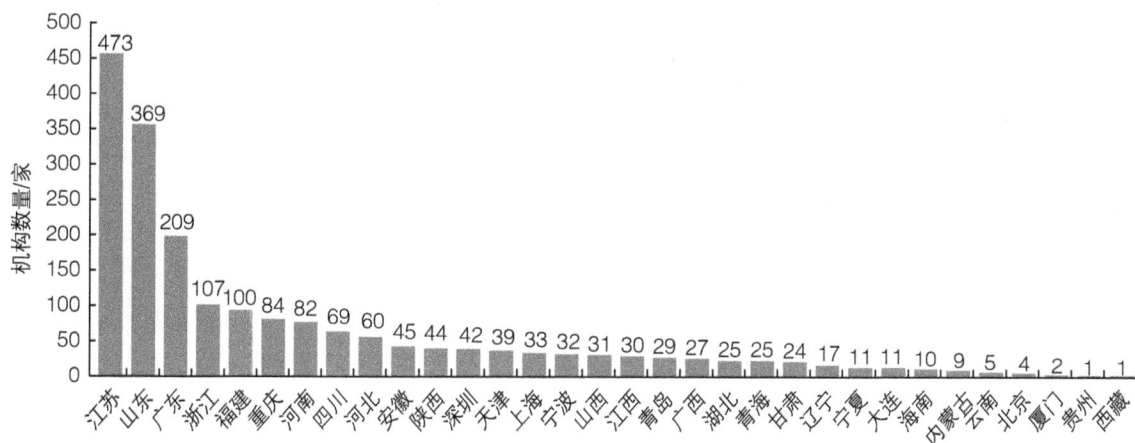

图2-3　新型研发机构省市分布

二、机构类型多样，管理制度现代化

（一）新型研发机构类型多样

从组织属性上看，各省市报送的新型研发机构涵盖了企业、事业单位、民办非企业等多种类型。其中，企业性质的新型研发机构占比为57.8%，事业单位和民办非企业法人类型的新型研发机构占比分别为27.3%和14.6%（图2-4）。

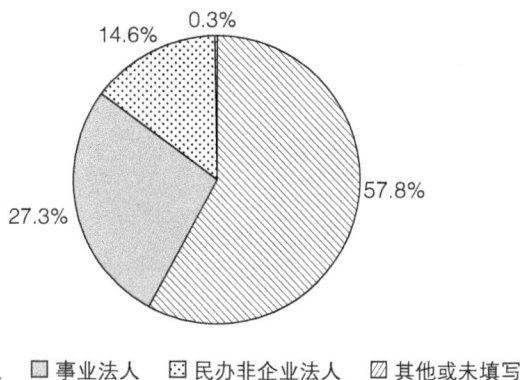

☒企业法人　▨事业法人　☒民办非企业法人　☒其他或未填写

图2-4　新型研发机构法人类型构成

从建设主体上看，有政府主导型、企业主导型和高校院所主导型等，但均同时体现了多元主体联合建设的特征，由2家单位共同举办的新型研发机构占比为36.8%，由3家单位共同举办的新型研发机构占比为21.7%，由4家单位共同举办的新型研发机构占比为8.1%，由5家及以上单位联合举办的新型研发机构占比为11.7%（图2-5）。

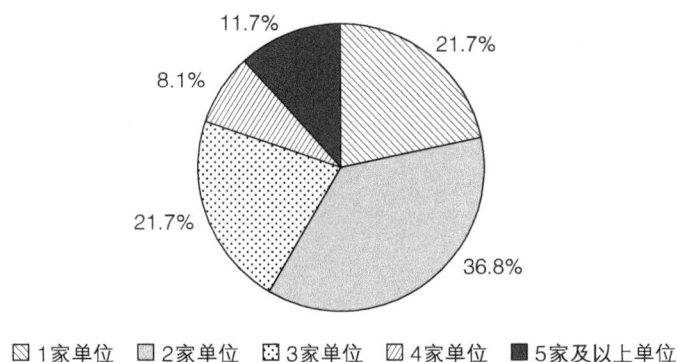

☑1家单位　☑2家单位　☑3家单位　☑4家单位　■5家及以上单位

图2-5　新型研发机构举办单位数目情况

从目标使命和功能侧重上看，有强调国家科技战略目标，侧重开展基础研究和应用研究的新型研发机构；有强调区域或产业战略目标，以应用研发为核心开展研发转化孵化活动的新型研发机构；还包含完全以市场盈利为目标的研发组织。

（二）机构管理制度现代化，近七成建立了理事会或董事会

建立理事会的新型研发机构占比为28.8%，建立董事会的新型研发机构占比为40.6%，未建立理事会或董事会的新型研发机构占比为30.2%（图2-6）。

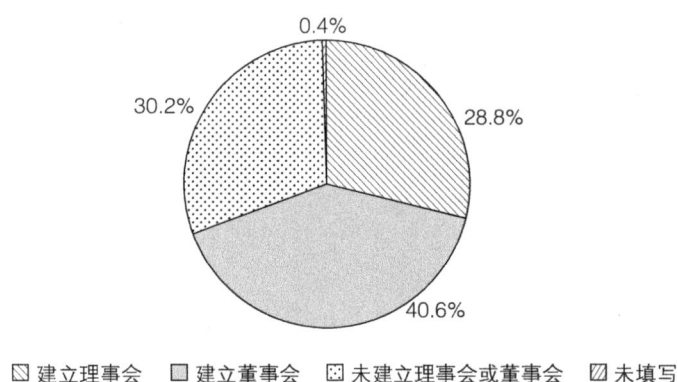

☑建立理事会　☑建立董事会　☑未建立理事会或董事会　☑未填写

图2-6　新型研发机构建立董事会、理事会情况

三、运营支撑良好，创新资源较为丰富

根据调查数据，我国新型研发机构普遍具有良好的发展基础条件和创新资源条件。

（一）从基本运营条件来看，新型研发机构有着较好的发展支撑

一是注册资金实力雄厚，千万级注册资本占比高。我国新型研发机构注册资本均值为3944 万元，中位数为 1000 万元[①]。其中，32.3% 的新型研发机构注册资本在 500 万元以下，11.7% 的新型研发机构注册资本在 500 万～ 1000 万元（不含 1000 万元），38.3% 的新型研发机构注册资本在 1000 万～ 5000 万元（不含 5000 万元），17.7% 的新型研发机构注册资本在5000 万元及以上（图 2-7）。

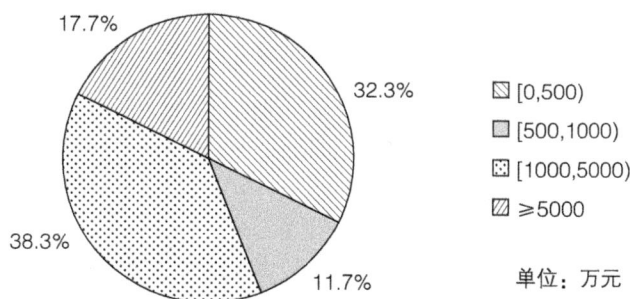

图2-7　新型研发机构注册资金规模情况

二是拥有一定规模的固定资产。97.0% 的新型研发机构拥有固定资产，固定资产价值中位数为 706.8 万元。其中，26.0% 的新型研发机构拥有的固定资产在 200 万元以下，14.6% 的新型研发机构的固定资产在 200 万～ 500 万元（不含 500 万元），13.9% 的新型研发机构的固定资产在 500 万～ 1000 万元（不含 1000 万元），27.7% 的新型研发机构的固定资产在 1000 万～ 5000 万元（不含 5000 万元），14.7% 的新型研发机构的固定资产在 5000 万元及以上（图 2-8）。

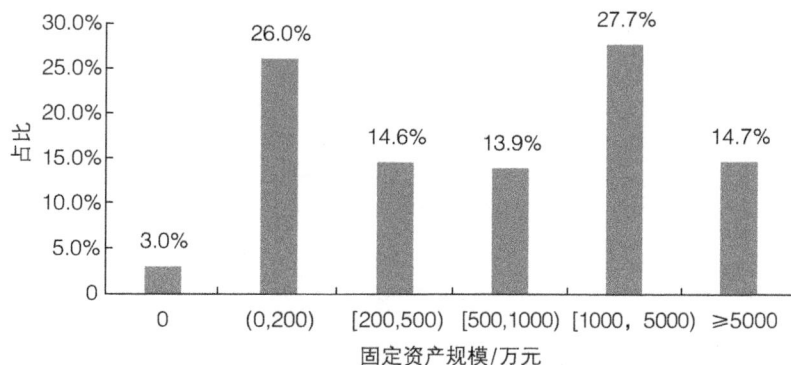

图2-8　新型研发机构拥有的固定资产情况

---

① 报告采用中位数作为具有普遍代表意义的结果。

三是从业人员形成一定规模。其中，人员规模在 20 人以下的新型研发机构占比为 20.3%，人员规模在 20～50 人（不含 50 人）的新型研发机构占比为 39.6%，人员规模在 50～100 人（不含 100 人）的新型研发机构占比为 21.3%，人员规模在 100～500 人（不含 500 人）的新型研发机构占比为 16.3%，人员规模在 500 人及以上的新型研发机构占比为 2.5%（图 2-9）。

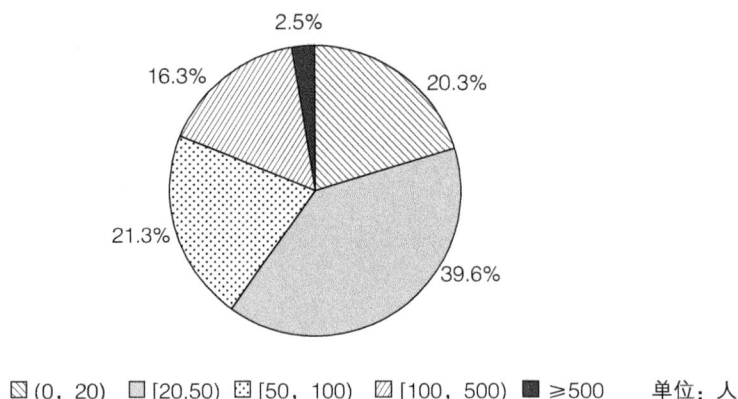

Ø (0, 20)　□ [20,50)　⊠ [50, 100)　⊿ [100, 500)　■ ≥500　　单位：人

图2-9　新型研发机构从业人员规模分布情况

四是具有办公和科研场地条件保障。新型研发机构采用自有场地与租用场地相结合的方式保证办公和科研空间用地，新型研发机构办公面积中位数为 3000 平方米（包含自有和租赁）。69.1% 的新型研发机构采用租赁的方式获得办公场地，新型研发机构租用的场地面积均值为 404.6 平方米，中位数为 1500 平方米。30.9% 的新型研发机构拥有自有产权的场地，其中，11.4% 的新型研发机构的自有场地面积在 3000 平方米以下，8.7% 的新型研发机构的自有场地面积在 3000～10 000 平方米（不含 10 000 平方米），10.8% 的新型研发机构自有场地面积达到或超过 10 000 平方米（图 2-10）。

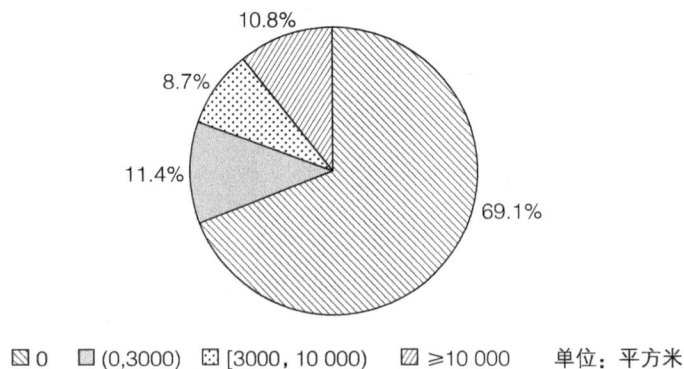

Ø 0　□ (0,3000)　⊠ [3000, 10 000)　⊿ ≥10 000　　单位：平方米

图2-10　新型研发机构自有产权办公和科研场所面积情况

（二）从创新资源条件来看，新型研发机构在人才资源、研发平台条件建设等方面都呈现较好态势

一是研发人员占比均值超过60%。新型研发机构研发人员占比均值为66.4%，中位数为71.0%，最高达到100%，约有92%的新型研发机构研发人员占比超30%[①]（图2-11）。

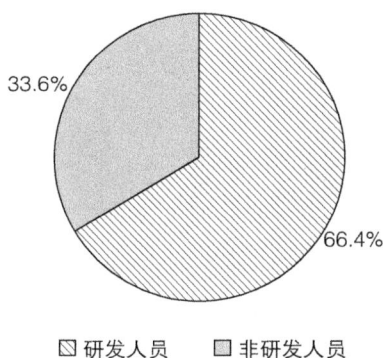

33.6%

66.4%

☒研发人员　▨非研发人员

图2-11　新型研发机构研发人员占比均值情况

二是高学历人才占比高。新型研发机构从业人员中博士学历人员占比均值为18.8%，硕士学历人员占比均值为22.3%，硕博人员占比共41.1%（图2-12）。

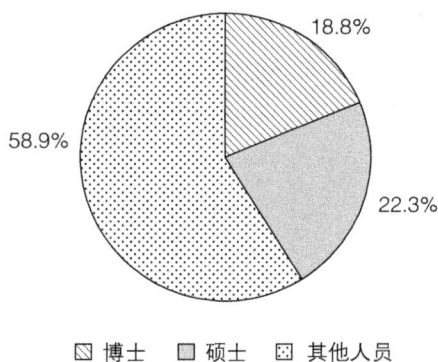

18.8%

58.9%

22.3%

☒博士　▨硕士　▦其他人员

图2-12　新型研发机构硕博学历人员占比均值情况

三是注重创新平台建设。65.2%的新型研发机构设立了创新平台，中位数为1个，均值为2.2个，最多高达53个。其中，23.2%的新型研发机构设立了1个创新平台，12.4%的新

[①]　根据科技部火炬中心《科技型中小企业评价办法》中对科技人员指标的认定办法，将科技人员数占企业职工总数的比例划分为六档，其中最高档为研发人员占比30%（含）以上。

型研发机构设立了 2 个创新平台，11.8% 的新型研发机构设立了 3 个创新平台，12.1% 的新型研发机构设立了 4 ~ 8 个（不含 8 个）创新平台，5.7% 的新型研发机构设立的创新平台数量在 8 个及以上（图 2-13）。

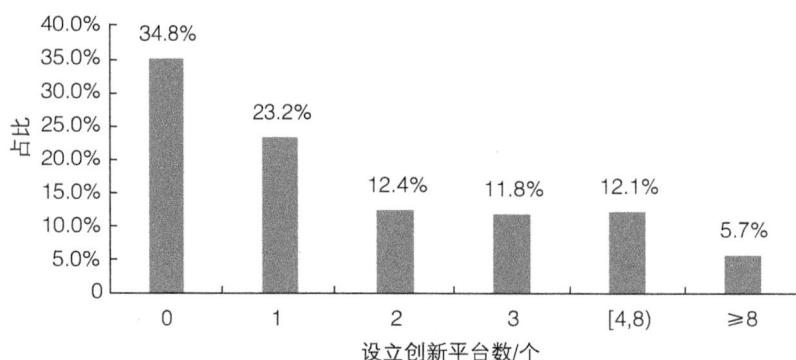

图2-13　新型研发机构设立的创新平台数量情况

四是研发仪器设备原值高。92.2% 的新型研发机构拥有研发仪器设备，研发仪器设备原值中位数为 560.5 万元。其中，24.8% 的新型研发机构研发仪器设备原值在 200 万元以下，18.3% 的新型研发机构研发仪器设备原值在 200 万 ~ 500 万元（不含 500 万元），15.7% 的新型研发机构研发仪器设备原值在 500 万 ~ 1000 万元（不含 1000 万元），25.8% 的新型研发机构研发仪器设备原值在 1000 万 ~ 5000 万元（不含 5000 万元），7.6% 的新型研发机构研发仪器设备原值达到或超过 5000 万元（图 2-14）。

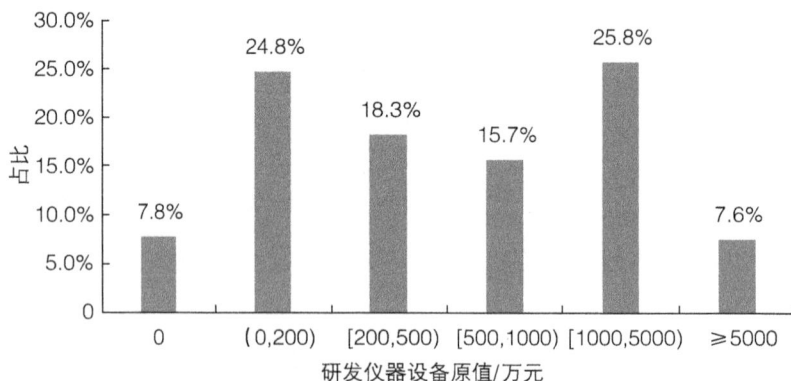

图2-14　新型研发机构拥有的研发仪器设备原值情况

四、面向产业开展活动，促进科技与经济深度融合

新型研发机构面向产业开展研发活动，提供研发服务，促进科技与经济融通融合。

一是以研发活动为核心业务活动，研发投入强度高。2019 年，新型研发机构研发投入中位数为 393 万元，12.0% 的新型研发机构研发投入强度 [①] 低于 6%，15.8% 的新型研发机构研发投入强度在 6% ~ 20%（不含 20%），26.3% 的新型研发机构研发投入强度在 20% ~ 50%（不含 50%），16.2% 的新型研发机构研发投入强度在 50% ~ 80%（不含 80%），29.7% 的新型研发机构研发投入强度高达 80% 及以上（图 2-15）。

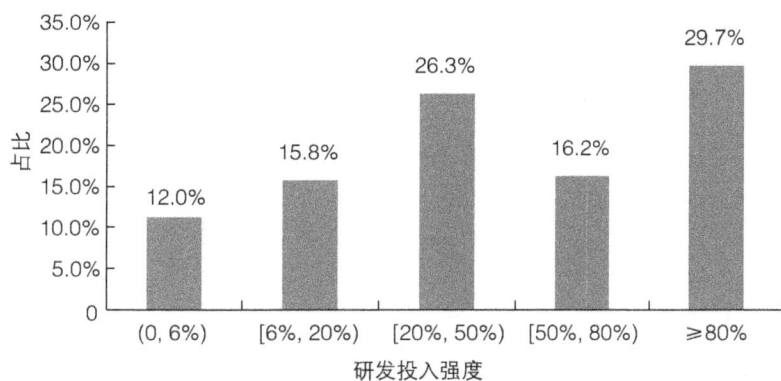

图2-15　新型研发机构研发投入强度情况（2019年）

二是具有研发创新、成果转化、创业孵化、人才培育等多元业务融通的特征。有 56.6%、51.8% 和 58.1% 的新型研发机构分别开展了基础研究、应用基础研究和产业共性关键技术研发，70.5% 的新型研发机构开展了科技成果转移转化活动，73.1% 的新型研发机构开展了研发服务活动。除研发业务外，至少 46.0% 的新型研发机构孵化过企业，至少 10.7% 的新型研发机构开展了投资业务 [②]（图 2-16）。

---

① 研发投入强度指研发投入占新型研发机构总收入的比例。

② 孵化企业和投资业务的数据分别为成功孵化过企业的新型研发机构比例和设立孵化基金的新型研发机构比例，各机构实际开展此两项业务的比例要高于这两个数。

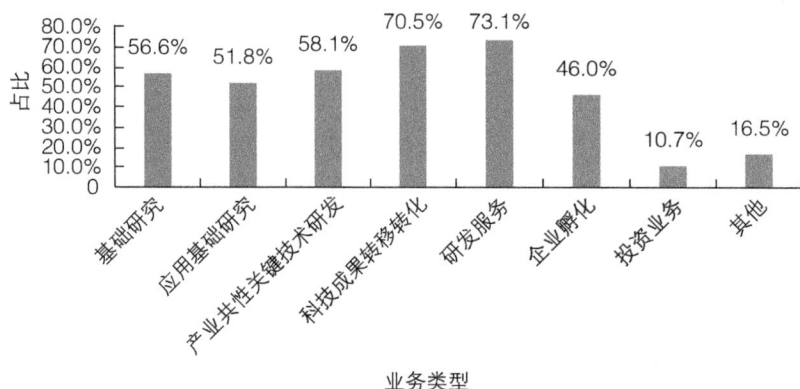

图2-16 新型研发机构业务类型构成情况

三是主要集中在战略性新兴产业领域。其中，新材料产业领域新型研发机构数量占比最高，为33.6%，其后为新一代信息技术和高端装备制造产业领域，占比分别为32.2%和30.8%，生物医药及医疗健康、节能环保、新能源和航空航天产业领域占比分别为26.5%、20.8%、17.9%和7.5%（图2-17）。

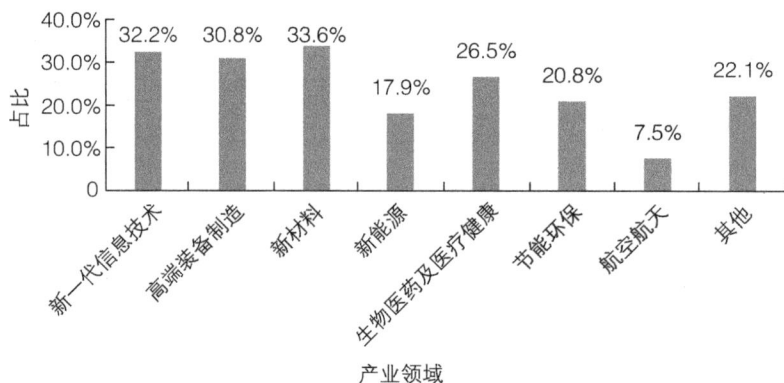

图2-17 新型研发机构产业领域分布情况

五、政府积极开展支持工作，发展成效初步显现

根据调查数据，目前多数省市都开展了新型研发机构的备案与支持工作。从备案开展情况来看，有17个省市开展了备案工作①，共备案新型研发机构788家。在已开展备案工作的省市中，广东省备案新型研发机构数量最多，达251家，12个省市备案数量在10～

---

① 17个省市为北京、天津、辽宁、福建、广东、广西、海南、安徽、江西、河南、湖北、陕西、甘肃、四川、重庆、厦门、大连。

102 家 ①，4 个省市备案数量在 10 家以内。从政策制定情况看，全国有 26 个省市出台了新型研发机构相关政策支持文件（见附件 2），如广东省围绕加快粤港澳大湾区国际科技创新中心和科技创新强省建设，专门制定了《广东省科学技术厅关于新型研发机构管理的暂行办法》《十部门关于支持新型研发机构发展的试行办法》等新型研发机构的认定和支持办法。陕西、山东、河南、安徽、天津、上海和北京等省市也出台了相关支持政策，鼓励当地新型研发机构发展。

（一）新型研发机构创新活动开展和成果产出显著

一是积极承接科研任务和项目。2019 年，新型研发机构平均承担财政立项科研项目 3.8 项，平均科研项目经费 1254.5 万元。其中，平均承担国家级科研项目 0.84 项，平均获得国家级科研项目经费 287.9 万元；平均承担省市级科研项目 2.5 项，平均获得省市级科研项目经费 892.1 万元。面向企业的研发服务活动繁荣开展，2019 年新型研发机构平均获得横向科研项目总经费 1358 万元，平均承接 28 个横向科研项目，是平均财政科研项目立项数的 7 倍。

二是专利成果较为丰富。60.8% 的新型研发机构拥有发明专利，中位数为 2 项。其中 18.0% 的新型研发机构拥有 1 ～ 3 项（不含 3 项）发明专利，9.0% 的新型研发机构拥有 3 ～ 5 项（不含 5 项）发明专利，12.2% 的新型研发机构拥有 5 ～ 10 项（不含 10 项）发明专利，21.6% 的新型研发机构拥有 10 项及以上发明专利（图 2-18）；60.8% 的新型研发机构拥有实用新型专利。其中 25.8% 的新型研发机构拥有 1 ～ 3 项（不含 3 项）实用新型专利，18.5% 的新型研发机构拥有 3 ～ 5 项（不含 5 项）实用新型专利，10.5% 的新型研发机构拥有 5 ～ 10 项（不含 10 项）实用新型专利，25.9% 的新型研发机构拥有 10 项及以上实用新型专利（图 2-19）。

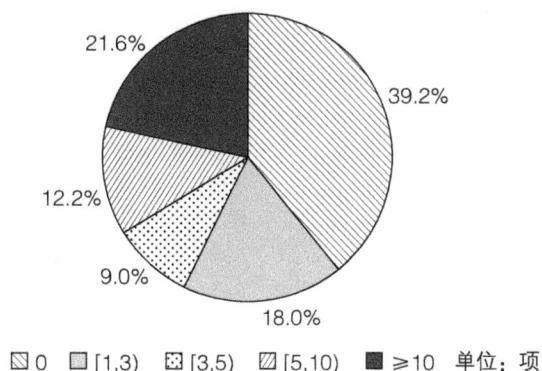

图2-18　新型研发机构拥有的发明专利授权量情况

---

① 12 个省市为福建、天津、辽宁、安徽、江西、河南、湖北、广西、重庆、四川、陕西、宁波。

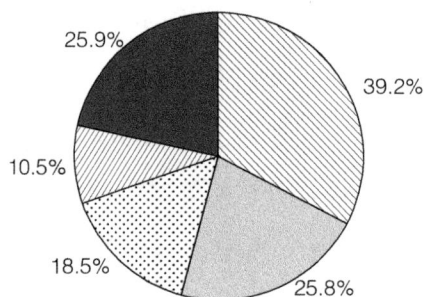

▨ 0　▢ [1,3)　▨ [3,5)　▨ [5,10)　■ ≥10　单位：项

图2-19　新型研发机构拥有的实用新型专利授权量情况

　　三是基于创新活动的经济价值转化较为显著。2019 年，新型研发机构收入均值为 9728.2 万元，中位数为 745 万元。其中，6.8% 的新型研发机构没有收入，35.8% 的新型研发机构收入在 0 ~ 500 万元（不含 500 万元），14.1% 的新型研发机构收入在 500 万 ~ 1000 万元（不含 1000 万元），13.2% 的新型研发机构收入在 1000 万 ~ 2000 万元（不含 2000 万元），15.0% 的新型研发机构收入在 2000 万 ~ 5000 万元（不含 5000 万元），6.1% 的新型研发机构收入在 5000 万 ~ 1 亿元（不含 1 亿元），9.0% 的新型研发机构收入达到或超过 1 亿元（图 2-20）。2019 年，有 47.8% 的新型研发机构实现了盈利，盈利均值为 848.9 万元。其中，16.6% 的新型研发机构盈利在 50 万元以内，11.7% 的新型研发机构利润在 50 万 ~ 200 万元（不含 200 万元），19.5% 的新型研发机构利润达到或超过 200 万元。但仍有超半数新型研发机构自身造血机制尚未形成，30.2% 的新型研发机构亏损，22.0% 的新型研发机构盈利为 0（图 2-21）。

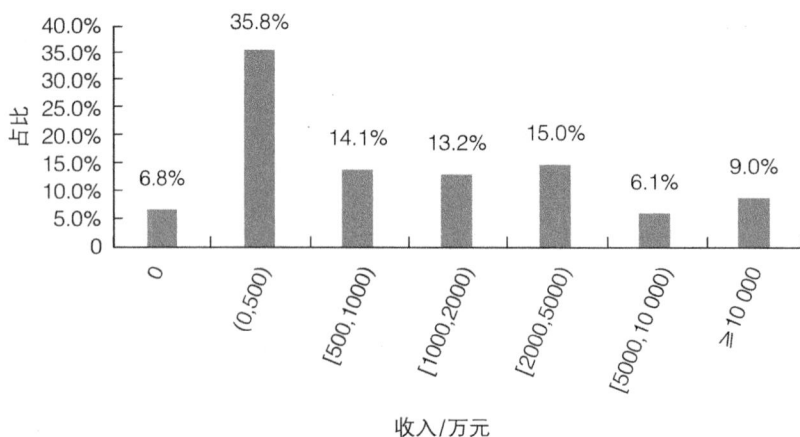

图2-20　新型研发机构的收入情况（2019年）

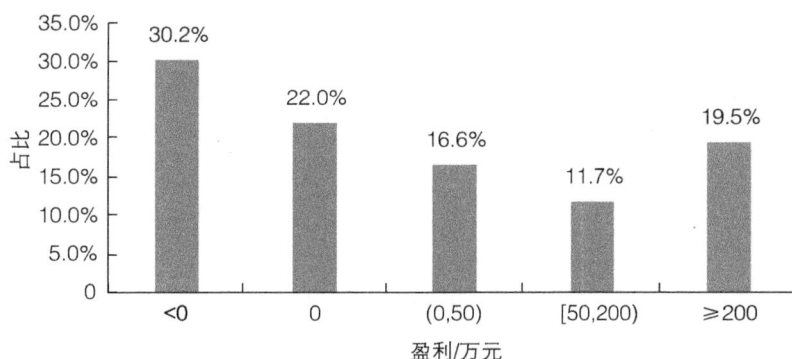

图2-21　新型研发机构的盈利情况（2019年）

四是技术开发合同成交额占比高。2019 年，新型研发机构四类技术交易合同中，技术开发合同成交额占比最高（图 2-22a），远高于全国 33.3% 的技术开发合同成交额整体占比（图2-22b）。

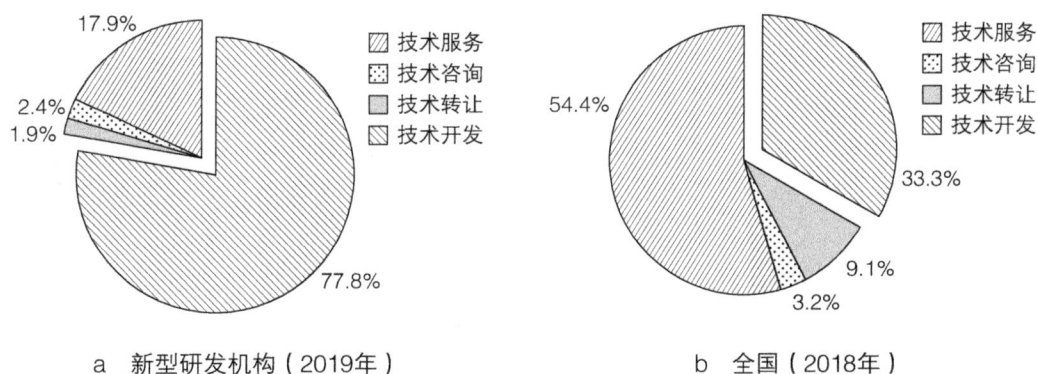

a　新型研发机构（2019年）

b　全国（2018年）

图2-22　新型研发机构及全国技术开发合同成交情况

（二）在孵化企业、促进区域"高精尖"产业发展方面具有一定成效

新型研发机构的一大重要特色是企业孵化，从调研情况来看，26.8% 的新型研发机构牵头设立了产业联盟或协会，10.7% 的新型研发机构自身设立了孵化资金，通过整合创新资源，促进科技企业成长。已有 46.0% 的新型研发机构成功孵化企业，其中，20.2% 的新型研发机构育成的企业数量在 1 ~ 5 家（不含 5 家），8.8% 的新型研发机构育成的企业数量在 5 ~ 10 家（不含 10 家），13.5% 的新型研发机构育成的企业数量在 10 ~ 50 家（不含 50 家），3.5% 的新型研发机构育成达到或超过 50 家企业（图 2-23），累计孵化企业最多的深圳清华大学研究院已孵化育成超过 2500 家企业。新型研发机构累计服务企业数量为 82.7 万家，为区域经济

社会发展做出显著贡献。从企业育成效果来看，每家新型研发机构平均育成国家级高新技术企业 2.7 家，最多的已培育国家级高新技术企业 2000 余家，部分高新技术企业已上市或在新三板上市。

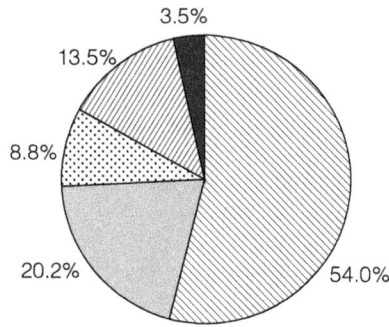

图2-23　新型研发机构累计孵化企业数量情况

第三章　新型研发机构发展情况区域对比分析

一、机构类型的区域对比

从新型研发机构成立时间来看，中部、西部地区新型研发机构成立时间中位数均为2016年，东部地区新型研发机构成立时间中位数为2015年，东北地区新型研发机构成立时间中位数为2014年（图3-1）。

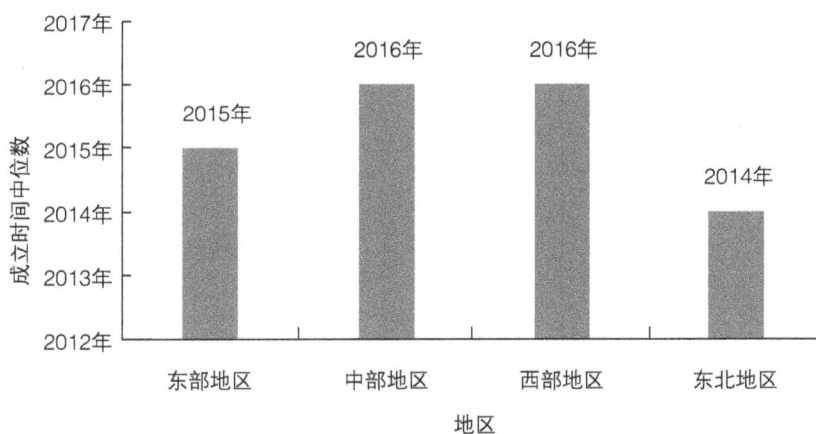

图3-1　分地区新型研发机构成立时间情况

从新型研发机构举办单位数量来看，东部地区5家以上举办单位的新型研发机构占比为16.5%，高于东北地区（7.4%）、中部地区（6.3%）和西部地区（3.3%）。东部地区举办单位数量在3家(含)以上的新型研发机构占比为39.8%，高于中部地区(38.2%)、东北地区(33.3%)和西部地区（27.8%）。西部地区由单一单位举办的新型研发机构占比最高，为48.3%，高于中部地区（42.0%）、东部地区（37.8%）和东北地区（37.0%）（图3-2）。

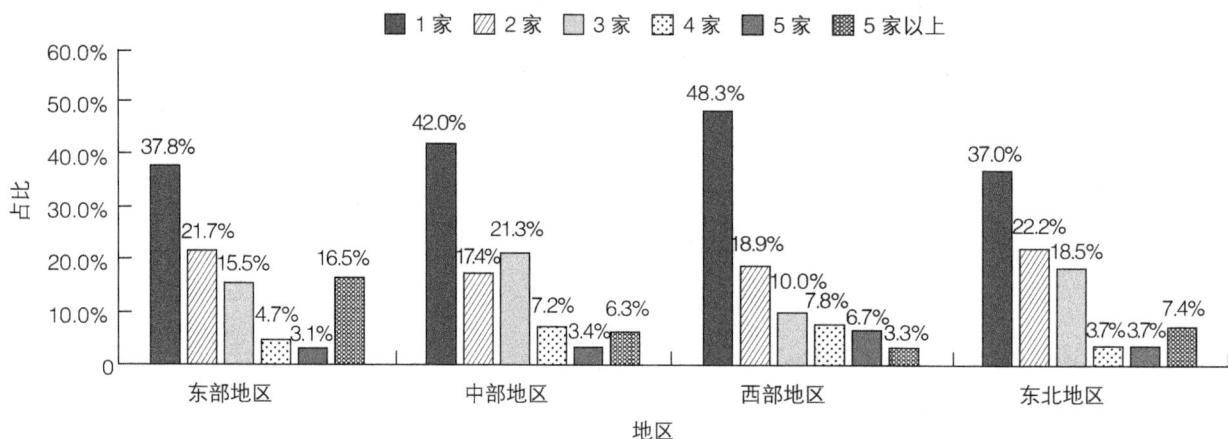

图3-2 分地区新型研发机构举办单位数目情况

从新型研发机构性质来看，事业法人新型研发机构东部地区占比最高，为30.8%，远高于中部地区（24.2%）、西部地区（11.1%）和东北地区（7.4%）。东北地区企业法人新型研发机构占比为88.9%，高于西部地区（67.2%）、中部地区（64.3%）和东部地区（54.4%）。西部地区民办非企业新型研发机构占比最高，为21.7%，高于东部地区（14.8%）、中部地区（11.6%）和东北地区（3.7%）（图3-3）。

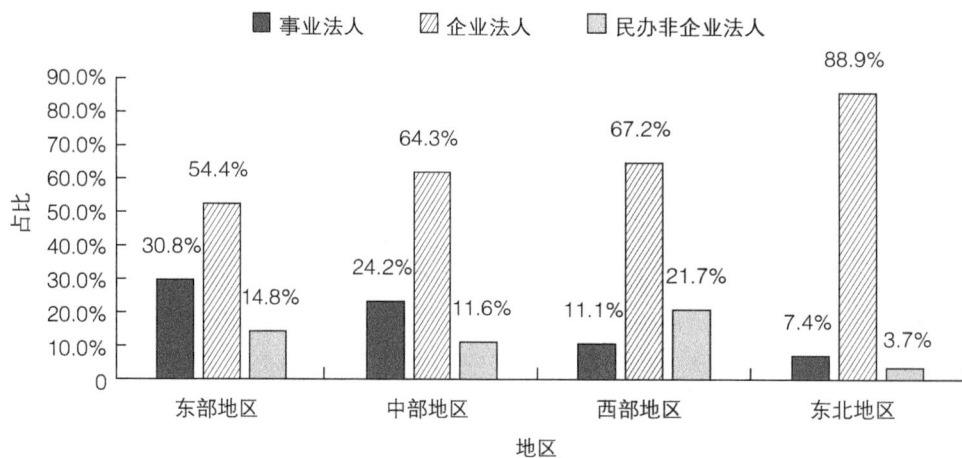

图3-3 分地区新型研发机构法人类型构成情况

二、人才队伍的区域对比

从人员数量来看，西部地区新型研发机构平均从业人员数量最多，为131.0人，高于东部地区（91.2人）、中部地区（84.0人）和东北地区（81.9人）（图3-4）。

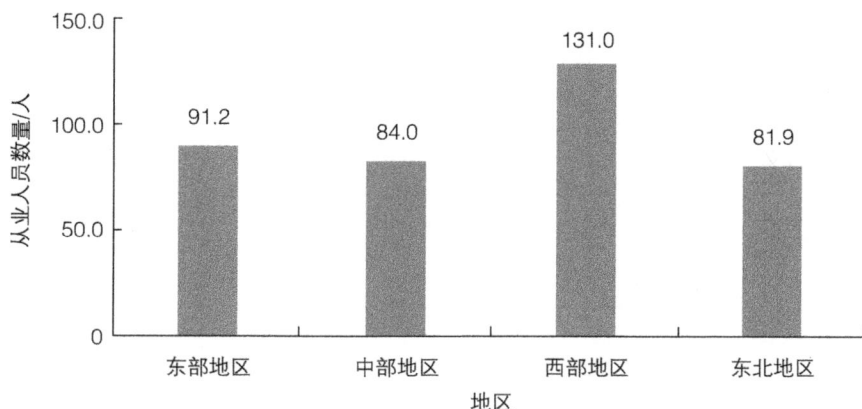

图3-4 分地区新型研发机构平均从业人员数量情况

从研发人员占比来看，中部、东部地区新型研发机构从业人员中研发人员平均占比较高，分别为66.5%和64.5%，高于东北地区（49.6%）和西部地区（45.2%）。可以看出，西部地区新型研发机构虽然平均从业人员数量最多，但研发人员平均占比不高（图3-5）。

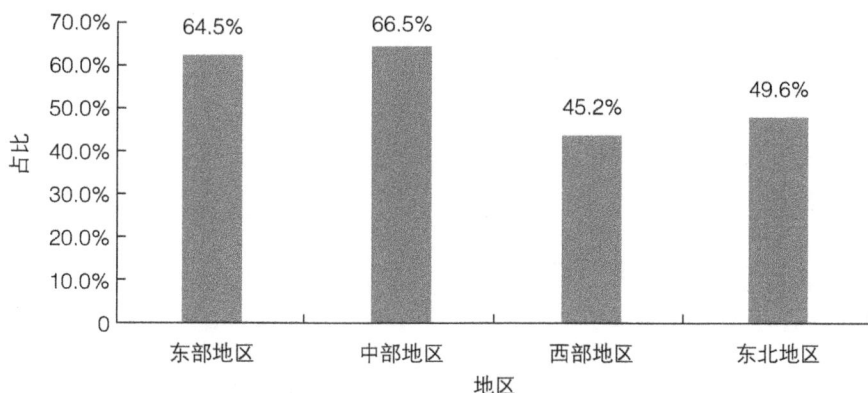

图3-5 分地区新型研发机构研发人员平均占比情况

从人员学历素质来看，中部地区和东部地区新型研发机构从业人员中具有硕士和博士学历的人员平均占比较高，分别为39.8%和37.3%，高于西部地区（28.4%）和东北地区（19.9%）（图3-6）。

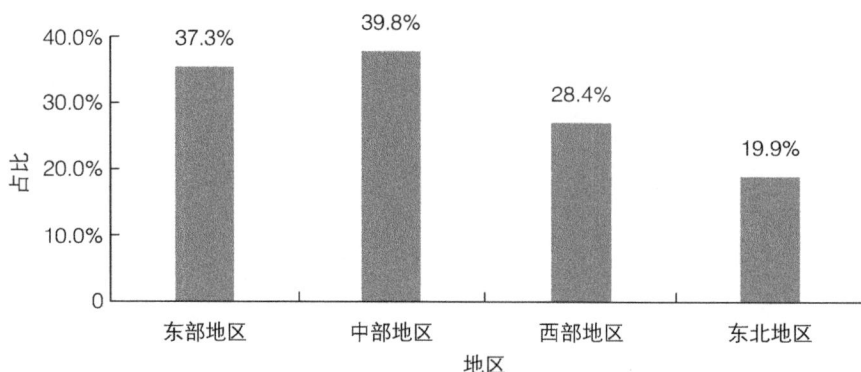

图3-6　分地区新型研发机构硕博学历人员平均占比情况

三、研发条件的区域对比

从拥有的固定资产来看，东部地区新型研发机构优势明显，平均拥有的固定资产价值为 28 704.6 万元，大幅领先于西部地区（5209.4 万元）、中部地区（4406.0 万元）和东北地区（3841.5 万元）（图 3-7）。

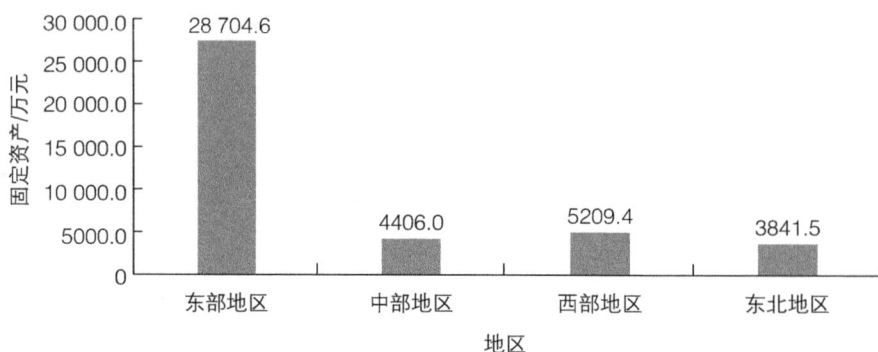

图3-7　分地区新型研发机构平均拥有的固定资产情况

从研发仪器设备原值来看，东部地区新型研发机构平均拥有的研发仪器设备原值高达 20 658.3 万元，远高于东北地区（1856.2 万元）、西部地区（1804.5 万元）和中部地区（1590.3 万元）（图 3-8）。

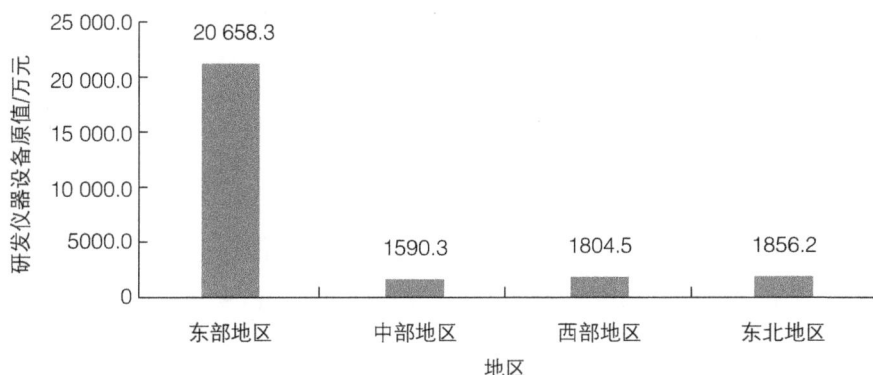

图3-8　分地区新型研发机构平均拥有的研发仪器设备原值情况

从创新平台数量来看，东北地区新型研发机构平均拥有创新平台数量最多，为2.8个，略高于中部地区（2.7个），高于东部地区（2.1个）和西部地区（2.0个）（图3-9）。

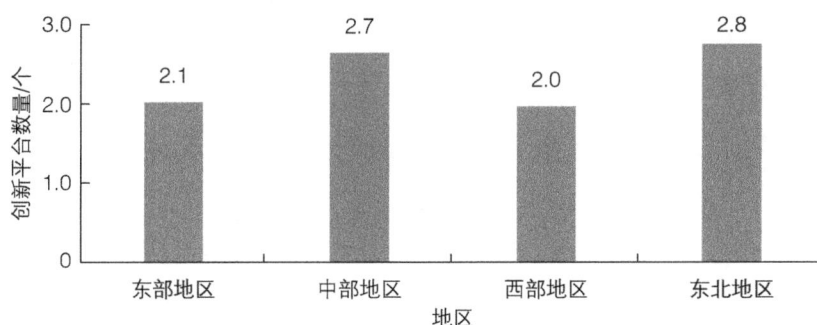

图3-9　分地区新型研发机构平均拥有的创新平台数量情况

从研发投入来看，2019年东部地区新型研发机构的平均研发投入最高，为2407.0万元，高于中部地区（1338.1万元）、西部地区（971.9万元）和东北地区（868.1万元）（图3-10）。

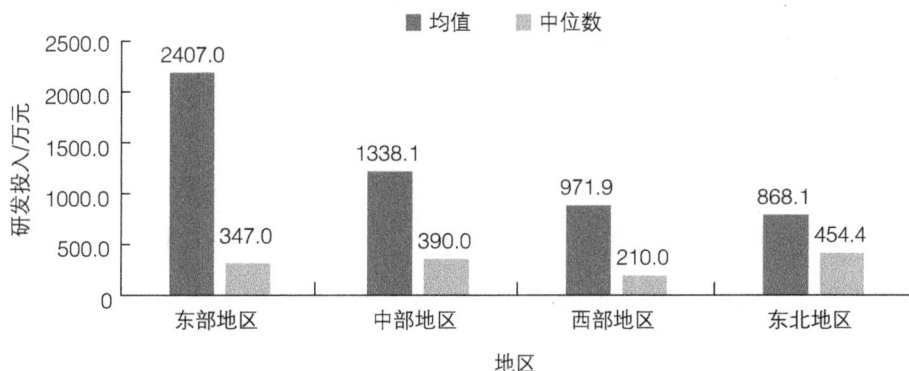

图3-10　分地区新型研发机构平均研发投入情况（2019年）

四、运营情况的区域对比

从收入情况来看，2019年西部地区新型研发机构的平均总收入最高，为18 847.9万元，高于中部地区（11 794.6万元）、东部地区（7595.4万元）和东北地区（4297.3万元）（图3-11）。其中，东部地区新型研发机构收入构成中平均财政经费收入最高，为1463.9万元，高于中部地区（920.2万元）、西部地区（705.0万元）和东北地区（407.3万元）（图3-12）。

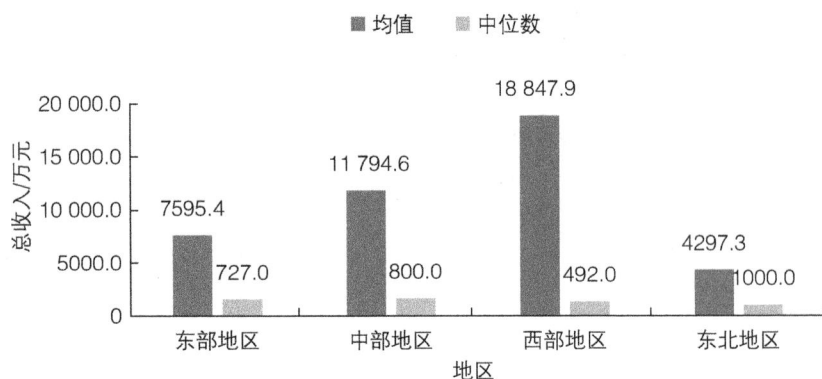

图3-11　分地区新型研发机构平均总收入情况（2019年）

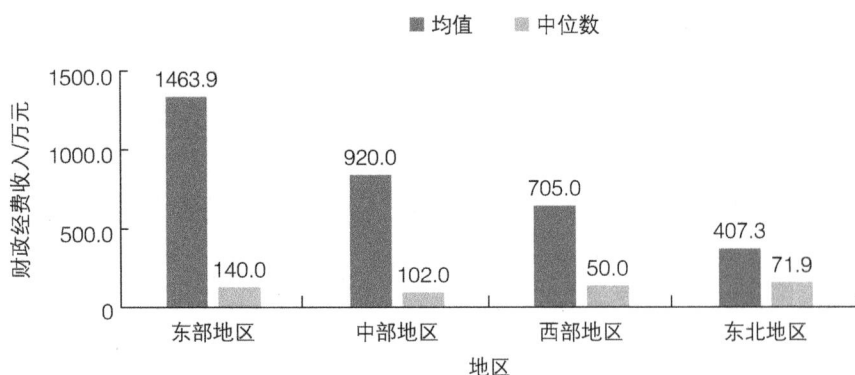

图3-12　分地区新型研发机构平均财政经费收入情况（2019年）

从盈利情况来看，2019年东部地区新型研发机构平均净利润最高，为830.8万元，高于中部地区（468.2万元）、东北地区（420.9万元）和西部地区（403.3万元）。东部地区新型研发机构的平均净利润是西部地区新型研发机构的2倍多（图3-13）。

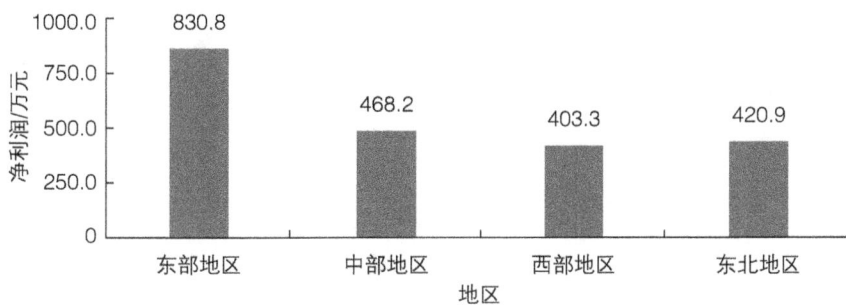

图3-13　分地区新型研发机构平均净利润情况（2019年）

五、创新水平的区域对比

从专利产出来看，东部地区新型研发机构平均拥有的发明专利授权数量最高，为17.3项，高于西部地区（11.7项）、中部地区（10.6项）和东北地区（9.6项）（图3-14）。东北地区新型研发机构平均拥有的实用新型专利授权数量最多，为16.9项，高于东部地区（14.4项）、中部地区（9.9项）和西部地区（9.5项）（图3-15）。

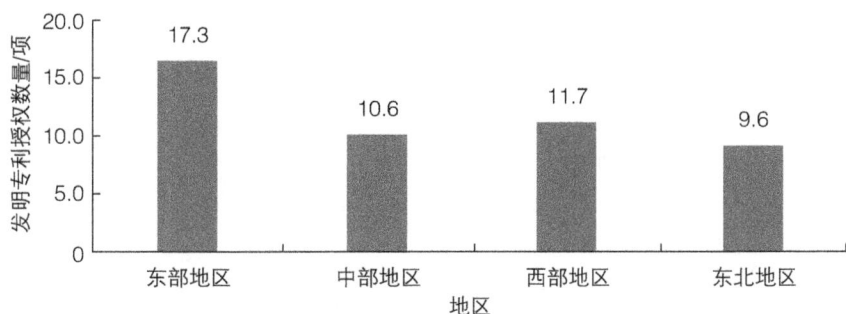

图3-14　分地区新型研发机构平均拥有发明专利授权数量情况

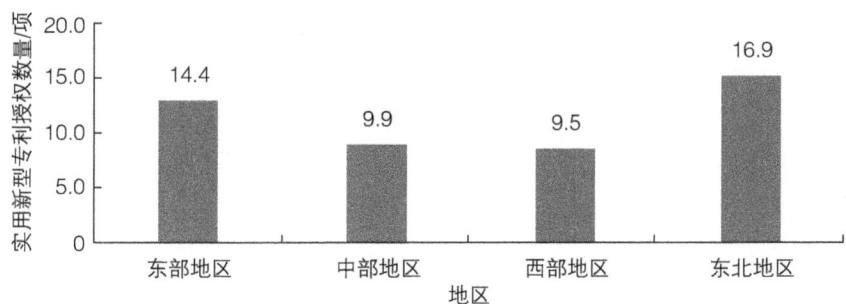

图3-15　分地区新型研发机构平均拥有实用新型专利授权数量情况

从承担的财政科研项目情况来看，2019 年西部地区新型研发机构平均立项数量最多，为 5.0 个，高于东部地区（3.9 个）、中部地区（2.9 个）和东北地区（2.0 个）。但是，2019 年东部地区新型研发机构平均承担的国家级项目立项项目数最多，为 0.9 个，高于中部地区（0.8 个）、西部地区（0.7 个）和东北地区（0.3 个）（图 3-16）。从立项项目涉及的经费总数上来看，2019 年东部地区的新型研发机构平均项目总经费最高，为 1421.3 万元，高于东北地区（1176.0 万元）、中部地区（910.3 万元）和西部地区（903.5 万元）。2019 年东北地区新型研发机构平均国家级立项项目总经费最多，为 674.4 万元，高于东部地区（303.7 万元）、西部地区（290.7 万元）和中部地区（238.4 万元）（图 3-17）。

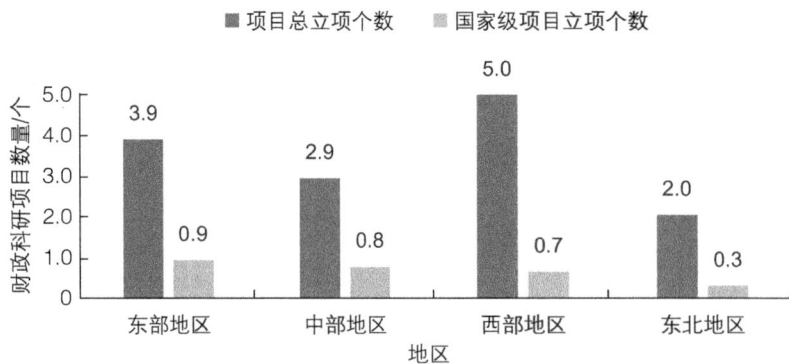

图3-16　分地区新型研发机构平均立项财政科研项目数量情况（2019年）

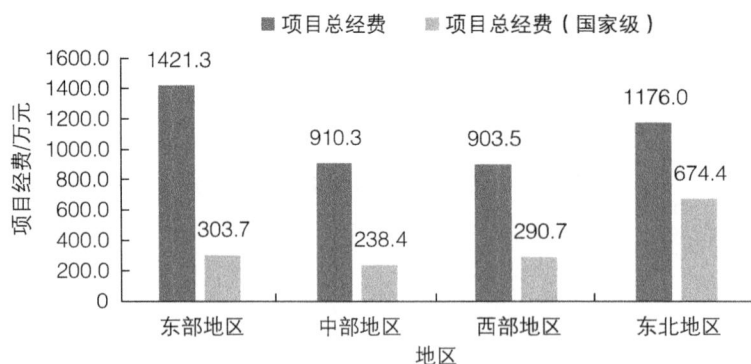

图3-17　分地区新型研发机构立项财政科研项目平均总经费情况（2019年）

从承担的横向科研项目情况来看，2019 年东部地区新型研发机构平均承担横向科研项目数量最多，为 34.9 个，高于东北地区（26.5 个）、西部地区（12.6 个）和中部地区（10.5 个）。2019 年东北地区新型研发机构平均承担横向科研项目总经费最多，为 1992.8 万元，高于中部地区（1624.7万元）、东部地区（1438.3万元）和西部地区（938.4万元）（图3-18）。

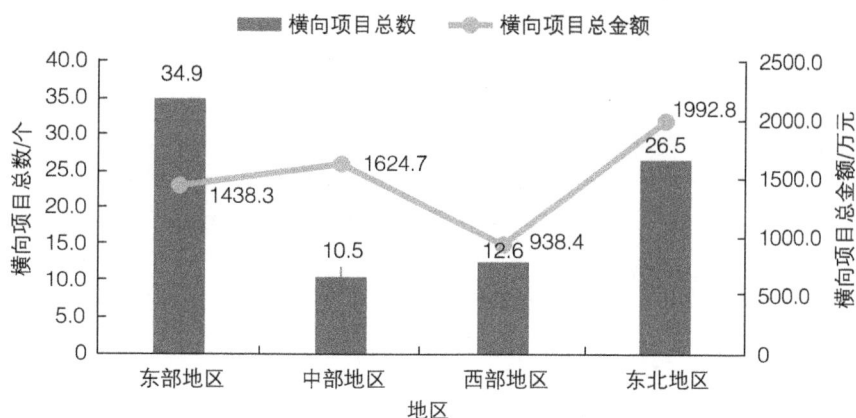

图3-18　分地区新型研发机构平均承担横向科研项目情况（2019年）

六、孵化效果的区域对比

从孵化企业数量来看，东部地区新型研发机构平均孵化企业数量最多，为12.1个，高于中部地区（8.4个）、东北地区（6.9个）和西部地区（2.1个）（图3-19）。

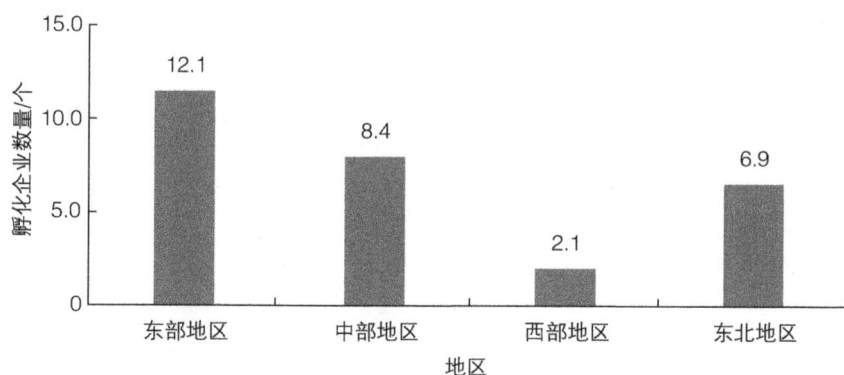

图3-19　分地区新型研发机构平均孵化企业数量情况

从孵化企业营业收入情况来看，中部地区新型研发机构孵化企业2019年平均营业收入最高，为6171.0万元，高于东部地区（5479.4万元）、西部地区（4142.2万元）和东北地区（1320.0万元）（图3-20）。

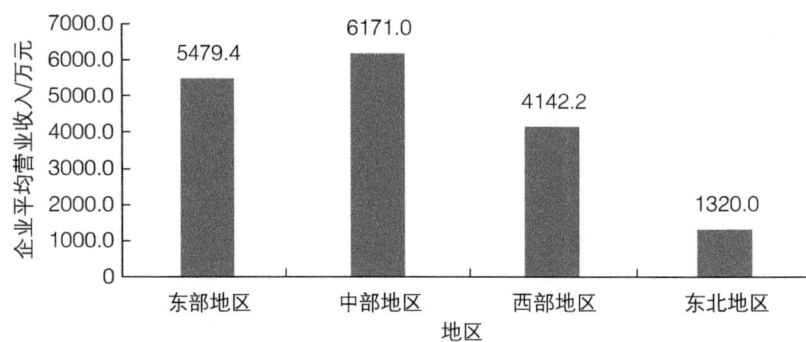

图3-20 分地区新型研发机构孵化企业平均营业收入情况（2019年）

第四章　新型研发机构发展的问题与建议

一、主要问题

（一）顶层设计不足，各省市发展理念与思路差异较大

2019 年，科技部印发《关于促进新型研发机构发展的指导意见》，加强了对各地区发展新型研发机构的政策引导，但目前我国对新型研发机构在国家创新体系中的定位还没有清晰界定，尚未形成明确的认定标准、考核机制与分类管理细则，导致各省市在开展新型研发机构相关工作时较为散乱，认定和报送的新型研发机构水平参差不齐、形态各异，在一定程度上造成了财政资源的错配和浪费。

（二）政策支持分散，体系化与精准化设计有待加强

根据对目前各省市开展促进新型研发机构发展工作的情况和支持政策的汇总分析，发现如下问题。

一是国家层面，尚未结合新型研发机构新特征、新需求和现实问题实施精准性政策支持和深层次体制改革。针对新型研发机构促进产学研协同，促进科技与经济、产业融合发展等功能特性，开展专门性支持措施不足；就其兼具公益性与营利性、兼具事业单位性质与企业化运作方式等特性，开展的针对性体制机制改革不足等。

二是地方层面，部分省市对新型研发机构的支持较为分散、间断。对新型研发机构的系统性支持不足，侧重于通过重大任务和科研项目对机构进行支持，缺乏稳定、持续的支持经费，导致新型研发机构发展的稳定性和竞争力不强。

三是从区域对比来看，各省市对新型研发机构的重视程度不一。部分省市尚未开展新型研发机构的认定、备案工作，也没有出台有关新型研发机构的扶持政策，导致各类创新资源越来越向东部地区集聚。

（三）"新型"特征有待进一步强化，市场化发展能力亟须提高

虽然新型研发机构在发展建设方面取得了较为显著的成绩，但总体来看，其"新型"特征的体现并不充分。调查问卷显示，部分新型研发机构在促进基础科学、应用科学与产业发展的融通方面乏力；部分新型研发机构没有体现"研发创新"的内涵，研发投入占比较低，达不到全国企业平均水平；部分新型研发机构没有建立现代化管理的制度，约1/3的新型研发机构未建立董事会（理事会）制度；约1/5的新型研发机构为单一单位举办；有96.7%的新型研发机构没有吸纳风险投资基金，未能很好地实现对产业资源的连接与整合；部分新型研发机构特别是事业单位性质的机构，在用人制度、分配制度、激励机制等方面仍未突破事业单位管理规定的束缚。

同时，从调研的情况来看，部分新型研发机构自身"造血"机制缺乏，可持续的盈利机制不足。部分新型研发机构收入构成中财政经费收入占比偏高（11.1%的新型研发机构财政经费收入占其总收入的比例在30%～50%，13.6%的新型研发机构财政经费收入占比为50%～80%，22.0%的新型研发机构财政经费收入占比超80%），半数新型研发机构未实现盈利，部分新型研发机构甚至亏损，未形成通过面向市场的研发服务形成持续收益的发展状态。

（四）区域差异明显，发展不均衡问题突出

目前我国新型研发机构发展存在显著的区域不均衡问题，有60%以上的新型研发机构集中在东部地区的5个省市，而中部、西部和东北地区则分布较少。这一方面在于中部、西部和东北地区的产业和创新资源相对不足，缺乏支撑发展新型研发机构的良好环境条件；另一方面由于东部地区普遍财政实力雄厚，对新型研发机构的支持力度较大，而中部、西部和东北地区的财政支持则相对薄弱，引才留才工作面临更多困难。

二、政策建议

（一）强化顶层设计，明确新型研发机构定位

一是开展系统研究，明确新型研发机构功能定位。促进新型研发机构发展，深入开展系统性政策及战略研究，明晰国家重点支持的新型研发机构类型，明确新型研发机构在国家和

区域创新体系中的定位及核心功能，为国家和区域层面促进新型研发机构发展工作提供指引和方向。在研究的基础上，尽快提出支持新型研发机构发展的针对性政策措施。

二是明确评价标准，开展国家级新型研发机构备案工作。深入贯彻落实《关于促进新型研发机构发展的指导意见》，围绕国家战略需求和高质量发展要求，结合地方实际，建立新型研发机构自评标准，适时启动国家级新型研发机构备案登记工作，引导一批创新能力强、体制机制活、经济贡献大的新型研发机构快速发展、发挥引领示范作用。

（二）构建统计与评价体系，加强监测评估与指导

一是建立全国新型研发机构信息服务平台和数据库。建立新型研发机构信息服务平台，通过机构备案管理，汇总掌握新型研发机构数据，建立全国新型研发机构数据库，充分利用大数据等统计调查手段，对全国新型研发机构进行动态监测和精准服务。

二是建立面向产业的新型研发机构考评机制。以对产业发展的贡献来评价考核新型研发机构发展，重点突出成果转化、企业孵化和企业研发服务等指标，引导新型研发机构面向产业发展进行管理机制、运营模式等方面的创新和突破，提升发展水平。依据评价结果，对新型研发机构实施动态管理，对优秀的新型研发机构给予持续支持和奖励，对不合格的新型研发机构限期整改或退出，推动新型研发机构群体高质量发展。

（三）强化政府服务，鼓励新型研发机构开展体制机制创新

一是建立专项支持，注重精准施策。引导各省市建立面向新型研发机构的专项支持政策和资金，形成稳定支持机制。基于新型研发机构数据库，对新型研发机构进行画像和分类，厘清不同类型新型研发机构的特征、需求和问题。在此基础上，引导各省市研究制定针对性、精准化、体系化的新型研发机构支持政策。通过精准化、系统化的支持政策，着力发展一批研发能力强、服务能力强、经济实力强的高水平新型研发机构。鼓励新型研发机构成立各类创新、产业、技术联盟，承接国家级、省级重大科学规划、重大创新工程，着力打通科技成果向现实生产力转化的通道。鼓励大型仪器设备共享，推动分析测试平台、中试实验平台、公共技术服务平台、中试基地等大型仪器设备开放共享。鼓励和支持新型研发机构进行激励机制、人才聘用机制等的创新。探索建立新型利益分担机制和成果持有方式，在人才聘用机制上大胆创新，吸引优秀人才加入。

二是注重政府资金的引导和杠杆作用。加强政府在新型研发机构建设前期的引导资金投入，特别是加大对新型研发机构发展早期研发的资金支持。注重引导带动社会资本投资新型

研发机构，鼓励新型研发机构通过市场化机制引入社会资本。推动社会资本赋能新型研发机构发展。

三是打破政策支持的所有制界线。对企业性质、事业单位性质和民办非企业性质的新型研发机构，按照其业务和活动内容，给予一视同仁的政策支持，维护政策的公平性。

四是在国家高新区布局建设一批示范性新型研发机构。结合国家高新区"一区一主导产业"定位，在产业特色和优势明显的高新区，布局和支持一批产业领域聚焦、体制机制灵活、创新成效显著、具有示范引领作用的新型研发机构。

（四）加强区域平衡，促进机构群体的均衡发展

一是提升各省市对于新型研发机构的重视。以专题讲座、走访调研、座谈交流等形式，提升各地区，尤其是中部、西部和东北地区新型研发机构管理部门的认识认知，增强其以新型研发机构为抓手促进区域创新体系建设、科技与经济融合发展的意识。

二是从国家层面对欠发达地区新型研发机构发展在政策、资源等方面给予倾斜。以东西部科技合作为载体，引导发达地区的高校、科研单位通过市场化机制与欠发达地区合作建设新型研发机构，促进欠发达地区新型研发机构发展。

三是考虑资源特色等因素，支持欠发达地区建立区域特色型新型研发机构。例如，青海省在盐湖资源、特色中藏药资源、农牧畜牧业等领域拥有区域资源禀赋，可支持其发展资源特色型新型研发机构。

下篇
案例分析

第五章　地方政府促进新型研发机构发展的典型做法

一、北京市

2018年1月，北京市政府发布实施《北京市支持建设世界一流新型研发机构实施办法（试行）》（以下简称《实施办法》），明确新型研发机构的公益性定位，突出与国际接轨的体制机制创新，突出国际一流的科研水平，突出稳定的资金支持，突出"放管服"改革。《实施办法》在政府放权、财政资金支持与使用、绩效评价、知识产权和固定资产管理等5个方面实现重大突破。

一是新的运行机制。深化"放管服"改革，建立与国际接轨的治理结构和运行机制，将传统院所的行政管理转变为实行理事会领导下的院（所）长负责制。

二是新的财政支持政策。根据新型研发机构类型和实际需求给予稳定资金支持，探索实行负面清单管理。

三是新的评价机制。对新型研发机构组织开展绩效评价，将科研投入、创新产出质量、成果转化、原创价值、实际贡献、人才集聚和培养等方面作为绩效评价的重要参考。

四是新的知识产权激励与转化安排。市财政资金支持产生的科技成果及知识产权，由新型研发机构依法取得，对符合首都城市战略定位的科技成果在京实施转化的，通过北京市设立的300亿元规模的科技创新基金等提供支持。

五是新的固定资产管理方式。市财政资金支持形成的大型科研仪器设备等由新型研发机构管理和使用，推进开放共享，提高资源利用效率。在政策的支持推动下，北京市相继组建北京量子信息科学研究院、北京脑科学与类脑研究中心、北京智源人工智能研究院等一批高水平新型研发机构。

二、广东省

广东省在新型研发机构认定、引导、扶持等方面，探索建立形式多样、机制灵活的发展模式。

制定认定标准和办法，明确新型研发机构在创新体系中的地位。在制度制定上，广东省委省政府先后出台了《广东省人民政府关于加快科技创新的若干政策意见》（粤府〔2015〕1号）等政策文件，广东省科技厅、经信委、教育厅等10部门联合出台了《关于支持新型研发机构发展的试行办法》（粤科产学研字〔2015〕69号），2017年6月在全国率先制定出台《关于新型研发机构管理的暂行办法》。明确了新型研发机构认定标准和办法，确定了新型研发机构在区域创新体系中的重要地位，使新型研发机构在政府项目承担、职称评审、人才引进、建设用地、投融资等方面可享受国有科研机构待遇，经省科技厅认定的省新型研发机构以省政府名义授牌。

专栏 5-1

广东省新型研发机构认定标准

申请认定为新型研发机构的单位须具备以下基本条件：①具备独立法人资格。申报单位须以独立法人名称进行申报，可以是企业、事业和社团单位等法人组织或机构。②在粤注册和运营。注册地在广东，主要办公和科研场所设在广东，具有一定的资产规模和相对稳定的资金来源，注册后运营1年以上。③具备以下研发条件：上年度研究开发经费支出占年收入总额比例不低于30%；在职研发人员占在职员工总数比例不低于30%；具备进行研究、开发和试验所需的科研仪器、设备和固定场地。④具备灵活开放的体制机制。管理制度健全，具有现代的管理体制，拥有明确的人事、薪酬、行政和经费等内部管理制度，运行机制高效，包括多元化的投入机制、市场化的决策机制、高效率的成果转化机制等；引人机制灵活，包括市场化的薪酬机制、企业化的收益分配机制、开放型的引人和用人机制等。⑤业务发展方向明确。符合国家和地方经济发展需求，以研发活动为主，具有明确的研发方向和清晰的发展战略，在前沿技术研究、工程技术开发、科技成果转化、创业与孵化育成等方面有鲜明特色。主要从事生产制造、教学教育、检验检测、园区管理等活动的单位申请原则上不予受理。

从新型研发机构的建设到运营方面提供全方位政策支持。在新型研发机构引育方面，广东省科技厅设立了每年 1.5 亿元的专项资金，对于创办不超过 5 年（以注册时间为准）的新型研发机构，择优给予一次性 500 万元的建设经费支持，国内外知名高校、科研机构、世界 500 强企业、中央企业等来粤设立新型研发机构，评估优秀的省财政最高给予 1000 万元奖补。同时，还从新购科研仪器设备补助、上年研发经费支出补助、创办企业补助等方面对新型研发机构给予资金支持。

创新建立新型研发机构动态评价标准，保证新型研发机构的持续稳定发展。广东省不断加强新型研发机构评审认定等相关制度建设，明确了新型研发机构的评价指标体系，从"研发条件、体制机制、研发团队、创新活动和创新效益"5 个维度设立评价指标，在降低准入门槛的同时，完善认定机制，对新型研发机构后续发展跟踪问效，及时掌握其科研方向和科研力量等动态情况。对于优秀机构给予持续经费支持，对于不合格的机构及时整改甚至摘牌，推动形成了新型研发机构良性发展的工作机制。例如，2019 年广东省科技厅委托第三方机构组织开展了对 2016 年认定的广东省新型研发机构进行动态评估，只有通过评估的单位继续授予广东省新型研发机构牌匾，享受新型研发机构的各项扶持政策。

三、福建省

（一）财政支持新型研发机构发展

一是设立研发设备购买后补助专项资金。《福建省人民政府办公厅关于鼓励社会资本建设和发展新型研发机构若干措施》中提出，设立专项资金，对非财政资金购买的科研仪器设备和软件经费，按 25% 给予后补助，支持新型研发机构优先享受建设高水平创新研发平台奖补政策。

二是进行一次性奖补等资助。《福建省人民政府关于进一步推进创新驱动发展七条措施的通知》提出，对经评估命名为省级新型研发机构的，给予一次性奖励补助 50 万元。此外，政策还支持行业领军企业在闽设立高水平研发中心，资助标准从原有按非财政资金购入科研仪器设备和软件购置经费 25% 的比例提高至 50%，最高不超过 2000 万元。

（二）引导新型研发机构进行体制机制创新

一是鼓励多元创新主体参与建设。企业、高校、科研院所、社会组织等不同类型的单位都能成为新型研发机构的建设主体，涌现出宁德时代新能源科技股份有限公司、中铝东南材料院（福建）科技有限公司等一批研发特征明显的企业法人新型研发机构，体现了鼓励社会资本参与建设和发展新型研发机构的政策导向。

二是坚持市场化导向管理运作机制。新型研发机构充分发挥市场机制的资源配置作用，不断创新管理体制和机制，根据自主品牌创新、核心技术研发、产业化应用和社会资源整合的需要，按照企业化的管理方式，自主实施科研项目攻关，加快推动科技成果转移转化。例如，海西新药创制有限公司联合海归生物医药专家团队和多家风投机构，自主推进技术研发，公司成立7年来，获得多项临床研究批文，启动开发了7个创新药及20多个仿制药项目。

三是院地、校地合作吸引创新资源聚集。新型研发机构培育发展自主创新的新生力量，激发高校院所的创新活力，带动盘活省内外的创新资源，同时还起到重要的辐射带动和示范引领作用。例如，中科院、机械总院、清华大学、华中科大、福建师大等科研院所和高校，通过院地、校地合作建立新型研发机构，不仅可以依托其技术优势和人才储备支撑当地产业发展，还可以广泛吸引和聚集国内外创新资源来闽开展产学研合作。

四、江苏省

政府高度重视新型研发机构发展建设。例如，南京市《关于开展新型研发机构服务月活动的通知》将8月定为新型研发机构服务月，持续推动新型研发机构提质增效，积极推动新型研发机构产业联盟发挥作用，线上线下广泛组织专题沙龙、圆桌会议等活动，开展政策宣讲、法务财务培训、业务交流，加快提升重点新型研发机构技术研发、企业孵化、经营管理三大能力。

财政支持力度较大。《关于加快推进产业科技创新中心和创新型省份建设若干政策措施》提出，对于新型研发机构，最高给予1亿元的财政支持，承担国家级平台建设任务或引进的研发总部，最高可获得3000万元支持。

创新新型研发机构绩效评价。不再按项目分配固定的科研经费，转而根据研究所服务企业的科研绩效决定支持经费，科研绩效由横向科研绩效、纵向科研绩效、衍生孵化企业绩效等方面进行综合计算。

五、陕西省

2019 年 3 月，陕西省科技厅联合省发展改革委、省工业和信息化厅、省教育厅联合发布《陕西省构建全链条产业技术创新体系推动产业创新发展若干措施》，旨在通过支持新型研发机构建设，着力解决重点产业共性技术供给、骨干企业创新能力提升、中小企业研发创新服务、小微企业孵化培育 4 个层级企业发展需求。主要措施如下。

（一）建设 10 个重点产业共性技术研发平台

加强电子信息、高端装备、能源化工、新能源汽车、新材料、节能环保、生物医药、现代农业等重点产业创新能力顶层设计和部署，持续推进技术成果系统化、配套化和工程化开发，引领产业发展迈向中高端。围绕破解产业创新发展技术"瓶颈"和薄弱环节，陕西省科技厅聚焦重点产业核心技术受制于人问题，按照大科学中心的组织模式，统筹优势科技资源，建设陕西空天动力研究院、陕西光电子集成电路先导技术研究院、陕西半导体先导技术中心和西安增材制造国家研究院。目前，正积极筹建先进稀有金属材料国家技术创新中心。

（二）建设 100 个由龙头骨干企业承载的"四主体一联合"新型研发平台

支持龙头骨干企业作为需求主体、投资主体、管理主体和市场主体，联合高校共建新型研发平台，推动高校与企业无缝对接，共享高校人才资源、科研设施及成果资源，保障企业技术创新和产品开发的源头供给，降低企业研发成本、提高研发效率，实现"出成果"和"用成果"的有机统一，使高校优势科技资源能够直接支持企业创新发展，推动产业创新转型。2019 年，陕西省科技厅制定并发布了《陕西省科技厅支持校企合作共建新型研发平台工作指引》和《推进"四主体一联合"新型研发平台建设方案》，新建平台 44 家，如西北大学与延长石油、中科院大连化物所与陕煤、中联西北院与西安交大、膜研究院与建大等建设的平台取得显著成效。

第六章　代表性新型研发机构案例分析

一、国外新型研发机构案例

（一）弗劳恩霍夫应用研究促进协会

弗劳恩霍夫应用研究促进协会（简称"弗劳恩霍夫协会"）成立于1949年，是德国也是欧洲最大的应用科学研究机构，以德国科学家、发明家和企业家弗劳恩霍夫的名字命名。弗劳恩霍夫协会在德国各地设有1个总部和72个研究所，同时在欧洲、美洲、亚洲及中东地区设有研究所和代表处，拥有24 500多名优秀的科研人员和工程师，在全世界闻名遐迩，为德国国家创新体系提供了强大的创新驱动力，其发展和运行特色主要表现在如下几个方面。

一是清晰的研究领域和发展定位。作为一家非营利性科研机构，弗劳恩霍夫协会聚焦开展以共性技术为主的应用型研究，主要从事技术和生产工艺的开发与优化、新技术推广、产品测试、科技评估、认证服务等科技研发和服务工作。弗劳恩霍夫协会的研究分为两大类：一类是面向产业界现实需求，围绕企业发展中所遇到的技术难题，提供技术和产品研发服务；另一类则是依托协会自身强大的研发实力，面向未来产业所开展的导向性研究。协会总部围绕学科领域设立八大技术联盟，联盟之下共设有72家研究所，各研究所自主开展工作。

二是精细多元的资金来源和配给制度激发弗劳恩霍夫协会研发活力。资金来源主要包括"非竞争性资金"和"竞争性资金"两种类型，前者主要为中央和地方政府及欧盟投入的面向工业和社会未来发展的科技事业基金等；后者主要指来自公共部门的招标课题，以及与产业界签订的研发合同收入等。目前，全年20亿欧元经费中的85%（17亿欧元）以上来自"合同科研"，其中70% ～ 75%为"竞争性资金"，25% ～ 30%为"非竞争性资金"。这种经费分配模式既有一定的激励作用，同时又避免应用科学研究本身过于以市场和产品为导向，借此维持一定比例的科研独立性，以期保障对高风险的、研发周期更长的前沿技术的投入。

三是权责清晰的组织架构和管理制度确保决策合理性。从组织架构和管理制度看，弗劳恩霍夫协会采用一套类似现代企业管理中的制度设计。会员大会是最高权力机构，由协会成员组成，分为正式会员、普通会员与名誉会员。大会每年定期召开一次，会员大会的职责是选举理事会成员、推举荣誉会员、章程的修改表决等。理事会是最高决策机构，由来自世界各地的科技界、工业界、商业界和公共部门的杰出人士和联邦及地方政府代表组成，约30人，任期5年，每年举行两次例会。理事会的职责是决定基本研发政策，决定研究所的建立、变动、合并及解散，对协会章程等重要文件提出修改建议等。执行委员会是日常管理机构，由1位主席和3位高级副主席组成，任期5年，允许连任。执行委员会的职责是起草规划和编制财务预算、争取政府经费并分配、聘任所长。学术委员会是内部咨询机构，由各研究所所长、高级管理人员及科研人员代表组成，任期3年，每年至少召开一次会议。学术委员会的职责是论证发展规划和科研事项、对新所成立和现所关闭提出意见。高层管理者会议是运行协调机构，由执行委员会成员和8个技术联盟的负责人（某研究所所长/主任）组成，每季度举行一次会议。执行委员会拟做出的重要决定实施需得到2/3以上技术联盟负责人的支持。

四是充沛的人才输入和灵活的聘用制度为弗劳恩霍夫协会提供高质量人才。弗劳恩霍夫协会采用市场化的"合同制"聘用人才，并与高校、企业形成了双向人才流动机制。在弗劳恩霍夫研究所的科研团队中，既有核心的资深科研人员，也有具有一定流动性的合同制研发人员，这部分人员占到了60%。正是因为弗劳恩霍夫研究所面向企业合作的特性，常常会要求人员常驻企业内部开发项目，这种人才共享机制本质上保障了创新人才的培养和转移，而产学研本质上就是创新科研人才的培养和转化。此外，弗劳恩霍夫研究所大多设在大学内部，担任弗劳恩霍夫研究所所长及主要负责人的通常都是合作高校中的全职教席教授。同时，德国的科研机构允许吸收学生参与项目研发，还面向社会招聘项目研究所需要的各类专门人才。

五是以客户为导向的科研服务理念。从产品的研发需求分析到系统设计，再到产品原型开发，弗劳恩霍夫协会为客户开发量身定制的系统性解决方案，增加其产品在市场上的核心竞争力。这期间产生的科研成果，弗劳恩霍夫协会自己申报、保护专利，同时对客户授予独家或排他性许可权等。这样一种需求来源于企业、研究成果归于企业的模式，大大缩减了技术转移所消耗的时间，开发出来的技术成果也能更顺利、高效地实现转移，实现了共荣双赢，让双方的技术转移更为密切。

六是开放创新与协同创新。对于属于其协会的各个专业领域的研究所通常具有相当的独立性，协会通常情况下极少干预其运营，这与我国的中国科学院系统具有一定的相似性。弗劳恩霍夫协会还经常以自身的号召力主导创新聚集区，整合局部地区关键企业、技术、高校等机构，针对某个核心技术进行研发和推广，这是一种行之有效的协同机构创新实例。例如，2016 年由协会发起的面向工业大数据的旗舰项目——工业数据空间，即是由协会旗下 12 个研究所共同来承担研发任务，有效地凝聚各方的研发力量解决工业 4.0 的数据共享重大难题。

（二）美国制造创新研究院

为重塑美国制造业的全球领导地位和竞争力，美国政府于 2012 年启动了国家制造业创新网络计划，以推动先进制造技术向产业转移、向生产力转化。美国国家制造业创新网络是两级层次网络结构，核心单元是制造业创新研究院，它担负着特定领域内先进制造技术成果转化与应用推广的职责，目前已建成的创新研究院包括国家增材制造创新研究院、轻量化制造创新研究院、数字化设计与制造创新研究院、美国光电集成制造创新研究院、柔性混合电子制造创新研究院、电力美国、复合材料制造研究院和先进功能织物创新研究院等。其发展和运行特色主要表现在如下几个方面。

一是致力于先进制造技术的开发、转化与应用。每个创新中心专注于一个特定领域，对处于"竞争前"阶段的先进制造技术开展应用性研究、试验性开发、商品化试制，把实验室环境下的技术能力转化为产业环境下的生产能力，将生产企业转化和应用新技术的风险与成本降到最低，使得先进制造技术成果能够被快速推广到产业界，最终提升美国制造业的竞争力。

二是围绕特定先进制造技术构建创新生态系统。创新中心通过设置适用于各类机构的多层次会员制度，将政府部门、大中小企业、行业联盟与协会、高等院校、社区学院、国家重点实验室及非营利组织等纳为会员，构建了一个以特定先进制造技术为基础、"产学研政"共同参与的创新生态系统，使得创新技术甄别、技术路线选择等更能贴近产业需求。

三是整合创新资源形成完整的技术创新链条。在构建创新生态系统的基础上，创新中心通过项目定制和招标，推动会员之间紧密联系、信息共享和合作研究，达成共同的利益关注和资源投入，形成从基础研究到应用研究再到商品化和规模化生产的完整的技术创新链条，使得先进制造技术成果能够得以有效转化和应用。

四是采取商业化的运作模式。尽管美国制造创新研究院由美国政府部门主导设立，但具体运作采取了商业化模式。融资方式上，早期由政府出资一部分，后期必须自我持续发展；治理模式上，实行以董事会为核心的商业治理模式；项目运作上，聚焦技术前沿，贴近产业要求，按照市场需求来决定项目支持。

（三）英国弹射中心

英国弹射中心（UK Catapult Centers）启动于 2010 年 10 月，由英国政府资助、英国技术战略委员会建设，定位于世界级技术创新中心。中心旨在促进英国的科技成果产业化，加快打造科技与经济紧密结合的技术创新体系。目前已建成 11 个弹射中心，包括高价值制造、细胞与基因疗法、运输系统、近海可再生能源、卫星应用、数字化、未来城市、能源系统、精准医疗、医药研发、复合半导体应用。其中，数字化、精准医疗、卫星应用 3 个弹射中心分别建立了区域中心，并联合组成弹射中心网络。2019 年，弹射中心总投入 10 亿英镑，与 2260 家学术机构、12 379 家企业开展合作，国际合作项目 491 个，4389 家中小企业参与。其发展和运行特色主要表现在如下几个方面。

一是弹射中心的管理采取"政府 + 企业"的模式。在监督管理方面，由"创新英国"下设的咨询监督委员会负责监管所有。在运作管理方面，每个弹射中心都是非营利的独立法人实体，董事会及执行管理团队负责中心的运营，并对中心各类工作提供指导。各弹射中心在具体运作过程中有很大的自主性，"创新英国"只是规定其发展目标，中心可以根据情况调整需求变化和商业模式。各中心有义务围绕各自目标和核心业务制订商业计划，有独立的资产和负债、独立的设备和设施及知识产权所有权和管理责任。

二是弹射中心以竞争性收入为主的经费来源。资金投入方式与德国弗劳恩霍夫协会类似，均包括竞争性收入和非竞争性收入。竞争性收入主要来自企业的合同收入（约占中心全部收入的 1/3）和来自公共及私营部门共同资助的合作研发项目（约占中心全部收入的1/3）。非竞争性收入主要指由政府直接下拨的核心补助，由英国技术战略委员会提供，每年为每个弹射中心提供 500 万～ 1000 万英镑，投资周期 5 ～ 10 年。其中，企业合同研究资金和合作研发项目资金主要用于人力费用和启动项目，政府的核心补助资金则主要用于基础设施建设和设备购置，投入比例与各个弹射中心在建设过程中是否使用已有设施和设备相关。

三是弹射中心注重以知识产权转移的形式推动研发成果扩散。根据项目来源的不同，弹射中心通过专业透明的管理方式进行知识产权管理，鼓励协作及知识产权的开发利用，从而实现研发成果的产业化。根据项目任务来源的不同，对取得的研发成果有不同的安排：仅在政府核心补助下完成的工作，成果将通过合适的授权、分拆及其他灵活方式来向企业提供知识产权；公共和私营部门共同资助的合作研发项目成果由所有合作伙伴共同协商知识产权分享机制；企业合同研究成果合同中将明确新知识产权的开发、共享权利。

（四）德国工程师协会

德国工程师协会（VDI）成立于 1856 年，是德国最大的工程师与自然科学家协会，该协会独立于经济界和政治党派，是公益性的工程师和科学家组织，是世界上最大的技术导向的协会和组织之一，也是世界工程组织联合会（WFEO）的正式成员，还是欧洲最大的工程协会，总部设在杜塞尔多夫市。德国工程师协会下设 45 个区分会和 18 个专业协会，拥有正式会员约 14.5 万人，其中大学生和青年工程师约占 1/3，协会会员覆盖工业界、学术界、教育界等领域，包括来自各个不同专业方向的工程师、自然科学家及新兴的电脑工程师。该协会主要从事技术的发展、监督、标准化、工作研究、权利保护和专利等方面的工作，还承担工程师的培养、继续教育，以及给政府、议会和社会提供咨询等方面的工作，并在区域、国家和国际层面提供活跃的合作交流网络。近年来，该协会增加了技术转让的工作。其发展和运行特色主要表现在如下几个方面。

一是设立地区联合会。目前有 45 个国家和地区参加联合会，联合会每年举办 5300 多场活动，邀请遍布于全球的会员讨论知识、技术及政策等方面的相关议题，促进国际科技合作交流。

二是组织和参与国际科技交流活动。协会每年都积极参与汉诺威工业博览会（Hannover Messe），为专业领域新秀、资深专家及管理人员提供宝贵的联系平台。定期开展知识论坛，提供近 2150 个工程方面几乎涵盖各个技术学科的活动，展示最新的跨学科及基于实践的实用知识。还在专家的指导下举办儿童和青少年俱乐部活动。

三是开展国际技术咨询。协会技术咨询中心是欧洲一家颇具特色的咨询企业，咨询项目邀请国际同行参与，为国际交流合作提供了平台。

（五）比利时微电子研究中心

比利时微电子研究中心（IMEC）成立于 1984 年，总部设在鲁汶。IMEC 的战略定位为纳米电子和数字技术领域全球领先的前瞻性重大创新中心，与 IBM 和英特尔（Intel）并称国际高科技界的"3I"。目前，IMEC 的核心科研合作伙伴囊括了全球几乎所有顶尖信息技术公司，如英特尔、IBM、德州仪器、应用材料、AMD、索尼、台积电、西门子、三星、爱立信和诺基亚等，拥有来自近 80 个国家 4000 名研究人员。从 2004 年起，IMEC 分别和伙伴一起成功研发 45 nm 到 7 nm 的芯片前沿相关技术，同时开发了一系列的创新性器件和系统。近年来在 IMEC 等研发平台和产业伙伴的支持下，以 ASML 公司为代表的欧洲光刻机产业巨头崛起，并引领全球集成电路工艺技术不断达到新的创新里程碑。其发展和运行特色主要表现在如下几个方面。

一是拥有深厚的政府和大学资源支持。以鲁汶大学微电子系为基础而建立，同时联合了当地其他几所大学的微电子研究力量。地方政府每年给予 IMEC 拨款经费支持，并且要求至少 10% 的拨款经费用于与科研机构和大学等合作开展基础研究，以获取产业界不愿过多介入的战略先导性、前瞻性技术，从而不断为 IMEC 积累丰富的背景知识。这些基础研究成果也成为 IMEC 吸引产业合作的"资本"。

二是始终独立客观地在研发项目选择上做出决策。IMEC 与产业界的主要合作方式是产业联合项目（Industrial Affiliation Program，IAP），IAP 在共享研发费用、科研人员、知识产权，以及共担风险的基础上，开展领先市场需求 3 ~ 8 年的项目研究，攻克某项技术在产业应用之前的技术"瓶颈"。

三是形成合理的投入产出机制。IMEC 的收入来自地方政府稳定投入、合作伙伴项目资助和成果转化收入。

四是独特的知识产权分享机制。协同创新的前提是要制定和明晰组织内的知识产权规则，IMEC 精细化的知识产权设计，解决了协同创新组织最重要的规则——知识产权分享机制。

（六）以色列魏兹曼科学研究院耶达技术转移中心

魏兹曼科学研究院（Weizmann Institute of Science）成立于 1934 年，主要从事数学、计算机、物理、化学和生物等专业基础领域的研究，并于 2011 年被《科学》杂志评选为世界排名第一的科研院所。1959 年，魏兹曼科学研究院成立以色列第一个技术转移公司——耶达技术转移中心，旨在促进魏兹曼科学研究院专利的商业化发展。耶达技术转移中心不仅是世界上具有里程碑意义的首批技术转移公司之一，同时它也是世界上最为成功的社会化研发机构之一，年度技术收入在 100 亿美元以上。定位是支持魏兹曼科学研究院成果的商业化，主要负责鉴定评估研究计划的潜在商业价值、保护研究院及其研究人员的知识产权、许可相关产业使用研究院创新成果及技术、在产业内为研究计划进行渠道融资。其发展和运行特色主要表现在如下几个方面。

一是多样化的技术转移模式。耶达技术转移中心既能够与其他企业共同投资，也能够通过独家或非独家的形式将技术授权或许可给某一公司，甚至是非营利性的机构。对于授权，最常见的一种是材料转移协议，即把本来属于研究单位的一些产权转移到企业和工业中，新研发的技术可能会通过企业而得到推广。在技术转让之后，研究人员和企业仍然可获得一些资讯服务。

二是充足的科研经费保障。除政府拨款外，耶达技术转移中心通过内部资金直接对魏兹曼科学研究院的研究进行资助，与大公司联合投入资金对项目进行赞助，以及通过设立奖励基金对魏兹曼科学研究院发布的前沿性研究项目进行奖励的方式提供充足的科研经费。

三是有效的激励机制。耶达技术转移中心和研究者共同分享成果转移的收益，技术转移收入的 40% 归研究者个人所有，院系、实验室也可以获得一部分收益，但需要在项目开展前就事先约定。这样，一旦项目被商业化，耶达技术转移中心可以从中获取利润，科研人员也能获得较多的奖励，从而形成有效的激励机制。

二、国内新型研发机构案例

报告汇总整理了 2020 年 4 月全国各省市新型研发机构摸底调查工作中，各省市上报的代表性新型研发机构资料，形成了我国 61 个新型研发机构发展情况的案例信息。

（一）北京市

1. 北京量子信息科学研究院

（1）基本情况

成立时间：2017 年

发起单位：北京市政府联合中国科学院、军事科学院、北京大学、清华大学、北京航空航天大学等单位

机构性质：事业单位

主营业务：研发，成果转化

业务领域：专业性，重点布局量子物态科学、量子通信与计算、量子材料与器件、量子精密测量等四大研究方向

科研人员：全职科研人员和工程师 68 人，包括 7 名 PI 研究员；科研人员全部为博士学历，两成以上为外籍人员

北京量子信息科学研究院（以下简称"量子院"）以承接国家实验室为使命，面向世界量子物理与量子信息科学前沿，面向国家战略急需，面向经济主战场，探索实行与国际接轨的科研机构治理模式，不断创新体制机制，加快组建一支全球顶尖科学家及团队，形成由世

界级工程师组成的技术保障团队，搭建世界一流科学实验平台。重点布局量子物态科学、量子通信与计算、量子材料与器件、量子精密测量等四大研究方向，分别由几位院士牵头组织推进。争取在 5 年左右的时间内，初步建成世界一流新型研发机构，在量子理论、材料与器件、通信与计算及精密测量等基础研究方面取得一批世界级成果，并加快推进量子信息技术成果转化和产业化，实现基础研究、应用研究、成果转移转化、产业化等环节的有机衔接。

（2）亮点特色

运行机制灵活。量子院是由北京市政府发起成立的独立法人事业单位，不定机构规格，不核定人员编制。实行理事会领导下的院长负责制，理事会是量子院的决策机构，下设评估委员会和审计委员会，并按照相关规定设立党组织。在运行机制上，量子院积极在人才双聘、存量资源整合、知识产权共享等方面进行体制机制创新，更好地保障量子院的建设和发展。在人才引进与培养上，量子院打破原有的科研单位人员编制化、工资额定化的模式，实行与国际科研机构接轨的人员聘用制、薪酬灵活化等模式，引导国内外相关领域研究人员以全职、双聘方式参与量子院工作，推动人才自由流动。

资源虚拟化共享。量子院将建立存量与新增资源的协同创新、利益共享机制，尝试现有资源虚拟化共享，整合现有资源并提升使用效率。探索建立知识产权共享机制，知识产权形成的收益向一线科研人员倾斜，激发科研人员的积极性，并通过吸引社会资金投入设立量子信息研究与成果转化基金，引入专业化服务机构，推进成果转移转化。

（3）运行效果

量子院建有实验室 33 个（面积 6300 平方米）；已采购首批 24 台（套）高端科研设备，价值 1.56 亿元。按照共建共商共享理念，与共建单位探索建立存量资源整合、新增资源共享的协同创新机制，首批 127 台（套）价值 2.87 亿元的科研设备实现共享。目前，量子院的超导量子计算科研团队已基本组建完成，正在开展量子计算实验研究。

2. 北京脑科学与类脑研究中心

（1）基本情况

成立时间：2018 年

发起单位：北京市政府联合中国科学院、军事科学院、北京大学、清华大学、北京师范大学、中国医学科学院、中国中医科学院等 7 家单位

机构性质：事业单位

主营业务：研发，学历教育与博士后工作站

业务领域：专业性，跨学科的脑科学与类脑研究机构，重点围绕脑认知原理解析、认知

障碍相关重大疾病、儿童青少年脑智发育、类脑计算与脑机智能、共性技术平台和资源库建设 5 个方面开展攻关

科研人员：目前已正式引进 10 名 PI（包括 3 名外籍）、7 名技术辅助中心主任

北京脑科学与类脑研究中心由首都医科大学校长饶毅和北京生命科学研究所罗敏敏研究员担任中心联合主任，定位于建成国际一流、独具特色、跨学科的脑科学与类脑研究机构，重点围绕脑认知原理解析、认知障碍相关重大疾病、儿童青少年脑智发育、类脑计算与脑机智能、共性技术平台和资源库建设 5 个方面开展攻关，推动前沿技术突破，在脑科学与类脑研究领域产出一批重大原始创新成果，助力北京成为具有全球影响力的脑科学与类脑研究重镇。

中心实行理事会领导下的主任负责制。中心由理事会审议通过中心章程及内控、财务、人事等基本制度，搭建了较为完善的组织体系，即由各个独立实验室组成的科研体系、各技术辅助中心作为支撑的技术辅助体系和行政服务体系。中心还建立健全了内部决策管理制度，细化制定了 50 项内部管理规定。内部确立以独立实验室 PI 为核心、技术辅助和行政团队双支撑的基本运行原则，外部推动形成"中心—共建单位—国内合作单位—国际机构"四级合作网络，初步形成"小核心、大网络"运行机制。

（2）亮点特色

5 类 PI 体系。中心创新性地提出 5 类 PI 人才体系，即全职 PI（Ⅰ类）、共同 PI（Ⅱ类）、PI（Ⅲ类）、兼职 PI（Ⅳ类）、合作研究员（Ⅴ类）。2019 年 7 月与北京大学正式引进 1 名双聘 PI（诺贝尔委员会委员）；已在 7 家共建单位引进 56 位首批合作研究员，目前正在进行第二批合作研究员遴选工作。

中心建设共享平台，与中国医学科学院共建医学神经科学创新单元，建设医学神经生物学高水平研究基地；与天坛医院多模态脑成像中心、清华大学猕猴中心等初步达成共建协议。

（3）运行效果

中心参与编制国家脑计划实施方案及青年与交叉、大数据项目两大方向的五年规划及项目指南，承接和组织完成了北京脑科学研究专项 2018 年度项目管理工作，立项支持 6 个重大项目。2019 年 7 月，中心联合上海脑中心、北京大学成立中国脑成像联盟，为国家脑计划实施提供技术支撑。中心已在核心期刊发表论文 35 篇，申报发明专利 20 项。目前中心与北京大学合作招收了 19 名博士研究生，与协和医学院、北京师范大学、南开大学、中国农业大学、首都医科大学等机构确定联合培养。

3. 北京生命科学研究所

（1）基本情况

成立时间：2005 年

发起单位：北京市政府联合清华大学、中国科学院、科技部、发展改革委、财政部、教育部、卫生健康委、国家自然科学基金委员会、中国医学科学院组成

机构性质：事业单位

主营业务：研发（原创性基础研究），学历教育与博士后工作站

业务领域：专业性，生命科学前沿领域

科研人员：24 个独立实验室和 13 个科研辅助中心从事原创性科学研究

北京生命科学研究所（以下简称"北生所"）成立于 2005 年 12 月，是由北京市政府和科技部作为举办单位的"三无"事业单位，现任所长为美国国家科学院院士、中国科学院外籍院士王晓东教授。

（2）亮点特色

北生所所长及实验室主任都是国际公开招聘的，整个研究所没有级别，所有人员没有职称。所有的 PI 都是国外引进的。PI 到研究所后，签订 5 年聘用合同，并由国际知名专家进行合同到期考核，将考核结果报给理事会，由理事会决定是否续约。

北生所最主要的突破在于将"所长"权力"关到笼子里"，所长不分配资源，每个实验室都是一样大的面积，每个实验室的科研经费都是固定给予 200 万元的经费，引进人员的级别与薪酬对等。

（3）运行效果

基于十几年研究的积累，北生所积极探索科研成果的转化和应用，捕获基础科学发现的社会价值，探求原始创新到产业转化的新模式，目前已有多个国际国内领先、有较好市场前景的创新项目进入开发阶段。

例如，北生所李文辉实验室 2012 年发现乙型肝炎和丁型肝炎病毒的功能性受体，组建了抗乙型肝炎及丁型肝炎病毒药物研发项目团队，分层次、滚动式推进乙型肝炎及丁型肝炎病毒抗体药物、受体阻断药物及其他新型药物的研发。邵峰实验室发现细菌 LPS 合成的前体庚糖分子可以被宿主的新型免疫受体激酶 ALPK1 所识别，进而激活宿主天然免疫反应。王晓东实验室揭示神经髓鞘降解机制，该研究为神经损伤后的恢复及脱髓鞘疾病的治疗提供了新的思路，相关文章于 2018 年 11 月 1 日发表在 *Molecular Cell*。汤楠实验室首次观察到了肺泡发育过程并揭示了肺泡上皮细胞分化的机制，这项研究首次证明了肺泡祖细胞的分化

受到细胞生长因子和机械力的共同调控，这为体内很多干细胞的增殖分化研究提供了新的思路。罗敏敏实验室发现驱动动物捕食和逃跑的神经环路，揭示了驱动动物捕食和逃跑这两个重要行为的不同下丘脑神经环路。黄牛实验室联合张二荃实验室，以及中科院基因组所采用计算机虚拟筛选，以及分子水平、细胞水平和动物水平的多层次验证的方法，针对已有完备的药代动力学和安全性数据的上市药物进行虚拟筛选，得到了与肥胖症等代谢综合征密切相关的 FTO 蛋白的抑制剂。

（二）天津市

4. 浙江大学滨海产业技术研究院

（1）基本情况

成立时间：2014 年

发起单位：由浙江大学与天津滨海新区政府共建，2018 年认定为天津市产业技术研究院

机构性质：事业法人

主营业务：国家基础及重大科研项目研发、战略性新兴产业技术成果转化、产业孵化、博士后工作站人才培养

业务领域：综合性，聚焦"智能制造"和"医疗健康"两大领域

专业平台：成立研究中心 15 个、院企联合研发中心 11 个

浙江大学滨海产业技术研究院是由浙江大学与天津滨海新区政府共建的独立事业法人单位，于 2014 年 8 月注册成立，落户于天津市滨海高新区未来科技城。

作为浙江大学在京津冀及环渤海地区的"桥头堡"，研究院紧密围绕智能制造和医药健康板块，打造集产业化、集约化、国际化于一体的科技研发平台及产业创新平台，逐步发展成为拔尖创新人才的集聚地、高科技企业的加速器、国内领先战略新兴产业的孵化器。

（2）亮点特色

研究院坚持"开门办研究院"的发展思路，广泛引进浙江大学科技、人才、教育等优势资源，加强与国内外高校及科研院所的合作，力争建成"人才集聚、技术涌现、产业引领"的一流科研院所。

（3）运行效果

研究院 2018 年牵头成立了天津市智能终端装备、天津市精准医学等 2 个产业联盟，同时是中国智能供热制冷联盟、天津市工艺管理协会、京津冀产业创新联盟等 11 家联盟和协会的副理事长或理事单位。研究院为天津市及新区 300 余家企业提供科技服务，与航天五

院、铁科院、天津泰达、新兴移山、肿瘤医院等 30 多家大型企事业单位建立紧密合作关系，成立院企联合研发中心 11 家。此外，研究院还获批建设了院士专家工作站、博士后科研工作站、天津市国际技术转移中心、留学人员创业园、众创空间、海智工作站等 10 多个创新性工作平台。

截至 2021 年，研究院引进和培养各类人才 270 余人，其中，两院院士、国家高层次人才特殊支持计划、长江学者、天津市青年拔尖人才、滨海新区创新领军人才等高层次人才 80 余人。同时，研究院成立研究中心 15 个，承担科技部和天津市重大科技项目 20 余项，申请各类知识产权 216 项，研发完成各类样机及产品 50 余项，绝大多数已实现产业化，在孵高科技企业 70 余家，注册资本约 5 亿元，估值逾 30 亿元。

5. 天津市滨海新区信息技术创新中心

（1）基本情况

成立时间：2015 年

发起单位：由国家数字交换系统工程技术研究中心与天津市滨海新区工信局共建成立，2019 年认定为天津市产业技术研究院

机构性质：企业法人，全资国有企业

主营业务：科技研发、技术咨询、技术服务、成果转化、企业孵化

业务领域：专业性，信息技术

专业平台：成立研究中心 15 个、院企联合研发中心 11 个

科研人才：现有员工 77 人

天津市滨海新区信息技术创新中心顺应《国家集成电路产业发展推进纲要》而组建，依托国家项目、政府基金和社会资本，以应用为先导，产学研结合，在引领信息安全和通信产业科技创新的基础上，开展高端技术研发和科技成果转化，研发世界领先的新型通信和信息安全芯片及产品。

中心引入邬江兴院士领衔的科研团队，构建覆盖芯片前端设计、设计验证、后端设计、芯片测试、板卡设备开发、系统服务开发的研发团队。以互联、安全和计算芯片研发为核心，可对外提供 IP 核、芯片、板卡、设备、解决方案和标准规范等系列生态产品和技术咨询、技术开发等技术服务。

（2）运行效果

中心已先后落地 2 个国家科技重大专项"核高基"课题、2 个国防型谱课题，承担工业和信息化部课题 3 项、科技部项目 1 项。申请国家发明专利 112 项，研制出国内首款自主

RapidIO 第二代交换芯片和世界首款软件定义互联芯片，已衍生 2 个产业化公司。

6. 天津国科嘉业医疗科技发展有限公司

（1）基本情况

成立时间：2015 年

发起单位：天津市东丽区政府与中科院苏州医工所共同出资建设

机构性质：企业法人，国有企业

主营业务：研发，高端技术人才培养、成果转移转化和产业孵化

业务领域：专业性，医疗器械

科研人才：引进高层次创新团队 9 个，人员规模 61 人，其中博士或高级职称人员 35 人

注册资本：8000 万元

中科院苏州医工所天津工程技术研究院（以下简称"天津工研院"）是在天津市东丽区政府的大力支持下，依托中科院苏州医工所的科研力量，由双方共同出资建设的。天津工研院总投资 8000 万元，拥有建筑面积 1 万平方米研发、孵化、生产和办公场地。自 2015 年 7 月与天津市东丽区政府签约合作以来，历时一年完成天津工研院的建设工作，并于 2015 年 11 月注册成立了天津国科嘉业医疗科技发展有限公司。天津国科嘉业医疗科技发展有限公司作为天津工研院运营载体，充分借助中科院苏州医工所在医疗器械方面的技术优势，在企业和研究所之间构建一个从技术研究到产业化推广有效衔接的桥梁。

天津工研院作为工程化平台，不生产医疗器械产品，只生产医疗器械公司，预计 90% 盈利将来源于技术支撑服务。天津工研院拟用 3 年时间孵化 20 家年均税后净利润 2000 万元的医疗器械企业，预计 3 年后平台年均可实现收益约 8000 万元。

（2）亮点特色

天津工研院秉承"合作、务实、创新、创业"的办院方针，建立了以工程化技术为依托、以知识产权为纽带、以社会资本为支撑、多要素紧密结合的一种新型成果转化模式，实现了创新链、资本链和产业链的深度融合。研究院建立医疗器械产品研发、工程化技术和服务平台，形成以高端工程技术服务为特色的技术转移转化综合服务模式，以满足国家需求为己任，以引领我国医疗科技进步为目标，致力于成为医疗器械领域技术转移高地。研究院多方位、可持续发展的高端平台，为来自全球范围的高技术成果提供专业的孵化育成服务，重点开展工程化技术和成果转化机制创新研究，不断推出先进医疗器械产品、孵化医疗器械企业，在天津市建成我国医疗器械成果转化和产业孵化基地及医疗器械产业人才培养基地。

（3）运行效果

天津工研院先后获批国家级医疗器械专业众创空间子空间、国家科技型中小企业、中国科学院先进医疗器械产业孵化联盟等资质。累计承担科技项目 15 项，申报专利 52 项，孵化项目公司 7 家，形成了以高端医疗器械工程化为特色的成果转移转化模式。

（三）河北省

7. 河北中科同创科技发展有限公司

（1）基本情况

成立时间：2017 年

发起单位：衡水高新区和中国科学院过程工程研究所合作共建

机构性质：企业法人，有限责任公司

主营业务：研究与试验发展、技术服务、成果转化、项目孵化

业务领域：专业性，绿色化工、能源材料、生命健康、节能环保

科研人才：目前拥有职工近 100 人，其中技术人员 80 人，高级职称 30 人

河北中科同创科技发展有限公司（以下简称"中科同创公司"）由衡水高新区和中国科学院过程工程研究所合作共建。衡水高新区作为平台供给侧方，提供生产厂房、净化车间、生产设备、检测仪器等基础条件；中科院过程工程研究所作为科技供给侧方，提供关键技术、人员培训、知识产权、成套工艺等科技支撑。中科同创公司作为转化中心企业化运营的产学研平台，通过政府支持、项目孵化、技术服务等实现可持续发展。

中科同创公司固定资产投资 1 亿余元，建设了张锁江、张懿、李洪钟 3 个院士工作站；现有科研用房、办公用房共 6600 平方米，中试车间 5500 平方米，仪器设备 100 余台（套）；获批建设了河北省产业技术研究院、众创空间、产业创新联盟等省级科研支撑平台 6 个。2018 年年初，省科技厅将中科同创公司设为第一批省级试点建设单位。

（2）亮点特色

打通科研成果到产业化的"最后一公里"。中科同创公司坚持以"创新、协调、绿色、开放、共享"为发展理念，构建以中科衡水科技成果转化中心为内核、以企业为主体、以科研院所为科技支撑的网络结构，实现科技供给、平台供给与产业需求之间的高效互动，积极推进传统产业绿色转型升级，大力发展战略性新兴产业，实现产业的"存量绿色化，增量高端化"，打通科研成果到产业化的"最后一公里"。

传统产业的转型升级。针对当地转型没有具体思路、找不到突破口等问题，中科同创

公司扩展"中科院+"科技创新优势，与衡水传统化工、工程橡胶、食品、服装等产业相嫁接，以绿色化、智能化、自动化、安全化为目标，改造提升，培育龙头，让老产业焕发新生机，实现存量绿色化。一是向绿色谋发展。中科同创公司以安全评级、环保评级、节能评级和综合评价为核心内容，对全区规上化工企业开展"三评级一评价"，逐企整治提升。目前，中科同创公司创建领军标杆企业11家，整顿提升企业13家，关闭停产企业6家。二是向品牌要效益。中科同创公司发起成立"工程橡胶产业创新联盟"，推出全省首个行业品牌，启动"河北质量+工程设施装备"区域品牌高端品质认证。"衡水工程橡胶"区域品牌价值经中国质量认证中心评估达40.7亿元。三是向高端求突破。中科同创公司大力开展成果对接、院企合作，推进一批最新科技成果转化、一批重大战略项目建设。中科院工程热物理所国内首台、全球最大的超临界CO_2压缩机实验平台建成运行，部分成果已与有关企业达成产业合作。2018年，高新技术产业产值占衡水高新区产值的62.8%，通过转型升级新认定高新技术企业42家。

（3）运行效果

截至2020年4月，中科同创公司在化工、材料、环保、生化、装备制造等领域发布科技成果项目共计237项；在安全生产、环境保护、节能降耗等方面帮助企业完成转型项目26项；完成衡水高新区"百企转型"阶段性工作，提供技术服务107家次，积极开展衡水市"千企转型"工作，申请专利30余项；中科钒钛全系、中科汉禧生物科技、中科衡发、中科恒道等7个带有鲜明"中科院"印记的重大项目实现就地转化。公司已被认定为河北省科技型中小企业，与河北中科景信能源设备有限公司、河北健康谷生物科技有限公司、衡水五草根生物科技有限公司等战略性新兴产业企业开展项目合作12个，预期实现产值20亿元。

在新材料产业，总投资100亿元的中科钒钛全系项目正在建设5万吨/年示范工程，整体投产后将带来上千亿元的经济效益。在健康产业，中科同创公司实施了中科汉禧生物科技项目，以蔓菁、麻山药、马齿苋、蜜桃、紫薯、桑葚、桑叶等果蔬及药食同源品种为主要原料制备天然产物、饮品与固体饮品、冻干赋型产品、代用茶、可溶膳食纤维等产品，实现资源的高值化综合利用。在新能源产业，中科同创公司首批投入3700万元研发经费，与中科院过程工程研究所共建千吨级镍基三元电池正极材料制备项目。该项目得到中国科学院STS重点支持，主要产品包括NCM/NCA三元前驱体材料、高纯镍、硫酸镍、硫酸钴、岩棉和氧化铁粉等。项目产业化将对我国镍基新能源材料产业的进一步壮大发展做出重要贡献，年处理30万吨红土镍矿，可实现营收30亿元、利税10亿元。

（四）辽宁省

8. 沈阳工大蓝金高端环保装备及新材料创新中心

（1）基本情况

成立时间：2016年

发起单位：沈阳工业大学与辽宁莱特莱德环境工程有限公司联合共建

机构性质：企业法人，有限责任公司

主营业务：环保产业新型特色技术研发创新、科技成果转化与孵化、环保技术公共服务和创新人才培养

业务领域：专业性，节能环保领域

沈阳工大蓝金高端环保装备及新材料创新中心成立于2016年，由沈阳工业大学与辽宁莱特莱德环境工程有限公司联合共建，中心运营实体沈阳工大蓝金环保产业技术研究院有限公司注册于沈阳高新区，基础研发基地现位于沈阳工业大学中央校区，总建筑面积1500平方米，拥有环境功能新材料研发实验室；在皇姑区建有技术创新分中心，建筑面积600平方米。

近3年来，中心承接各类项目80余项，其中科技攻关项目2项，中央地方共建基金项目1项；申请专利30余项；为企业提供技术服务年均超过100次，为企业创造产值8000余万元，已孵化辽宁新态环保、辽宁铭鑫环保、沈阳蓝金领创及辽宁拓启环保4家企业，现有在孵企业团队28个（企业16个，团队12个）。

（2）亮点特色

鼓励人才团队持股。研究院采用校企共建模式，人才团队技术入股，占股75%，企业以科技专项经费补助形式占股20%，沈阳工业大学占股5%，未来将根据估值情况引入融资或政府创投基金。

建立科技成果转化激励机制。中心以沈阳工业大学为依托，并与中科院金属所等高校院所团队建立科技合作和研发关系，并将合作单位创新团队技术引入；建立了《科技成果转化积极性的激励机制》和《技术中心科技创新推进制度》，确定科技成果转化收益分配制度，将获得的收益按具体项目协议进行分配，分配比例一般按照：新型研发机构5%～15%（参与投资的比例另计），技术团队20%～50%，投资企业或创投基金10%～30%。

构建"众创空间＋产业联盟＋产业孵化器"等科技成果转化与孵化的国际化共生体系。中心牵头建设环保创新产业联盟，拥有创业导师20余人、技术经纪人15人、创业孵化从业

人员 5 人。

与国内外大企业开展战略合作。中心与辽宁莱特莱德环境工程有限公司、鞍山七彩化学股份有限公司开展技术研发合作，成立了沈阳工业大学校友环保科技创新基金，与沈阳工大控股有限公司、沈阳星科汇创业投资有限公司等创投基金开展战略合作，为创业团队提供投融资资源对接等服务。

举办双创活动。中心依托环保创新产业联盟，举办环保行业创新大赛，为创业团队提供创业指导服务，举办路演及培训活动数十次。

9. 天眼智云智能技术研究院

（1）基本情况

成立时间：2007 年

发起单位：沈阳天眼智云信息科技有限公司

机构性质：企业法人

主营业务：技术研发、成果转化、产业孵化

业务领域：云计算、大数据、物联网、智能感知等新一代信息技术领域

科研人才：现有员工 52 人，其中研发人员 33 人，拥有电力系统、信息科学、智能检测、机器视觉等前沿信息技术领域资深顾问和长期技术支持专家多人

天眼智云智能技术研究院以沈阳天眼智云信息科技有限公司为依托，聚焦智能制造领域，定位为"技术创新引擎，科研管理机构，战略研究中心，资源整合平台，新产业孵化器，高端人才培养"。研究院研发基地现位于沈阳高新区，建筑面积 2178 平方米，实验室面积 720 平方米（自有），建有智能感知终端、振动检测、仿真模拟等 5 个实验室；研发人员办公场所和数据中心 1458 平方米，建有重大装备物流管控、危爆品仓储物流管控与应急救援、重大装备全生命周期管理 3 个大数据平台。研究院孵化基地现位于于洪区，建筑面积 5500 平方米，其中孵化场所面积 1684.22 平方米。

依托公司为国家级高新技术企业、双软认证企业、市科技小巨人企业。该公司通过了武器装备科研生产单位三级保密资格认证、装备承制单位资格认证、ISO 9001 国际质量体系认证和环境体系认证。在浑南软件园建有一站、二中心、三平台：一站为院士工作站；二中心为大数据服务中心和研发中心；三平台分别为重大装备物流管控、危爆品仓储物流管控与应急救援、重大装备全生命周期管理等 3 个大数据公共服务平台，平台技术达到国际先进国内领先。

（2）亮点特色

产学研合作促进科技成果转化。研究院与大连理工大学共建信息科学与大数据联合实验室；与中航 601/606 所、中船 719 所、兵器 201 所、国家电网公司、上海交通大学、大连理工大学、沈阳工业大学、沈阳理工大学等保持产学研合作。

体制机制创新。管理体制方面，研究院实行院长负责制；设立技术委员会，负责研发计划、重大技术问题决策等；设立战略委员会，负责研究院重大战略决策。运行机制方面，构建研究院、技术中心及公司开发部三级研发创新体系，研究院下设技术应用中心、产业孵化中心、产学研中心、战略研究中心及原始工作站。

研发领域成果落地速度快、效果好。研究院大多与政府等进行项目合作，系统和产品多获认可，研发投入占销售收入的比例始终超过 20%。

研究院利用与高校、科研院所和国企研发中心的合作关系，搭建交流平台，组织培训及研讨会。

（3）运行效果

研究院年受理专利 44 项，其中，变压器温控器检测系统、机械振动冲击记录仪、三维运动姿态和装置等发明专利 21 项；合同开发和科技服务收入 2000 万元；已孵化航科智控、沈阳博远科技及沈阳久富电力 3 家企业。

（五）上海市

10. 上海国际人类表型组研究院

（1）基本情况

成立时间：2019 年

发起单位：上海市科委作为业务主管部门，与上海复旦资产经营有限公司共同举办，其中国有资本出资比例为 70%

主营业务：基础科研和产品研发

业务领域：专业性，国际人类表型组

根据国发〔2016〕23 号文件《国务院关于印发上海系统推进全面创新改革试验加快建设具有全球影响力的科技创新中心方案》的总体要求，上海在全球科创中心建设中布局了"国际人类表型组"重点科学基础工程，并围绕主导发起人类表型组国际大科学计划，探索发展建立新型研发组织。2019 年 9 月 27 日，上海国际人类表型组研究院正式登记成立，注册资金 100 万元。上海市科委作为业务主管部门，研究院的共同举办单位包括上海复旦资产经营有限公司。其中，国有资本出资比例为 70%，大大突破了国资不能超过 1/3 的限制。研究院作为人类表型组计划的实施载体，整合国际国内优势团队，探索实施新型研发机构体制机制，建立专业化服务协调机构、高水平研发机构和高质量产业化机构。

（2）亮点特色

推动国际大科学计划。研究院正在推动创办国际人类表型组协会（Human Phenome Association，HuPA）；2019 年 12 月 22—23 日，创办并召开了第一届中国人类表型组大会；与 Springer 出版集团签约，合办表型组学国际期刊 *Phenomics*；和美国科学院、美国工程院和美国医学科学院院士、人类基因组计划倡导者之一 Leroy Hood 达成共识，引进其在上海国际人类表型组研究院框架下，创办中国系统生物学研究所，并已获 1 亿元的企业定向捐赠意向。

落实了研究院参与承担"国际人类表型组（I 期）"市级科技重大专项的核心任务。研究院投入项目经费 2000 万元，已到位 1600 万元。2020 年 3 月将研究院的部分工作纳入市科委已有的对口支持渠道。

构建从基础科研到产品研发的集成攻关平台。按一事一议的原则，支持研究院建设一个从基础科研到产品研发的集成攻关平台，构建开发式创新的新型研发机构，架起高校院所与市场、企业、政府需求的桥梁，加速科技创新和成果转化、产业化，并将协调相关资源，在实验室空间、发展经费、重大任务和政策配套等多方面对研究院起步期予以重点支持，帮助研究院在 5 年内实现自我造血和良性运行。

共享表型组测量平台、大数据试验场等公共技术平台。建立研究院与复旦大学校内人员的双聘机制，并授权研究院开展与人类表型组相关校内科技成果的前孵化。

11. 上海北斗导航创新研究院

（1）基本情况

成立时间：2019 年

发起单位：上海交通大学等联合建设

机构性质：民办非企业

主营业务：咨询服务与战略规划、研发、重大公共实验室、试验设施建设与技术创新服务、技术成果转化、孵化等

业务领域：专业性，导航产业技术领域

2019 年上海市发布了《关于进一步深化科技体制机制改革增强科技创新中心策源能力的意见》（沪委办发〔2019〕78 号）。上海北斗导航创新研究院是上海首批建设的 18 个研发

与转化功能型平台之一，是上海交通大学等联合建设的民办非企业单位性质的新型研发机构。

上海北斗导航创新研究院是服务政府、企业、产业、社会的公益性、枢纽型北斗导航协同创新功能型平台。研究院坚持前瞻创新、开放融合、协同推进的原则，发挥导航产业技术领域整合器和催化剂作用，整合各方创新资源提升上海乃至中国在导航技术创新领域的能级，促进上海导航产业技术集群创新，推动上海北斗导航产业技术创新参与全球竞争。研究院在领域咨询服务与战略规划、北斗前瞻性、基础共性关键技术布局与协同创新、重大公共实验室、试验设施建设与技术创新服务、技术成果转化与双创服务等方面发挥支撑性作用；围绕北斗高精度导航创新链和产业链，形成集资讯、研发、投资于一体的创新平台和创新加速体系，为各类创新主体的创新活动提供基础性公共条件支撑、协同组织模式和开放共享的创新生态环境；推动上海建设成为具有全球影响力的北斗导航与位置服务科技创新中心。

（2）亮点特色

机构内部管理制度逐步完善，科研主体责任清晰，科研人员获得感增强。科改"25条"发布以后，研究院对于现有的科研管理流程进行了优化改革，进一步推动了研发成果的快速形成。

实施"首席科学家负责制"，进一步扩大科研自主权，激发科研主体活力。在理事会制定的薪酬体系框架下，研究院建立合理工资薪酬体系。很多科研人员是同时在上海交通大学和研究院兼职，对于海外引进的高层次人才实行自定薪酬，如引进外籍顶尖人才 Naser 教授团队。

以市场为导向，搭建成果转化平台，打通产学研通道。研究院积极引导促进部属高校科研成果在上海本地转化，打通产学研转化"最后一公里"，围绕北斗导航创新链和产业链，形成集资讯、研发、投资于一体的创新平台和创新加速体系。

12. 上海产业技术研究院

（1）基本情况

成立时间：2012 年

机构性质：民办非企业

主营业务：战略咨询、联合研发、成果转化

业务领域：综合性，智能制造、信息通信、生物医学、绿色能源

上海产业技术研究院以建设一个开放的、不设围墙的创新机构为目标，以推进产业发展为根本任务，经过近 7 年的发展，逐步建立了以产品试制为核心、以技术咨询和研发环境为支撑、以创新资源对接为手段的成果转化模式和孵化服务机制。

研究院的使命是"为共性技术研发、成果转化和产业引领提供统筹、支撑、服务的平台"。如果把科技创新形象地比喻为4×100米接力赛跑，科学发现和机制验证是第一棒，技术形成和原型实验是第二棒，应用转化形成生产技术是第三棒，产业化和商品化是第四棒。研究院则定位为"第三棒"，即作为组织者和行动载体，推动共性技术的研发，推动科技成果的转化，推动商业模式的创新。

研究院的运作模式是"政府引导、顶层设计；合同管理、柔性参与；资源投入、利益共享"。研究院的组织性质为民办非企业单位，实行理事会领导下的院长负责制。理事会为领导机构，由市领导担任理事长，政产学研等各方代表担任理事，引导发展方向、决策重大计划、协调资源配置、实施业绩评估。在研究院的实体建设中按盘活"存量"为主和适当增加"增量"为辅的原则，分为管理服务机构、创新平台和创新联盟。按照任务需要和有利、自愿原则，创新平台可设在不同的机构或地域内。在设立研发项目方面，坚持开放性，以组织社会力量参与为主、自研为辅的原则，采取"合同科研"的管理机制。

研究院主营业务是"战略咨询、联合研发和成果转化"。一是战略咨询。研究院制定产业技术发展战略、规划和路径，为政府部门提供咨询意见。开展技术情报市场分析工作，为企业、科研机构、投资界等提供行业咨询服务。二是联合研发。组织产学研用金等各方资源，联合开展平台建设和项目研发。依托上海产业技术研究院，即主要依托研究院专业技术研发实体组织实施；引入上海产业技术研究院，即以项目方式引进创新研发团队，开展集中技术攻关，项目完成后创新团队可选择"去"或"留"，实现人才的柔性流动；上海产业技术研究院委托，即通过委托合同的方式公开择优，选择上海产业技术研究院以外的机构协助研发。三是成果转化。研究院通过"与用户一起创新"及商业模式创新等各种手段，加强科技金融合作，或孵化企业，或转让知识产权，促进共性技术转移和扩散。

目前，基于智能制造、信息通信、生物医学、绿色能源四大专业技术领域板块，先期启动了大数据应用及服务平台、智能化产品创新中心、智慧交通研发服务平台、集成电路设计服务平台、3D打印研发服务平台、新型半导体照明应用试验平台、锂电池中试及产品检测平台、机器人应用系统创新中心、国家重点工程配套产品产业化基地、临床医学转化研究中心、高通量基因测序服务平台、智能建筑及节能研究中心、生态综合治理工程研究中心等13个研发与服务平台建设。

（2）亮点特色

体制机制创新，吸引人才助力科技成果转化。在制度建设方面，研究院积极响应市政府《关于加快建设具有全球影响力的科技创新中心的意见》的文件精神，先行先试出台了《"创新先锋"计划管理办法》《"聚力行动"引进人才计划项目管理办法》《产研院科技成果转化管理办法》《产研院成果转化奖励办法》等系列人才、项目激励制度，将成果转化净收益的70%作为奖励经费给予科研团队，加快引进和培养青年科技人才与海外高层次人才。一系列制度建设和激励措施的组合实施已初见成效，大大激发了科研人员的创造性和积极性。

国际化视野，推动开放式发展。研究院充分利用相关国际组织，积极对接国际专家资源，建立了人才交流互访、技术对接等工作机制。例如，研究院联合美国安德森癌症研究中心、美国加州大学洛杉矶分校、奥地利维也纳医科大学等研究团队，设立"癌症研究网络"；与芬兰国家技术研究院（VTT），设立联合工作办公室；联合英国帝国理工学院大数据和智慧城市研究团队，策划组建全球大数据观测站；联合韩国国家政策研究院（STEPI），设立"中韩全球创新中心"；与瑞典查尔莫斯大学、韩国数据振兴院等机构合作，在石墨烯、物联网应用、工业设计等领域，联合开展人才培养和学术交流；与德国工业4.0联盟召开多场主题活动和投资对接会。希望通过这些国际交流与合作，一方面能引进国外先进技术为我所用；另一方面能助力先进技术成果"走出去"，进一步提升上海科技创新的国际影响力。

发挥协同优势，服务长三角科技创新发展。为推动长三角区域科技成果转化及产业化协同发展，构建科研院所服务地方经济的创新链，研究院充分利用上海门户优势，聚焦长三角协同创新，积极推动创新成果输出、模式输出，协同做大产业。

（3）运行效果

研究院已累计承担各级政府部门和社会委托项目超过100项，尤其是2016年研究院承担的"北斗导航与位置服务关键技术及其产业化"项目获得了上海市科学技术进步奖特等奖。2019年，研究院被市民政局评为上海市品牌社会组织。

（六）江苏省

13. 中科院计算技术研究所南京移动通信与计算创新研究院

（1）基本情况

成立时间：2018年

发起单位：中科院计算技术研究所与南京麒麟高新区管委会联合举办

机构性质：事业法人机构

主营业务：基础理论研究、关键技术开发、核心装备研制、系统平台建设和科技成果转移转化

业务领域：IT3.0技术产业发展

　　中科院计算技术研究所南京移动通信与计算创新研究院(以下简称"计算所南京创研院")是由中科院计算技术研究所与南京麒麟高新区管委会联合举办的事业法人机构，2018年2月5日正式成立，注册地为南京市麒麟高新技术产业开发区，并成功获批江苏省新型研发机构和南京市新型研发机构。计算所南京创研院以倪光南院士为核心，拥有一批由院士、领域知名专家组成的研发与产业推进团队。团队以万物互联的IT3.0时代需求为导向，致力于开展"IT3.0时代信息基础设施——信息高铁"的相关基础理论研究、关键技术开发、核心装备研制、系统平台建设和科技成果转移转化。计算所南京创研院构建以"空天地一体化卫星移动通信网络"为核心的"信息高铁"生态系统，同时在南京麒麟高新区建设信息高铁综合试验场，为国家信息领域重大基础设施建设提供支撑，打造IT3.0时代国际一流的计算与通信技术创新中心和产业引领中心。

　　(2) 运行效果

　　成果显著。目前，计算所南京创研院已有序开展了卫星通信实验平台建设工作，初步建成支撑空天地一体化核心器件和设备研发的三大实验室，并完成中科院"弘光专项"项目阶段验收暨延续项目立项等工作；已获得市长专项等重大项目支持，同时成功举办了首届"信息高铁"科技与产业紫金山高端论坛，计算所南京创研院发展受到省、市、院各级领导关注和支持。

　　前景广阔。根据一所(计算所)两地(北京、南京)三园(中关村、稻香湖、麒麟)的模式，计算所南京创研院将以国家及江苏省重大战略布局和IT3.0技术产业发展需求为导向，以国家重大科技任务攻关和重大科技基础设施建设为主线，通过核心技术突破、大平台建设、体制机制创新、人才高地建设等，打造一个信息科技国家科创中心，确定南京乃至江苏在IT3.0时代的全球科创中心地位。

　　14. 人源化模型药物筛选创新技术研究院

　　(1) 基本情况

　　成立时间：2017年

　　发起单位：由高翔教授为领军人才的专家团队、南京市江北新区、江苏省产业技术研究院共建

　　机构性质：企业法人

　　主营业务：技术平台、疾病模型资源创新开发、创新人才培育、企业孵化育成

　　业务领域：专业性，创制、药物筛选、药物研发

　　科研人才：核心团队10人，在职人员502人

人源化模型药物筛选创新技术研究院依托南京大学医药生物技术国家重点实验室建设。研究院的核心团队有"长江学者"、杰出青年高翔博士、赵静博士、琚存祥博士等，人才团队拥有遗传学、分子生物学、免疫学、医学等专业背景，并在相关领域承担了国家重大科技项目，具有实现成果转化的丰富经验，在行业内具有一定的影响力。

研究院服务单位囊括国内28个省（区、市）的科研院所、高等院校、知名药企等500多家单位，并积极开拓海外市场，2019年全年主营业务收入超2亿元。

（2）运行效果

研究院拥有授权专利20项，申请中专利22项，研发立项九大类140余项，42项研发产品已经推向市场，其中BALB/c-Hpd1等3种动物模型入选《2018南京市创新产品推广示范推荐名录》。研究院具有自主知识产权的重度免疫缺陷NCG鼠走出国门，与美国纽交所上市公司Charles River合作，开展欧美市场推广。

研究院孵化4家全资子公司，2019年孵化企业收入总额超2000万元。引进包括田志刚院士团队、美资企业Flow Pharma等21个团队及公司。集萃药康于2019年5月完成由鼎晖资本和国药资本共同投资的A轮融资1.6亿元，2019年8月研究院正式签约承建国家遗传工程小鼠资源库。

15. 清华大学苏州汽车研究院（吴江）

（1）基本情况

成立时间：2011年

发起单位：由清华大学和苏州市政府共建

机构性质：事业单位

主营业务：应用技术研发、科技成果转化和工程技术服务

业务领域：汽车

科研人才：研究院及孵化企业人员总规模超1500人，其中研究院157人，研究院累计引进培育"长江学者"及"万人计划"人才等国家级人才3人、省级创新团队2个、省级人才10人

清华大学苏州汽车研究院顺应汽车电动化、智能化和网联化的产业发展趋势，聚焦智能网联汽车、新能源汽车、汽车节能减排三大核心领域，建立了"以市场定义产品、以产品选择技术"的需求导向型科技创新体系。

（2）运行效果

科研成果。研究院共承担了19项各级科技项目，其中省级以上计划10项，拥有在研纵

向项目 20 余项；承接了 30 余项企业联合开发或委托开发项目；新申请专利 35 项，其中申请发明专利 22 项；获得授权专利 35 项，其中授权发明专利 8 项。

企业孵化。研究院累计孵化创新型企业 90 余家，总市值超过 200 亿元，目前已主板上市 1 家、新三板挂牌 7 家。孵化的苏州奥易克斯汽车电子有限公司 2019 年销售额超 2 亿元，较 2018 年翻了一番；苏州清研捷运信息科技有限公司参与完成的项目"网联汽车电子地图关键技术及应用"于 2019 年获得"中国汽车工业科学技术奖特等奖"。

16. 江苏省产业技术研究院

（1）基本情况

成立时间：2013 年

发起单位：江苏省政府

机构性质：事业单位

主营业务：主要开展应用技术研发、技术转移、科技成果转化、创新资源和要素整合、海内外高层次人才创新创业、产业技术扩散和企业孵化、产业创新投融资服务

业务领域：先进材料、生物与医药、能源与环保、信息技术、先进制造

科研人才：现有人员约 6000 人，其中院士及 863、973 项目首席专家等领军人物 80 多人

江苏省产业技术研究院（以下简称"省产研院"）成立于 2013 年 12 月，以建设成为全球重大基础研究成果的聚集地和产业技术输出地为发展目标，着力打通科技成果向现实生产力转化的通道。2015 年，江苏省政府发布《关于支持江苏省产业技术研究院改革发展若干政策措施的通知》，支持省产研院建设科技成果转化服务平台。省产研院现有专业研究所场所面积近 80 万平方米，设备总值约 26 亿元，年研发经费总额约 20 亿元。

省产研院创新实行"一院＋一公司"的管理体制，总院实行理事会领导下的院长负责制，不承担具体的研究任务，主要负责科技资源引进、专业研究所建设、重大研发项目组织等，技术研发功能主要由专业研究所承担。省产研院 100% 出资设立的有限公司主要负责专业研究所投资、海外平台投资、专业园区投资及运营、技术交易平台投资及运营、管理研发投资引导基金。同时，省产研院投资建立了硅谷－江苏省产业技术研究院、多伦多－加拿大马尔斯创新中心共建代表处等 6 个海外代表处。此外，省产研院投资并运营阳澄国际研发产业园和苏技技术交易平台，管理着 4 支基金。

省产研院包含理事会、研究院和研究所 3 个层级。最高层级是理事会，由江苏省副省长任理事长，由"长江学者"特聘教授刘庆任院长，省有关部门主要负责人为成员，负责决策研究所的发展战略和研发方向。中间层级是研究院，在江苏省政府组建的理事会领导下工

作，包括综合管理部、研究所工作部、资源开发部、技术转移部、产业发展部。省产研院不隶属于任何部门，是全额拨款的省属事业单位。基础层是专业研究所、产业技术创新中心和研发产业园。专业研究所以加盟制或共建制形成，主要承担技术研发功能；产业技术创新中心不具备研发功能，主要任务是协调管理、整合资源；研发产业园的任务是集聚以外包研发、技术服务为主营业务的高技术企业（图6-1）。

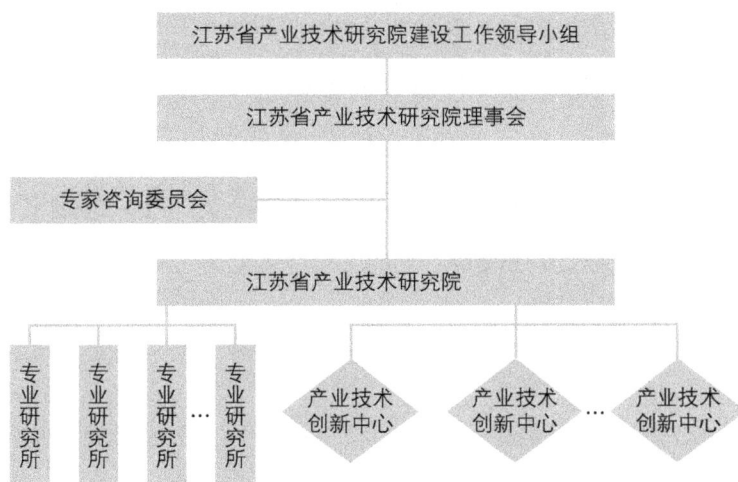

图6-1　江苏省产业技术研究院组织结构
（图片来源：江苏省产业技术研究院官网）

（2）亮点特色

一所两制。专业研究所实行"一所两制"，同时拥有在高校院所运行机制下开展高水平创新研究的研究人员和独立法人实体聘用的专职从事二次开发的研究人员，两类人员实行两种管理体制。"一所两制"举措的实施，特别是独立法人实体的建设，充分调动了地方和企业的积极性，大大促进了高校院所研究人员创新成果向市场转化，同时也对高校院所体制机制改革，特别是教师评价考核机制的改革起到了积极的促进作用。

合同科研。省产研院通过实行合同科研管理机制，引导研究所加快技术与市场对接的步伐，突破以往财政对研究所的支持方式，不再按项目分配固定的科研经费，而是根据研究所服务企业的科研绩效决定支持经费，从而发挥市场在创新资源配置中的决定性作用。省产研院的科研绩效由合同科研绩效、纵向科研绩效、衍生孵化企业绩效等方面进行综合计算。

项目经理制度。项目经理主要负责开展产业技术发展战略研究，集聚一流人才和顶尖技术，筹建专业研究所或研发公司，组织实施产业重大原创性项目，赋予项目经理组织研发团队、开展战略研究、提出研发课题、决定经费分配等方面的自主权。目前已招聘先进液晶技术、信息与制造集成技术、生物医学工程临床试验、智能传感与仿生技术、有机光电技术、过程工程应用软件等领域的顶尖人才作为项目经理。

创新绩效考核机制。省产研院从技术投资、技术服务、技术转让3个维度，每3年对专业研究所组织一次综合性的科研绩效考核。在技术投资维度，以技术衍生或孵化的高科技企业乃至骨干企业的价值、技术成果与产业结合程度、推动产业发展的直接效果作为评判标准。在技术服务维度，以服务企业数量、研究所产生的社会效益作为评判标准。在技术转让维度，以技术转让收入，被市场认可接受、有价值的技术产生数量作为评判标准。对于优秀和合格的专业研究所，按排名给予前瞻性科研资助经费1000万元以上，不合格的研究所将会被淘汰退出。

股权激励。专业研究所拥有科技成果的所有权和处置权，并且鼓励研究所让科技人员更多地享有技术升值的收益，通过股权收益、期权确定等方式，充分调动科技人员创新创业的积极性，让科技人员"名利双收"。

（3）运行效果

截至2018年年底，省产研院累计建设41个专业研究所、7个产业技术创新中心、1个研发产业园、6个海外代表处，衍生孵化创新企业580家，集聚高端研发人才6000多人，转化技术成果3100多项，实现技术价值合计200多亿元，创投资金总额约300亿元，启动20余项重大产业技术创新项目。累计衍生孵化科技型企业近490家，其中已上市和拟上市的衍生孵化企业18家。

（七）浙江省

17. 宁波工业互联网研究院

（1）基本情况

成立时间：2018年

发起人：自然人

机构性质：企业法人

主营业务：理论研究、科技创新、产品研发、人才集聚、产业孵化

业务领域：专业性，智能制造和工业互联网

科研人才：已引进来自海外及北京、上海等地230余名高科技等人才，其中硕博比例37%，在工业操作系统、高端装备等新兴产业及"246"产业领域吸纳具有10年以上工作经验领军人才、中高级技术核心管理人才15人（博士近八成）

宁波工业互联网研究院以产业需求为导向，以公司法人市场化运作，助推宁波"246"产业集群发展，重点培育工业互联网、人工智能等战略性新兴产业。目前，研究院设有先进移动系统、机器人与智能装备等 4 个研发中心；完成工控安全靶场指挥中心、虚拟化集群系统基础建设，预计于 2023 年建成引领国内工控安全的重要国家级基地。

（2）亮点特色

打造工业互联网产业园。产业园用地面积约 3.8 万平方米，预计总投资 11 亿元，将划分建设科研团队及孵化企业的办公场所、院士工作站、创新实验室等多个功能区域，打造成为产学研结合发展主阵地，预计于 2022 年竣工投用。目前，院士工作站、博士后工作站已完成审批且有 2 名院士入驻，2019 年 12 月聘请钟山等 5 位院士为新一代信息技术专家委员会顾问，高端院士队伍将进一步引领科技创新、人才培育和战略支撑。目前已孵化落地拥有完全自主知识产权、掌握核心技术的浙江蓝卓、国利网安、芯然科技等多家公司，一批掌握原创技术的"种子选手"正整装待发。

引进开发一批高技术项目。自 2019 年以来，通过"请进来、走出去"开展合作交流，探寻适合于研究院开展孵化的项目。"指静脉识别技术""电触头粉末冶金、石油化工应用高温高压传感器及测量仪、巡检机器人"等项目已确定基本合作意向。在项目合作孵化稳步推进的同时，切合宁波"246"万千亿级产业集群发展的智能制造技术推广，以市场需求为导向拓展企业重点项目。

（3）运行效果

2019 年，研究院系列项目申请发明专利 7 项，另有 5 项国家发明专利已进入实质审查阶段。同时，已授权软件著作权 17 项（已发证），并完成 1 项 PIMS 软件著作权申请，现已成功通过软件测评。

18. 西工大宁波研究院

（1）基本情况

成立时间：2019 年

发起单位：西北工业大学与宁波市政府及宁波国家高新区管委会共建

机构性质：事业单位

主营业务：科技创新、人才培养、成果转化、产业发展

业务领域：专业性，航空航天、电子信息领域

科研人才：聚集了中科院院士、"长江学者"等"国字号"人才 11 人，第一批科研团队签约 46 人

西工大宁波研究院整合西工大优势平台，以"柔性电子材料与器件工信部重点实验室""无人水下运载技术工信部重点实验室""航天动力技术工信部协同创新中心""微小卫星技术及应用国家地方联合工程实验室""空天微纳系统教育部重点实验室"等国家级平台为基础，购置先进实验和测试设备，建设高标准净化实验室，打造宁波特色的国家级、省部级科技创新平台。

（2）亮点特色

找准定位、明确目标，把牢宁波产业发展重点与高校科技创新优势的结合点。研究院聚焦航空航天、电子信息领域前沿学科，以"建设世界一流技术创新和人才培养平台"为使命，助力宁波经济社会创新转型发展。研究院集"科技创新、人才培养、成果转化、产业发展"于一体，整合学校本部优势学科中的最强团队，同时广纳全球英才，搭建柔性电子、无人航行、民用航天、智能传感芯片、卫星与大数据应用等5个技术研究中心，致力于培育一批世界领先或填补国内空白的先进技术，做精做强，形成特色。

依托本部、破旧立新，打造高水平的科技创新和人才培养平台。为支持研究院的发展，突破人员编制等问题，学校出台了《西北工业大学异地创新人员聘用管理实施办法》，解决了"国字号"人才及团队核心成员的事业编制。研究院自身充分放权、做好服务，由首席科学家和责任教授决定科研团队引进及薪酬待遇，激发了各研究中心全球招才引智的积极性。

科技攻关、产业落地，不断提升团队研发实力和产业化落地能力。研究院瞄准国家产业发展重点和宁波战略定位，开展科技攻关和研发，柔性电子团队申报并获批中央财政重大改革发展项目1项，资金2500多万元；卫星与大数据团队、智能芯片及无人水下航行团队与相关企业和研究机构合作开展科技攻关。

（3）运行效果

研究院仅用半年时间就完成"筹建—签约—落地"工作，2019年9月29日正式揭牌。实验室建设立项资金2.75亿元，获批设立浙江省博士后工作站，仅半年时间签订科研合同3200万元，10个产业化项目稳步推进，第一批科研团队签约的46人已全面入驻，工程博士宁波专项班、MPA宁波班开始招生，形成了"边建设、边科研、边产出"的良好发展态势。

研究院从瑞士、美国、新加坡等发达国家引进高端人才3人，从麻省理工学院、新加坡国立大学、清华大学等世界名校引进高端人才3人，引进国内双一流建设高校博士、硕士毕业生11人，产业化专业技术专家8人。研究院签订横向科研合同4项，金额700万元。以第一完成单位申报发明专利 4 项。

19. 阿里巴巴达摩院

（1）基本情况

成立时间：2017 年

发起单位：阿里巴巴集团

管理机制：院长负责制

阿里巴巴达摩院（以下简称"达摩院"）是阿里巴巴集团致力于人类社会未来愿景、探索用科技解决未来问题而成立的面向基础研究与应用基础研究、关键核心技术创新的全球创新研究院，是民营企业加强基础研究、探索建设新型研发机构的典范。

达摩院成立于 2017 年 10 月，得到浙江省政府大力支持和认可。2020 年 7 月，浙江省政府正式批复依托达摩院建设省实验室——湖畔实验室（数据科学与应用浙江省实验室），着力打造国家科技创新基地"预备队"。成立 3 年来，达摩院不忘初心，以高度的责任感与使命感，开展以问题和需求为导向、商业视角下的原始创新，布局了一批前沿技术方向，取得了一批重大科技成果，形成了一些创新模式经验，潜心助推科学技术进步，服务经济社会发展与民生改善。

达摩院积极参与国家科技创新体系建设，将企业战略与国家战略高度耦合，聚焦基础研究领域，分层技术投入，初步形成"前沿技术有布局、核心技术能突破、关键技术可应用"的研究布局。达摩院围绕人工智能、数据计算、机器人、金融科技、前沿探索等五大方向设立了 15 个实验室，承担了芯片、人工智能、量子计算、自动驾驶等技术领域一大批国家重要科技项目，在杭州、北京、上海、新加坡、特拉维夫、西雅图、森尼维尔、纽约等 8 个城市设有研发机构，拥有 10 位 IEEE Fellow/ACM 杰出科学家、30 余位知名高校教授，科研人员超过 1800 人。

（2）亮点特色

技术研究分类管理，推行差异化考核与激励。达摩院将技术研究分为前沿探索技术、应用基础技术、市场化技术 3 层，不同技术层制定不同的任务目标、考核周期和激励方式。一是面向前沿探索技术，给予足够的耐心和试错成本，坚定长期投入，考核周期设置为 3 年。二是面向应用基础技术，设置考核周期为 1 年，考核结果不仅要求技术深度实现行业事实第一，同时也要求实现产品化，技术研究内容交付的结果应该是产品、平台或系统，而不是单点的技术成果。三是面向市场化技术，设置考核周期为半年，考核结果要接受市场检验，制定明确的激励政策。

技术与业务双跨组织架构，创新与应用无缝衔接。达摩院实行院长负责制，阿里巴巴集团CTO张建锋担任首任院长。院长下设实验室主任，从事应用基础技术和市场化技术方向研究的实验室主任，需同时带领技术团队和业务团队，形成技术和业务双轮驱动的正向循环。一方面，达摩院通过业务需求和应用场景不断驱动技术发展，持续优化；另一方面，达摩院的前沿创新、技术突破快速在业务中得到验证。这种双跨组织模式既减少了技术到应用的中间环节，又实现了市场需求到技术研发的直接反馈，提高了研发效率，使得业务和技术实现无缝衔接。

加速推进重大成果转化，布局落地重点产业领域。达摩院在潜心攻关技术难题的基础上，探索出两种模式，高效推动科技成果产品化、产业化。一是对于尚未形成市场规模的技术产品，孵化成立实体公司，在业务中快速迭代研发成果，迅速形成规模化生产。2018年，达摩院凭借自主研发的核心芯片技术，孵化成立平头哥半导体技术有限公司，保障供应链安全，布局软硬一体的数据智能计算。2020年，达摩院依托自动驾驶核心技术，孵化成立小蛮驴智能科技公司。二是对于可以向产业赋能的技术产品，则通过阿里巴巴集团、阿里云内外部业务调用，向外技术输出，服务社会发展进步。

推进产学研用深度融合，构建多维人才培养体系。达摩院积极构建开放共享产学研合作生态，为全球学者提供阿里巴巴访学平台，设立阿里巴巴创新研究计划（AIR），资助前沿和颠覆性技术研究，促进与高校院所密切合作，目前累计与全球100多所高校开展项目合作500多个，每年有300多位教授学者参与其中。达摩院与浙江大学、清华大学、新加坡南洋理工大学等成立联合实验室；与浙江大学合作设立"工程博士"项目，实施校企双导师制度，每年联合培养15名博士；设立博士后科研工作站，吸引全球顶级高校优秀博士毕业生加入，在站博士后超过50人。每年与高校合作培养研究型实习生，累计培养1000余名博士生和硕士生。

鼓励青年投身基础研究，营造全民追崇创新氛围。2018年起，达摩院设立"青橙奖"，面向社会发起公益性评选，发掘和支持对科技进步有关键推动作用的中国青年人物。每年出资1000万元，围绕信息技术、芯片、基础数学等领域，遴选出10名35岁及以下青年学者，每人授予100万元奖励，提供数据、场景、计算力在内的达摩院全球各地研发资源，配备专门的技术与工程团队，帮助青年学者将科学想法转化为现实。"青橙奖"评选不唯资历、不唯履历、不唯论文、不唯门第，每年都会吸引众多顶尖青年学者的申报。

（3）运行效果

积极在前沿技术布局。达摩院成立学术委员会，研讨未来研究方向、重点发展领域、重大任务目标。达摩院积极探索前沿技术，布局量子、XG（5G、6G等）实验研究，研发的量子电路经典模拟器"太章"在定义国际"量子霸权"界限问题上做出重要贡献，新型量子比特单比特操作精度国际领先，单比特重置操作精度国际先进。

重点突破核心技术。达摩院布局解决产业需求的核心产品研发，满足企业和行业的市场需求。达摩院完善机器智能算法体系，涵盖语音智能、语言技术、机器视觉、决策智能、智能服务和城市大脑等，荣获人工智能领域40余个国际竞赛冠军，机器阅读理解技术在国际评测中打破世界纪录并首次超越人类水平，语音、自然语言、视觉等领域技术达到国际先进水平；平头哥公司发布的首颗自研AI芯片含光800性能全球领先，与清华大学在芯片领域的合作成果更是登上 Nature 封面，是我国人工智能芯片在国际上的首次突破。

注重社会公益性。一是科技战疫。达摩院智能服务入选 MIT Technology Review 2019年"全球十大突破性技术"，新冠肺炎疫情期间为全国21个省提供疫情摸排等外呼服务1800万人次；研发的AI诊断技术可在20秒内对新冠肺炎疑似案例CT影像做出判读，分析结果准确率达96%，落地全球超600所医院，入选中国科技馆"2020数字馆藏"，作为科技抗疫的历史见证被写入中国科技发展史。二是城市赋能。达摩院的城市大脑实现从单点智能到全局智能突破，成为国家首批新一代人工智能开放创新平台，荣获世界互联网领先科技成果奖，具备百亿级索引1秒返回、实时比对百万亿实时向量等能力，已在全球60多个城市落地建设，带动上下游产业化效益超百亿元。三是便利生活。面向末端物流场景的自动驾驶算法、3D目标检测在国际标准数据库上排名第一，达摩院研发的小蛮驴自动驾驶物流小车已在全国多所高校校园实现L4级别日常化运营，打造末端物流产业新基建、加速物流行业端到端效率。

（八）山东省

20. 青岛航空技术研究院

（1）基本情况

成立时间：2015年

发起单位：青岛市、西海岸新区、中国科学院工程热物理研究所共建

主营业务：研发、设计，研发成果的产业转化、试验

业务领域：航空

青岛航空技术研究院暨中国科学院工程热物理研究所青岛研究中心主要从事轻型航空涡轮喷气发动机及燃气轮机、高端智能无人飞行器的设计、技术开发、产品研制、试验及测试

服务，以及民用航空发动机适航技术研究。目前，研究院拥有国内首座两万米高空轻型发动机整机及部件试验台，承担了国家两机专项基础研究和条件保障等众多项目，并面向社会承担航空发动机高空试验任务，已形成"一院四公司"发展格局，初步具备航空产业创新基地雏形。

2018 年 9 月，研究院启动二期建设，重点建设航空发动机高空试验基地、中国科学院无人机系统总体部、航空涡轮喷气发动机适航设计与试验技术研究中心 3 个高水平研发平台，形成轻型航空发动机和高端智能无人机关键技术研发和系统集成能力，打造国际一流的航空技术产业创新基地。

（2）亮点特色

以国家战略和市场需求为导向。在中国科学院工程热物理研究所正在承担的国家重大科技任务的引领下，研究院结合青岛市产业结构调整升级的实际需求，加快青岛市高端航空动力及整机装备领域的新兴产业培育，通过对自主知识产权核心技术的重视与转化，实现由高速发展向高质量发展的跨越。围绕国家急需的核心关键技术与装备，研究院充分发挥中国科学院的科技创新实力、地方政府的资源统筹能力和社会资本的灵活融资特色，与科研人员科技成果转化股权激励相结合，积极支持高新技术成果落地转化，持续引入优势项目，由市场提要求，持续增强创新基地核心竞争力，已经形成"一院四公司"的发展格局。

21. 哈尔滨工程大学青岛船舶科技园

（1）基本情况

成立时间：2014 年

机构性质：企业法人

主营业务：研发服务、培训服务、企业孵化、科技成果商业化应用等

业务领域：船舶

科研人才：引进院士 6 人，"长江学者" 4 人，硕士、博士研究生等 600 余人，自主培养省、市、区级创新创业领军人才 28 人

哈尔滨工程大学青岛船舶科技园按照学校党委"自主建设运营，学校不投入货币资金"的要求，企业化运作。建设初期，通过争取国开行 7000 万元贷款、青岛市科技局 3000 万元专项资金和黄岛区扶持政策，实现资金平衡；建设后期，通过研发服务、培训服务、企业孵化、科技成果商业化应用等市场化手段实现可持续发展。其功能定位为建设科技成果转化、产业化基地，打造海洋产业集聚区，一方面推动地方经济建设，发展壮大海洋产业；另一方面发挥"出海口"作用，支撑学校内涵式发展和"双一流"建设。

（2）运行效果

基础工程建设。科技园 6.1 万平方米孵化器办公楼、1.1 万平方米中试基地和 6.4 万平方米人才公寓已建成并投入使用，为人才引进、技术研发、科技成果转化和产业化提供基础条件。园区占地 167 亩，规划建筑面积 23 万平方米。

创新能力建设。科技园围绕水面无人舰艇、水下无人系统、跨域无人集群等海上无人系统方向，联合行业内大学、科研院所和企业共建开放式研究中心 24 个。

服务体系建设。科技园搭建国家级众创空间、国家级舰船和海工配套装备小微企业创业创新基地、山东省船舶与海洋工程装备创新中心等各级公共研发和服务平台 18 个，引驻科技、金融等服务机构 16 家，初步形成了以船舶与海洋工程产业发展为核心，涵盖集科技研发、创业孵化、技术转移、成果转化和产业化于一体的全链条服务体系。

产业集聚情况。科技园自主创办或引进孵化企业达 152 家，注册资本 28.7 亿元，教授创办企业 34 家，培育高新技术企业 11 家，共拥有知识产权 400 余项。科技园累计实现产值 6 亿元、税收 3000 万元。引进海洋新能源、深远海高端绳网、超高速三体滑行艇、改性聚脲包覆材料、舰船密闭舱室空气净化给养系统等一批重大项目入园落地。

22. 吉林大学青岛汽车研究院

（1）基本情况

成立时间：2015 年

发起单位：吉林大学、李沧区政府和青岛市科技局三方共建

机构性质：事业法人

业务类型：新产品研发、成果转化、技术转移、技术咨询、产品检测和人才培训

业务领域：汽车

科研人才：共有 85 人，其中专职技术人员 50 人，兼职聘任、签订人才协议人员 35 人，全部为汽车行业专业技术人才。研究院辅助吉林大学在青岛培养具备研发能力的专业人才 126 人（暂不具备研究生培养资质），其中博士 41 人，硕士 80 人，本科 5 人

吉林大学青岛汽车研究院是 2015 年 9 月由吉林大学、李沧区政府和青岛市科技局三方共建的高端研发机构。2015 年 12 月 29 日，在区事业单位登记管理局进行事业法人单位登记，注册地址为李沧区娄山路 1 号，占地面积 72 亩。研究院致力于打造车辆工程领域国际一流的产学研融合机构，主要围绕国家汽车发展重大需求，以政府为主导，以区域汽车产业发展规划为牵引，立足青岛、面向山东全省、辐射全国汽车整车与零部件企业，提供新产品研发、成果转化、技术转移、技术咨询、产品检测和人才培训等方面的服务。通过自建及与企业联

合共建方式，研究院围绕智能化、网联化、电动化、轻量化、长效化建立汽车相关共性技术科研平台。在车联网与大数据和新能源驱动电机等 7 个重点产业方向不断探索，获得了业内企业的认可，为地区汽车产业发展提供强有力的技术支撑和研发平台。

（2）运行效果

目前研究院已孵化 19 家汽车工程领域科技型企业和 13 项创新型项目，成功引入 2 家高新技术企业落户青岛成立分公司。围绕预见性巡航和智能驾驶等 6 个行业方向布局专利群，研究院累计申请专利 77 项，已授权 31 项；承担省部级纵向项目 5 项，科研经费 680 万元；与青汽解放、中寰卫星等 49 家企业、高校确定合作关系，开展横向合作项目 26 项，科研经费 3293.68 万元。

（九）海南省

23. 海南聚能科技创新研究院有限公司

（1）基本情况

成立时间：2016 年

机构性质：企业法人

业务类型：成果转化、企业孵化

业务领域：主营业务重点涵盖六大细分领域，包括智能人居、北斗航天科技、新材料、传感器、大健康和海洋先进技术，并逐渐向适合海南发展的其他重点产业拓展。符合《海南省"十三五"科技发展规划》九大科技服务产业优先发展领域（互联网、医疗健康等产业）

海南聚能科技创新研究院有限公司实行院长负责制，设立执行委员会负责具体的运营和管理工作；出台专业的业务服务流程，对信息服务、技术服务、创业服务、投融资服务流程进行规范；在大健康、航空航天、新材料等领域开展业务，采用"人才＋项目"模式引进人才，采用"科研机构＋科研公司"模式推动科技成果转化；采取灵活、弹性的工作时间制度，在不影响个人工作效率和工作业绩前提下，平台给员工更大的工作之外的可自由支配时间，并给员工一定的带薪休假优惠条件。

（2）运行效果

目前公司科技成果转化数量为 5 项，以技术合同的形式转让金额达 2230 万元；孵化企业达到 8 家，其中孵化出高新技术企业 2 家，科技型中小企业 4 家；获补助后知识产权申请量达 186 项，其中发明专利授权 12 项；承担 2 项海南省重大科技项目；年平均研发投入达到 500 万～600 万元，具有良好的研发经费支持。

24. 中电科海洋信息技术研究院有限公司

（1）基本情况

成立时间：2013 年

发起单位：中国电子科技集团

机构性质：企业法人

业务类型：咨询、研发成果转化

业务领域：海洋信息技术领域

科研人才：研发团队 82 人，其中拥有博士学位 82 人，副高级职称及以上人员 22 人

中电科海洋信息技术研究院有限公司的办公和科研场地总面积 3150 平方米，主营业务包括机器人、海洋信息可视化、激光充电、遥感数据、水下声呐、视频识别、安全通信、海上能源、智能协同、海上透雾、水下感传、水下组网等，已研发了一些海洋信息系统的大型海上设备，包括电子信息综合试验船、岛礁信息综合平台、锚泊浮台等，其技术领域符合《海南省"十三五"科技发展规划》九大科技服务产业优先发展领域（海洋）。

（2）亮点特色

公司通过创新人员激励模式、研发管理模式等，探索出促进机构科技产出的新模式。

公司制定了一系列激励机制，如蓝海积分激励实施细则、蓝海股权激励管理办法等。依据蓝海积分并综合考虑员工对科技成果转化与业务发展的贡献，将股权奖励给科技成果研发团队、创业团队和对科技成果具有特殊贡献的人才，其水下仿生机器人团队已经获得创业团队持股激励。

公司制定了创新基金管理办法、软课题管理办法等，用于激励公司内部团队及外部团队开展科技创新研发工作的主动性。这些办法支持创新团队申请项目，给予创新团队物理空间、试验环境及仪器、研发经费等支撑，从创新需求的征集、指南的形成及发布、项目预申报到项目正式申报、评审、立项，再到项目实施监督、项目验收全过程采取项目经理负责制，立项后给予团队很大的自由空间，提高创新成果研制的进度，完善技术研发的过程管理。

（3）运行效果

从技术研发情况来看，公司承担国家科技计划类项目 5 项，省重大项目 3 项，技术水平较高；从聚集科技人才资源来看，引进科技人才 52 人，其中副高级职称及以上人员 12 人，集聚科技人才成效显著。

从科技产出及成果转化来看，公司获补助后申请知识产权 80 项，其中专利 33 项，发

明专利 5 项；签订技术合同 13 项，涉及金额 1920.95 万元；共转化科技成果 4 项，金额 4000.95 万元，科技成果转化较好。

25. 海南志勤畜牧业技术研究院有限责任公司

（1）基本情况

成立时间：2017 年

发起单位：自然人

机构性质：企业法人

业务类型：技术咨询、培训与技术转让、产业化与新技术引进消化

业务领域：农业（畜牧业）。主要从事家畜胚胎工程和主要疾病防控、检测技术，草食家畜品种培育，动物生物技术与繁殖，动物营养与饲料，草业科学，动物临床诊疗和畜产品质量与设施的研发等，其发展方向与海南省产业特色及发展特点相契合

科研人员：研发团队人员共 68 人，其中博士 10 人，副高级职称及以上人员 26 人

海南志勤畜牧业技术研究院有限责任公司办公和科研占地总面积 4409 平方米，拥有省级工程研发技术中心、企业技术中心和中试基地。研发团队获得国家人才奖励 6 次（含团队和个人）、省人才奖励 10 次（含团队和个人），具有较好的科研实力和团队基础。

（2）亮点特色

成立专家委员会。委员会主要分析产业研发中的共性技术和关键技术问题，提出需要设立的研发方向，对投资进行评估等供董事会决策。

建立协同创新机制。优化要素组合，按照"众创、众筹"的思路开展创新创业活动，对人才、成果、资金、信息、中介服务、管理、政策引导等各要素进行优化组合和高效配置，促进科技成果转化顺利实施。

建立风险共担、利益共享的投资和收益机制。公司利用各类金融投资和政府资金，面向新产品研发、成果转化和产业化市场的发展需求，通过协作或单独研究等形式进行市场开发，成果转化产生效益，需根据双方的投入进行合理分配。

（3）运行效果

公司共承担国家科技计划类项目 1 项、省重大项目 2 项；为 5 家企业提供技术服务，共签订技术合同 4 项，科技成果转化金额 2800 万元，平均每项科技成果转化金额 700 万元。

（十）山西省

26. 清华大学山西清洁能源研究院

（1）基本情况

成立时间：2015 年

发起单位：清华大学与山西省政府

机构性质：事业单位

主营业务：战略规划和咨询、技术研发与应用、科技成果产业化、中试技术的开发、科技企业孵化及引进、检测认证服务

业务领域：专业性，清洁能源、现代煤化工等

科研人才：引进高层次创新团队 9 个，人员规模 61 人，其中博士或高级职称人员 35 人

2015 年 7 月 29 日，清华大学与山西省政府在太原签署《共建清华大学山西清洁能源研究院的合作协议》。清华大学山西清洁能源研究院是省校合作的重要平台，于 2015 年 12 月完成注册，为山西省正处级事业单位，由山西省科技厅代为管理。研究院采用院长负责制运行，下设行政办公室、科研创新部、财务部、资源合作部、低碳发展战略研究所、煤炭绿色开发研究所、煤炭高效利用研究所、污染控制与减碳研究所。研究院由姜培学担任院长，张建胜担任常务副院长，禚玉群担任副院长。

山西省政府作为支持，每年投入 6000 万元研发经费，连续投入 5 年，共计投入 3 亿元作为科研费用，建设费用投入共计 2 亿元。

（2）亮点特色

技术转让与技术产业化收益显著。目前研究院已经签约 3 套技术转让，仅"合成气／蒸汽联产气化炉"（晋华炉）一个设备为阳煤化机增加产值 5 亿多元，带动相关产品产值每年近 15 亿元。"节能型和超低排放循环流化床锅炉技术开发及工程示范方面"在太原锅炉集团实现了产业化，每年为该企业增加产值 10 多亿元，使其占据国内 440 吨以下循环流化床锅炉市场份额超过 80%。

与知名校企建立合作关系。研究院先后与国家电网公司、国家能源集团公司、兖矿集团、阳煤集团、中国华能集团等多家行业龙头企业和国外知名企业建立战略合作关系，与中国科学院、太原理工大学、中北大学等科研单位、高等院校开展深入技术合作。研究院充分发挥清华大学学科优势，结合山西省资源和产业优势，建立以企业为主体、以市场为导向、产学研用紧密结合的创新体系。

（3）运行效果

研究院牵头和参加了5项山西省科技重大项目，总经费1.19亿元，已经到位科研经费8402万元。作为课题牵头单位主持承担了2017年国家重点研发计划"大规模水煤浆气化技术开发及示范（应用示范类）"项目课题二，专项经费463万元；参加课题五，专项经费99.2万元。

研究院与神华集团北京低碳清洁能源研究所、阳煤化机合作，在太原建成一套处理量为3吨煤/天的气化热模实验装置，项目总投资1000万元，将建成气化关键共性技术研发平台和山西省气化共性技术工程中心，力争建成国家工程技术研究中心。

27.山西高等创新研究院

（1）基本情况

成立时间：2018年

发起单位：山西省政府转型综合改革示范区管委会与高福院士等科学家

机构性质：事业单位

主营业务：学术研究与产品开发

业务领域：综合性，生命医学、新能源和新材料、前沿与物质科学

2018年，山西高等创新研究院由山西省政府转型综合改革示范区投资设立，政府总投资9亿元，其中5年投入3亿元作为研发运营费用，剩余6亿元作为科研设备费用，目前已到账2500万元。研究院管理架构采用理事会领导下的院长负责制，暂下设3个学部：生命医学学部、新能源和新材料学部、前沿与物质科学学部。

（2）运行效果

研究院首期正在建设生命医学学部，建设内容包括6个科研实验平台（结构生物学平台、生物治疗平台、生物信息学平台、小分子药物开发平台、抗体药物开发平台、天然药物提取平台）及5个研究所（免疫与抗体技术研究所、中药与创新药物研究所、细胞与基因治疗研究所、大数据与精准医学研究所、历史人类学与古文明遗存研究所）。后期逐步建设另外两个学部。

（十一）安徽省

28.合肥能源研究院

（1）基本情况

成立时间：2017年

发起单位：合肥市政府、中国科学院广州能源研究所和中国科学技术大学

机构性质：事业单位

主营业务：科技创新及产业孵化

业务领域：专业性，可再生能源、新能源、节能环保

合肥能源研究院是合肥市政府、中国科学院广州能源研究所和中国科学技术大学共同建设成立的科研型事业单位。核心围绕新能源、可再生能源和节能环保领域持续开展基础科学原始创新和新兴产业核心技术突破，同时大力推进能源高新技术成果转化和企业孵化，着力打造科技创新、产业孵化和公共服务三大体系。

（2）亮点特色

省级平台。研究院成功认定第二批安徽省新型研发机构，未来将在仪器设备购置、项目申报指标、对外宣传推广等方面获得扶持保障；成功列入合肥综合性国家科学中心能源研究院（安徽省能源实验室）组建依托单位，被定位为"成果转移转化的主要载体"写入组建实施方案中。

市级平台。研究院作为合肥市代表加入长江中游城市群新型研发机构（产研院）战略联盟。按照合肥市建设国家产教融合型城市试点工作安排，作为包河区 5 个产教融合重大建设项目进行上报，目前等待相关政策及结果公布。

联合研发平台。研究院与航天科工二院二〇六所、中科大共建气体环境智能控制联合研发中心，于全国双创周活动包河区分会场上正式揭牌；与美的集团、中科大共建制冷技术研发联合实验室；与旌德县政府、中科大安徽省生物洁净能源重点实验室和合肥利孚生物科技有限公司共建旌德县成果转化中心；与华电集团正在签署战略合作框架协议（生物质沼气工程方向）。

平台规范管理认证。2019 年研究院完成 ISO 质量体系审核工作并颁发证书，为实现全面的科学管理和申报各级各类项目奠定了基础。

（3）运行效果

人才建设。2019 年研究院获批建设省级院士工作站；与铜陵美天科技公司共同申请安徽省高层次人才团队在皖创新创业项目，获得 B 类支持；培养合肥市创新领军人才 1 人；独立申请安徽省平台引才项目 1 项。

科研成果。2019 年度研究院获批 2 项国家重点研发计划，项目经费 4939 万元；1 项国家科技支撑计划和 1 项安徽省国际科技合作计划顺利结题；另有 1 项省级项目正在申报中。2019 年研究院签订横向项目 8 项，项目总经费 286.74 万元。申请发明专利 4 项、实用新型

专利 4 项，2 项已进入美国国家阶段，授权 1 项；发表 SCI 文章 1 篇（1 区），已接收。

企业孵化。研究院已孵化培育公司多达 5 家，注册资本超过 4000 万元，业务方向涉及锅炉节能节水、纳米材料技术、生物质能工程技术研究、生物质燃烧锅炉研发和等离子应用等；同时就挥发性有机废气高效脱除技术和薄膜蓄热材料技术方向拟成立公司。

29. 安徽国科检测科技有限公司

（1）基本情况

成立时间：2015 年

机构性质：企业法人

主营业务：集研发、检验、检测、认证、技术咨询为一体的第三方技术服务机构

安徽国科检测科技有限公司注册资产 3000 万元，公司被安徽省科技厅认定为 2019 年度安徽省新型研发机构。公司现有研发仪器共计 400 多台（套），设备原值 3000 万元。2019 年度公司营业收入 5019.84 万元，研发投入 500 万元，净利润 842 万元。

（2）运行效果

科研成果。2016 年以来，公司主持参加制修订国家标准和行业标准 8 项、地方标准和团体标准 20 多项；申请发明专利 20 项，获得发明专利授权 6 项、实用新型专利授权 11 项、软件著作权 4 项；在省级及以上核心期刊发表论文 14 篇。

承担项目。公司 2019 年度共承担省市级财政资金支持的科技计划项目 6 项，项目总经费 210 万元；与企业和高校院所合作的横向项目 3 个，合同项目金额 90 万元；转移转化项目 4 个，合同项目金额 120 万元。主持安徽省科技重大专项项目、安徽省重点研究与开发计划项目面上攻关项目，获得安徽省科学技术进步奖二等奖、三等奖。

产学研合作。公司与安徽农业大学、安徽大学、合肥工业大学、安徽省农产品加工技术协会、合肥市生物发酵产业技术创新战略联盟等进行产学研合作。

30. 中电科芜湖通用航空产业技术研究院有限公司

（1）基本情况

成立时间：2014 年

机构性质：企业法人

主营业务：研发、产业共性技术的开发、成果转化、检测试验及咨询服务

业务领域：通用航空飞机及其他民用航空器、无人机、航空发动机、航空电子设备及零配件研发等

科研人才：研究院共有各类研发人员 60 余人，其核心技术团队由博士生导师平丽浩领

军，以中国工程院院士贲德为技术顾问，包括 3 名航空专业博士、8 名高级技术人才等

中电科芜湖通用航空产业技术研究院有限公司研发设计场地总建筑面积 7500 平方米，已建设全数字化的通用飞机设计与仿真系统、通用飞机虚拟装配系统，大幅提升了研发设计效率，缩短了研发周期，降低了研发成本。

（2）亮点特色

不断优化研发基础条件。目前研究院在芜湖市区租有面积达 7500 平方米的研发设计场地，购置包括全数字化的通用飞机设计与仿真系统、通用飞机虚拟装配系统等在内的飞机设计系统，在芜湖县还有 5500 平方米的适航实验室。研究院累计采购价值超过 2000 万元的研发、检查设备，并每年不断采购新设备。良好的研发、测试条件是研究院能在较短时间取得大量科技成果的基础。

加强人才引进和培养。2019 年，研究院引进国外毕业博士 1 人、贵州贵航飞机设计研究所高层次人才 2 人、研究员级高级工程师 1 人、高级工程师 2 人。2019 年研究院培养晋升职称 29 人，其中高级工程师 1 人，工程师 6 人，助理工程师 22 人。

积极与省内外高校、企业合作，促进行业共性关键技术攻克。2019 年，研究院先后与南京航空航天大学、芜湖钻石航空发动机有限公司、中电科芜湖钻石飞机制造有限公司开展了 CU42 风洞试验、CA42 取 TC 证技术服务、AE300 取 PC 证技术服务，促进安徽省通航技术发展。

（3）运行效果

2019 年，研究院在技术服务、航空产业共性技术创新方面取得了丰硕成果，为行业企业提供技术服务支持，促进了行业发展。尤其是提供取证技术服务，为芜湖钻石航空发动机有限公司 AE300 系列通航活塞发动机顺利获得中国民用航空局颁发的生产许可证（PC 证），实现了国内适航活塞发动机生产"零"的突破。研究院主导研制的国内首架双发长航时大型无人机 CU42，2019 年 4 月实现首飞，飞机的整体性能和指标领先国内其他机型，部分性能和指标达到国际先进水平。

（十二）江西省

31. 中科院苏州纳米所南昌研究院

（1）基本情况

成立时间：2016 年

发起单位：中国科学院苏州纳米技术与纳米仿生研究所、南昌县政府、小蓝经济技术开

发区管委会三方合作共建

机构性质：事业单位

主营业务：研发、产业育成

业务领域：纳米

科研人员：现有职工 85 人，其中研发人员 72 人，具有博士学位 21 人，具有硕士学位 25 人

中科院苏州纳米所南昌研究院是由中国科学院苏州纳米技术与纳米仿生研究所、南昌县政府、小蓝经济技术开发区管委会三方合作共建的新型研发机构，于 2016 年 5 月获批无固定编制事业单位，建设经费 2.5 亿元，占地 100 亩，拥有研发场地 9657 平方米。研究院实行理事会领导下的院长负责制，下设综合办公室、产业育成中心，纳米研究部、纳米器件及工艺研究部，已打造纳米材料平台等公共服务平台，成立了南昌中科育成科技发展有限公司。

（2）运行效果

研究院共服务企业 50 多家，先后承担国家级、省部级和市级科技项目 30 余项，获经费 2000 多万元。

32. 北京通用航空江西直升机有限公司

（1）基本情况

成立时间：2012 年

发起单位：北京通用航空有限公司、江西省国有企业资产经营（控股）有限公司、景德镇市国有控股有限公司、中国农发重点建设基金有限公司

机构性质：企业法人，科技型企业

主营业务：专业科研机构和规模化生产

业务领域：直升机

科研人才：研发人员 50 人，高级工程师 12 人

北京通用航空江西直升机有限公司是由北京通用航空有限公司、江西省国有企业资产经营（控股）有限公司、景德镇市国有控股有限公司、中国农发重点建设基金有限公司于 2012 年在江西省景德镇市设立的科技型企业，注册资金 20 440 万元。公司科研设备价值达到了 3300 万元，建立了新型的引才机制，通过外聘和内培建设了一支具有较高专业水平和研发能力的人才队伍。

（2）运行效果

公司已取得实用新型专利 7 项、外观设计专利 2 项，正在申报发明专利 2 项、实用新型

专利 9 项。2018 年 10 月，公司研制的 JH-1 无人直升机获得了两年一届的中国技术市场协会金桥奖，2019 年获得江西省工业设计大赛二等奖，获得中国先进技术转化应用大赛优胜奖。公司研制的 JH-2 甚轻型植保直升机成为第一款获得国家民航局适航受理的同类直升机。2018 年，公司牵头制定了国家民航局轻型运动类直升机适航标准。

（十三）河南省

33. 洛阳中科信息产业研究院

（1）基本情况

成立时间：2015 年

发起单位：中国科学院计算技术研究所和洛阳市政府共建

主营业务：成果转化、企业孵化、人才培养

业务领域：信息产业

洛阳中科信息产业研究院是由中科院计算所和洛阳市政府共建的新型研发机构与技术转移转化平台，成立于 2015 年 2 月。研究院自成立以来，依托中科院计算所在计算机与电子信息技术领域的优势，立足洛阳，辐射中原经济圈。作为河南省首批建设的新型研发机构之一，研究院自成立之日起就紧紧围绕洛阳地方产业发展需求，依托中科院计算所在计算机与电子信息技术领域的综合优势，以信息产业共性核心技术为重点方向，通过项目合作、企业孵化、吸引聚集等方式推进洛阳信息技术产业集群化发展，将科技成果转化与服务地方作为工作的重中之重，服务于洛阳优势产业转型升级和战略新兴产业培育。

研究院建立了"一个窗口、两个源头、五个平台"的发展模式。通过"一个窗口"发挥中科院计算所的品牌优势和学术影响，搞活高端学术人才与当地政府、高校、企业的交流；通过高端技术和高端人才"两个源头"将中科院计算所丰富的技术成果和教育资源引入洛阳，并与当地企业与高校结合，促进传统产业的转型升级和高端人才培养；通过技术创新支撑平台、市场对接平台、基金投资平台、"一院两地"园区平台及人才交流培育平台"五个平台"的建设构建产业技术创新的生态环境，实现以服务产业为目标的高端技术的出口。

研究院将开展"4+1"工程建设，即建设洛阳分所和研究生培养基地、技术推广中心（孵化园）、高层次人才公寓和学术交流中心。研究院计划利用 5 年时间，在引进高层次专家与研究生培养、引进孵化企业与服务洛阳本地企业、组织国内人才培训与国际学术交流等方面取得显著成果，初步建设成为在国际上有重要影响力的技术创新基地、新兴产业培育基地、高层次创新创业人才培养基地、学术交流与教育合作基地。

（2）亮点特色

设立了股权投资基金。研究院以专业化、市场化的视角对孵化培育的企业进行辅导和资金扶持，助力企业快速成长。目前，研究院已设立 5 亿元的投资基金，吸引外部投资 4 亿元。同时，研究院开创性实践投资股权适时退出机制。通过平台公司入股优质孵化企业，再适时按照《企业国有资产交易监督管理办法》规定退出股权，获得投资收益，用于更多企业的投资，真正实现"自我造血"的可持续发展。

三链融合，建立创业生态环境。研究院自成立之日就紧紧围绕产业需求（产业链）部署技术创新（创新链）、围绕技术创新（创新链）配置创新资源（资金链）。通过平台建设，构建创新创业生态环境，有效服务地方传统产业的转型升级和战略性新兴产业的培育。

探索一院多地模式，实现高端人才柔性引进。研究院创新性地实践了"一院多地"的办院思路，在北京岳各庄设立了约 3000 平方米的分支机构和办公场所，吸引了 30 多名高端人才入驻，落实了"不求所有、但求所用"的柔性引才理念，破除了人才流动的障碍，避免了身份改变、家庭搬迁、工作环境变化带来的诸多不便，促进了人才的有效配置，有效地支持了研究院的创新创业工作。通过"不求所有，但求所用"的柔性引才方式，引进国家高层次计划人才 2 人。

实施股权激励，激发科研人员的创业热情。在引进和孵化团队的过程中，研究院实施了股权激励制度，摒弃技术入股，只允许现金出资的方式，绝对控股所孵化的企业，占股比例达到 80% 以上。让创业人员在承担创业压力的同时，充分享受创业收益，激发创新创业活力。

整合创新资源，促进产业创新发展。研究院推动国家智能农机装备产业技术创新战略联盟在河南省洛阳市成立，形成一系列农机装备领域影响巨大的技术创新平台，助力河南首家国家农机装备创新中心建设落地，促进农机产业的创新发展。

（3）运行效果

研究院面向精准医学、智能车辆、工业智能、智能康复等多个领域成立研究中心 7 个，促成的技术转移科技项目及科研成果共计 35 项，承担国家及省市科技项目 11 项，建立技术创新平台 16 个。汇集中科院等各方资源推动河南首家国家制造业创新中心——"国家农机装备创新中心"建设。引进孵化智能芯片"独角兽"企业寒武纪等高技术企业 17 家，在洛阳部署寒武纪中原地区首个计算集群，赋能传统产业转型升级。

34. 清华大学天津高端装备研究院洛阳先进制造产业研发基地

（1）基本情况

成立时间：2016 年

发起单位：洛阳市政府与清华大学天津高端装备研究院共建

机构性质：事业单位

主营业务：技术服务、产业孵化、人才培养等

业务领域：智能制造与机器人、轴承与基础件、新材料等八大领域

科研人才：150 人规模的全职人才，其中博士、硕士以上学历人员占比 52%，清华大学学历 27 人

清华大学天津高端装备研究院洛阳先进制造产业研发基地（以下简称"清洛基地"）成立于 2016 年 6 月，为洛阳市政府与清华大学天津高端装备研究院共建的科研事业单位。基地前期办公场所位于洛阳高新区惠生产业园 1 ～ 5 层，使用面积 6000 平方米。同时，基地还建成了占地面积 2200 平方米的中试基地。至 2020 年，基地将启动由洛阳高新区协同建成的 3.5 万平方米研发中心，届时将形成产学研协同创新的一体化链条。

清洛基地引入重点科研团队建立研究所，搭建公共技术服务平台，提供技术服务，开展技术转移、转化；与行业骨干企业共建联合研发中心，与优质中小企业共建研究室，联合或通过"总包＋分包"形式进行技术攻关、应用转化和产品研发；通过天使基金、参与运营政府引导基金等对发展潜力突出的创业团队和企业进行投资支持，并面向各级资本市场，推进企业上市；采取灵活的薪酬体系和股权激励制度，引进清华大学优秀人才，充分汇聚相关行业科技创新资源；面向企事业单位高层管理或技术骨干人员提供教育培训，根据其具体需求提供分析咨询及整体解决方案等。

（2）亮点特色

平台赋能团队，团队赋能产业。清洛基地积极发挥省重大新型研发机构的创新平台优势，紧密联络先进制造领域 2000 余位清华校友，通过集市场、管理、资本于一体的全链条孵化服务，引导团队逆向创新，匹配解决产业所需。研究团队在成倍提高重大装备关键零部件使用寿命、研发具有完全自主知识产权的轨道维护装备、填补国内在轴承行业Ⅰ级滚子生产领域的技术空白等方面取得系列突破，省内外重点企业及科研院所委托开发的重点研发项目 68 项，合同额 8000 余万元；累计申请专利 92 项，发明专利占 50% 以上。清洛基地通过外引内联，实现了团队赋能产业发展动能转换。

强化共性技术供给，服务产业转型升级。以共性关键技术研发和公共技术服务支撑为出发点，清洛基地坚持"逆向创新"思维，先后对 700 余家企业开展调研，累计为中航光电、郑煤机、上汽大众等数十家企业提供定制化技术服务，围绕智能制造建设了 7 个专业技术研究所，提供了涵盖设备层、数据层、信息化平台的全维度解决方案。为郑煤机定制化开发的

机器人视觉系统已完成上线测试；为正旭科技打造的全自动真空搅拌灌浆系统，属国内首创；为中航光电打造的智能化车间，可实现产品制造周期缩短 20% 以上；同时，利用自身技术为洛阳本地食品行业龙头企业全福食品、钢制家具龙头企业震海家具等转型升级提供全面服务。清洛基地着力进行关键核心技术的突破，孵化育成一批高科技企业，有力地支撑了地方经济高质量发展。

科技＋产业＋金融，打通科技成果转化的"最后一公里"。清洛基地坚持激励最大化原则，将成果转化收益的 80% 赋予技术团队，同步强化营销、品牌与基金支持，拓展中试基地与产业园区，进一步做大做强孵化企业。清科激光、清控机器人、清研锐为、清研自动化等企业在细分领域竞争优势凸显，利用技术服务和产品销售的形式为中铁装备、郑煤机、北京地铁、航天三院等的重大项目贡献了"洛阳方案"。基地的研发成果更是连续两年荣获日内瓦国际发明展金奖，入选河南省装备制造业十大标志性高端装备，获中国创新创业大赛先进制造行业总决赛第一名等。清洛基地通过科技赋能、产业赋能、金融赋能，以市场化的方式，有效地推动了科技成果转移和产业化。

（3）运行效果

作为河南省首批重大新型研发机构，清洛基地运行至今，在各级政府支持下，累计投资1.3 亿元，按照"平台＋孵化器"的模式运营，在物理空间建设的基础上，聚力打造高浓度创新，紧扣本地产业转型升级的内容孵化载体，给予团队经费使用自由权，引导团队面向行业关键共性技术攻坚克难，建立了科学的评价体系和决策机制，加快聚才引智，激发创新动力。清洛基地采取"全职＋柔性"相结合的模式，引入了欧洲科学院傅晓明院士、"长江学者"韩征和教授等 10 余位高层次人才，建设了 18 个专业技术研究所。清洛基地作为清华校友总会先进制造专业委员会秘书长单位，拥有智能制造国家专业化众创空间等 10 余项平台资质，与一拖集团等共建了"国家农机装备创新中心"、与中车集团等共建了"国家先进轨道交通装备创新中心"。清洛基地跨越式发展为新型研发机构服务制造业高质量发展探索了一套行之有效的可持续发展模式，案例经验被河南省委办公厅印发推广。

35. 郑州大学产业技术研究院

（1）基本情况

成立时间：2014 年

发起单位：郑州市高新区政府与郑州大学共建

机构性质：事业单位

主营业务：技术研发、成果转化、高科技企业孵化、创新创业人才培养

科研人才：现有职工 383 人，其中博士 160 人，硕士 95 人，国际学术组织兼职 66 人

郑州大学产业技术研究院成立于 2014 年 11 月，为郑州市高新区政府与郑州大学共建的非营利研究开发型事业单位。作为河南高校"首家"集技术研发、成果转化、高科技企业孵化、创新创业人才培养等于一体的创新机构，得到了河南省各级政府和郑州大学的大力支持，为区域创新驱动发展和重点产业转型升级做出了卓越的贡献，先后被河南省政府命名为首批"河南省重大新型研发机构"和首批"扩大高校和科研院所自主权赋予创新领军人才更大人财物支配权、技术路线决策权"试点单位之一。

研究院一直坚持结合地方经济社会和产业发展的需求定位自身的发展目标和战略方向，致力于打造创新资源与国际接轨、科研成果与产业接轨，具备多学科交叉、集成创新、需求牵引、服务经济社会的新型研发机构，成为区域科技创新、成果转化、高新技术企业孵化和创新创业人才培养的高地，为地方经济和社会发展做出贡献。

研究院围绕电子材料与智能制造产业核心技术和共性关键技术的研究、开发和示范应用，建设了电子材料与系统国际联合研究中心、河南省智能网络和数据分析国际联合实验室创新平台；凝练出一套结合教育、产业、科研、资本四位一体发展的"高校＋产业＋科技＋金融"的创新生态体系。

（2）亮点特色

目标理念上，廓清协同创新思路。一是瞄准"基础研究"功能。研究院以基础与应用基础研究、专业技术服务、成果转移转化、企业孵化培育、推进创新创业等为主要任务。二是锚定"科教协同"核心。完善"高校＋产业＋科技＋金融"四位一体模式的创新生态体系建设。三是鼓励创新的"容错机制"原则。研究院尊重科研规律，对科研人员在履职担当、科研创新过程中，勤勉尽责、未谋取私利，未能实现预期目标或出现偏差失误的，视情况从轻、减轻或免于追究相关责任。

行动者网络上，坚持协同组建机制。一是由政府牵头协调、整合各方资源，并保证研究院的独立性和积极性。二是研究院以科研成果、知识产权等注资新企业，并积极争取各级财政经费和社会资本融资。三是研究院充分发挥产业技术、人才优势、应用场景优势及其扩散优势。组建若干产学研金用一体的科技创新联盟，形成优势技术产业链。

动力机制上，建构协同治理体系。一是实行管投分离、独立运作。二是鼎力引进高端人才，加快培养有潜力的年轻人才。三是成立各类产业化投资基金和创业投资引导基金，把科技金融创新作为研究院创新生态建设的催化剂。四是组建高层次创新团队，建立了科技成果转化项目库，提高了研究院与产业企业的对接产出水平。五是从"科研研发投入、技术成果产

出、成果转化效益、服务企业能力、企业孵化数量、市场经营效果、人才集聚和培养"等方面，构建多层次绩效考核指标体系，打造区域高端创新人才高地和区域创新型人才培养基地。

（3）运行效果

研究院已组建高层次创新团队 80 余个，引进国际团队 2 个，在研待产业化高尖端项目 100 余个，孵化公司 40 余家，其中直接参股公司 18 家，股权估值 5000 万元；孵化企业累计收入近 3 亿元，孵化企业估值近 10 亿元，间接经济效益近 30 亿元；成果转化项目 40 余项，合同交易额近亿元，间接经济效益达 4 亿元；开展各类创新培训 8000 余人次；与嵩山资本管理有限公司、中原豫资投资控股集团有限公司联合设立的规模为 5 亿元的创新基金有序推进；组织创新创业大赛数次，牵头组建全国首个智能电缆智造产业技术联盟等，有力地支撑了地方经济高质量发展。

（十四）湖北省

36. 湖北省智能装备产业技术研究院

（1）基本情况

成立时间：2014 年

发起单位：武汉市政府和华中科技大学

机构性质：企业法人

主营业务：技术研发、成果转化、技术服务、企业孵化

业务领域：智能装备

科研人才：人才团队现有 600 多人，其中专职及兼职人员 156 人，入驻团队 72 家

湖北省智能装备产业技术研究院于 2014 年 10 月 20 日经湖北省科技厅批复组建。产研院以武汉智能装备工业技术研究院有限公司为运营实体，自成立以来营业收入连续增长，2015—2019 年总共营收 1.3 亿元，年复合增长率达 66.6%、实现总利润 1976 万元、总纳税 364 万元，2019 年实现了盈亏平衡，形成了"自我造血"良性循环的运营能力。

（2）亮点特色

运行模式。在产研院创始人李培根院士的"根叔之问：产研院因何而立？因何而异？"的指引下，确立了产研院的运营模式，即为创新技术商业化过程提供技术熟化研发、技术服务、技术成果转移转化等全流程的资源配置服务，为此确定了产研院的主营业务为"技术研发（面向产业化研发）、技术服务（产业创新服务）、技术成果转化运营（高校成果的高效精准孵化转移）。

产业技术研发。产研院搭建了研发平台（企业院士工作站、智能装备国家专业化众创空间、制造装备智能化技术湖北省工程研究中心）、建立了以李培根院士和丁汉院士领衔的高端专家顾问团队，引入了事业部模式，进行了 157 个项目的研发。

技术成果运营。产研院搭建了技术转移平台（湖北省技术转移示范机构、华中科技大学技术转移示范基地），实现技术许可/转让/作价入股等方式成果转化 115 项，转化总价值 1.5 亿多元。2019 年产研院设立了引导基金，将加快提升技术成果转化的效率及效果。

技术服务和人才培训。产研院通过与西门子、TCL 等 230 多家大企业、中小企业合作，为其提供中试测试、财务管理、知识产权管理等相关的技术服务。为满足企业对智能制造各类人才的需求，近年来，产研院搭建了人才培养培训平台（湖北省博士后创新实践基地、国家级专业技术人员继续教育基地武汉培训中心），正在准备开展各层次智能制造产业人才培养和培训，在疫情期间，已公益上线了 8 个相关技术培训课程。

（3）运行效果

武汉恒力华振科技有限公司。2015 年，华中科技大学的几位毕业博士，以数字制造装备与技术国家重点实验室工业装备物联技术成果的产业化为目标，在产研院成立事业部并对该技术成果进行熟化研发，随后筹集资金成立了武汉恒力华振科技有限公司。2018 年将该技术涉及的 12 项专利作价 270 万元投入该公司，现已实现两轮融资共计 1000 万元，估值 6122 万元。

湖北英特搏智能机器有限公司。2016 年，华中科技大学数字制造装备与技术国家重点实验室的康复机器人技术成果估价 2000 万元，产研院与湖北京山轻工共同投资成立了湖北英特搏智能机器有限公司。2018 年公司获得武汉光谷人福生物医药创业投资基金中心（有限合伙）增资 1000 万元，估值 7000 万元。

武汉翔明激光科技有限公司。华中科技大学王春明教授以激光加工工艺方法及过程检测技术成果的产业化为目标，在产研院成立事业部对该技术成果进行熟化研发，随后筹集资金成立了武汉翔明激光科技有限公司。2018 年将该技术作价 240 万元投入该公司，其产品已得到航空航天、汽车制造、轨道交通等高端领域客户的广泛认可，该公司现已完成 A 轮融资 1000 万元，目前估值 9000 万元。

37. 湖北生物医药产业技术研究院有限公司

（1）基本情况

成立时间：2014 年

发起单位：由人福医药集团牵头

机构性质：企业法人

业务类型：从研发到产业化、项目孵化

业务领域：化药、生物药、中药等创新药物研发

注册资本：23 408.64 万元

湖北生物医药产业技术研究院有限公司于 2014 年 4 月由人福医药集团牵头，在湖北省科技厅的认可和支持下成立，位于武汉东湖高新区，注册资本 23 408.64 万元。

研究院主要致力于化药、生物药、中药等创新药物研发，构建面向国际的创新药物产业化平台，以"企业为主体，市场为导向"，探索灵活、多样的市场化发展机制，形成自我造血和自我完善的运行模式，为湖北省乃至全国各类生物医药企事业单位提供生物医药全产业链服务，为全省产业创新发展提供科技支撑。

（2）亮点特色

研发组织体系。研究院采用董事会管理下的院长负责制。下设九大研发中心，各中心实行主任管理下课题组长负责的分层管理制度。院长全面负责研究院的具体工作，包括内部管理和项目开展，组织制定年度工作计划、科研规划、编制财务报告，决定内部机构设置和人员任免等。

人才引进与激励机制。研究院积极利用国家、省市的人才引进政策，为吸引世界一流科学家、形成高水平人才梯队创造条件。除提供有竞争力的薪酬外，还制定了给予核心团队成员虚拟股权、参与分红等激励方式。

服务模式。一是关键技术服务——研究院提供国内一流的生物制品、中药和化药关键技术服务，并为各类生物医药创新产品提供Ⅰ、Ⅱ期临床样品，帮助生物医药企业质量标准化建设；提供制剂、临床注册和国际合作服务，为创新药物由实验室到产业化提供全产业链服务。二是项目孵化服务——研究院在国内外甄选有前景的优质创新药物，利用自身技术优势及团队优势，自主研发，打造具有自主知识产权的创新药物，通过创新企业的成长和在资本市场上的退出实现长期造血功能。

（3）运行效果

研究院致力于打造服务全省乃至全国的全链条生物医药产业化公共平台，企业化运营，强化自身造血功能。自成立以来，研究院承担纵向项目 17 项，其中国家级 3 项，省级 4 项，市区级 10 项，均按照项目主管单位要求顺利有序进行。研究院承担横向项目 17 项，累计金额 2 亿元，每年为省内药企及科研院所提供数十次产业技术咨询，同时也加入了湖北省科学仪器设备协作共用网，充分服务企业，提高检验检测设备的使用效率。研究院自主研发的

6 类化药盐酸右美托咪定原料及注射液项目成功转化至位于湖北宜昌的宜昌人福药业进行生产和销售；自主研发的他克莫司软膏成功转化至位于湖北天门的湖北人福成田药业进行生产及销售，并联合申报国家重大新药创制课题，获批 150 万元经费。

38. 武汉生物技术研究院

（1）基本情况

成立时间：2009 年

发起单位：湖北省委省政府、武汉市委市政府整合武汉大学、华中科技大学、华中农业大学、中科院武汉分院等

机构性质：事业单位

业务类型：公共技术服务、企业孵化、成果转化等

业务领域：生物

武汉生物技术研究院是 2009 年由湖北省委省政府、武汉市委市政府整合武汉大学、华中科技大学、华中农业大学、中科院武汉分院等在汉高校院所优势资源组建而成的市属正局级事业单位，研究院下设生物技术、生物医药、生物农业、生物环境、生物能源、生物经济六大研究中心。研究院作为湖北省第一家新型工业研究院，始终坚持独特的"事业单位企业化运行"体制机制，其主要特点为"服务团队聘用制管理、服务模式个性化定制、研发团队企业化运行、研究目标产业化导向"。10 余年来，研究院聚焦生物产业，在人才团队引进、技术平台建设、成果产业化、重大项目申报等方面取得了一系列的成绩。

（2）亮点特色

引进人才团队，孵化优秀中小企业。借助国家、省、市、区的各类人才政策，研究院成功吸引国内外生物领域高层次人才 150 多人。其中两院院士 10 人，外籍院士 2 人，武汉市"城市合伙人"8 人，各类领军人才 110 多人，在研究院创办了 130 多家企业，占光谷生物城企业总数的 1/10。

建设创新平台，支撑企业创新创业发展。研究院依托研究院理事单位、参建高校在科学技术方面的优势资源，引入和建设了病毒学国家重点实验室、国家纳米药物工程技术研究中心及 20 多个省部级重点实验室、工程技术中心，并先后获批建设"病毒病防治药物技术国家地方联合工程研究中心""国家技术转移示范机构""国家科技企业孵化器""国家专业化众创空间"等创新创业支撑平台，为研究院聚合资源、创新能力建设发挥了巨大的作用。

提供公共技术服务，持股孵化，与企业同发展。研究院重点做好公共技术、投融资等方面服务，加速企业产业化进程。一方面深度挖掘公共技术平台服务能力。研究院公共技术服

务平台取得 CNAS、CMA 实验室认证资质，为省内外企业提供检测服务；另一方面积极探索金融手段助力企业发展。研究院探索持股孵化试点，累计完成 10 家入驻企业投资，协助企业融资超 6 亿元。2018 年，研究院发行首支 5000 万元创业投资基金产品，目前已落实资金 2600 万元。

承接科技项目，为政府部门提供决策支撑。研究院累计牵头组织或协助入驻团队申报获批国家、省、市、区各类科技和人才项目 160 余项，获批支撑经费超 6 亿元。其中，研究院牵头承担了"武汉综合性新药研究开发大平台""武汉创新药物研究开发技术体系建设"等国家科技重大专项，同时研究院经济中心为政府提供产业战略研究和决策支撑服务，积极参与政府主持的各项产业发展规划编制、生物经济研究和生物产业服务项目，支撑湖北省产学研全面发展。

多方协作，促成高校、科研院所成果转化。经过 10 余年的发展和积累，研究院已成功转化了 130 多项高校及科研院所的科技成果。首家入驻企业禾元生物的核心产品——植物源重组人血清白蛋白为国内首创、国际领先，现已拿到国家一类新药临床批件；波睿达公司对白血病、淋巴瘤、骨髓瘤等免疫疾病 CAR-T 细胞治疗技术世界领先；摩尔生物的抗菌多肽药物获得临床批件，有望成为国际首个抗菌多肽药物。

（十五）广东省

39. 中国科学院深圳先进技术研究院

（1）基本情况

成立时间：2006 年

发起单位：中科院、深圳市政府和香港中文大学合作共建

机构性质：事业单位

业务类型：综合性，科研、教育、产业、资本

中国科学院深圳先进技术研究院（以下简称"先进院"）是由中科院、深圳市政府和香港中文大学合作共建的，采用理事会领导下的院长负责制，定位建设成为国际一流的工业研究院。在人力资源管理、财务管理、平台建设、对外拓展等多个领域，先进院进行了体制机制方面的探索与实践，成为新型研发机构浪潮中的典型机构，在粤港澳大湾区的建设中发光发热。先进院的成立，是中科院为推进知识创新体系与技术创新体系、区域创新体系的结合而布局实施的重要环节，也是深圳市提升源头创新能力、完善创新体系的重要举措，同时还是加强深港科技领域交流合作的重要契机。

（2）亮点特色

经过 10 多年的不断尝试与摸索，先进院逐步探索出一条事业单位企业化、市场化运营的新型研发机构发展之路。

先进院采用理事会管理模式，开放办院，需求牵引，动态定位目标。先进院采用三方共建的模式，根据国际科技发展态势，结合地方经济、社会和产业发展的需求来定位发展目标和战略方向，更加贴近世界前沿；主动拓展与国内外各界的互动，特别是与香港及世界一流大学的学术与科研合作；强调多学科交叉，鼓励跨部门、跨单位、跨界创新；坚持学术与国际前沿接轨，产业化与区域经济融合。

先进院不拘泥于传统科研机构的建设，搭建了集科研、教育、产业、资本于一体的"微创新系统"。这一做法大幅提高了创新的效率与效益，高效实现了创新链上下游资源的共享与协同，具有较好的延展性与可复制性，可以成为区域创新和国家创新体系建设的有力抓手。

遵循"巴斯德模式"，形成学科交叉和集成创新的特色与优势。先进院注重由应用引起的基础研究，以市场需求为导向，强调研发与生活、市场的紧密连接，真正实现科技创造价值，带动深圳产业跨越式升级。一方面，先进院立足源头创新，面向科技前沿，培育新兴学科，形成学科交叉和集成创新的特色与优势，为深圳战略性新兴产业的发展提供持续的"知识源头"和"核心知识产权"；另一方面，先进院面向国家战略需求，以重大项目和前瞻性布局为牵引，实现重大科技创新突破，瞄准国家战略性新兴产业实施规模产业化。

形成双螺旋产业化战略。先进院以知识产权引导科研方向，以市场需求引导产业方向。为增强开放研发机制，先进院与企业携手共进，推动产业化合作的"源头对接"模式，合力推动产业化跨越式发展。在项目评价方面，先进院加强产业化合作项目的绩效比重。在项目管理方面，先进院改变蜂窝煤式项目管理模式，实施动态矩阵式管理。

重视人才队伍建设，创新人才培养模式。先进院借力深港创新圈，打造流动的高水平研究和开发队伍。同时，深圳市和中国科学院大学依托先进院合作建设中国科学院大学深圳分校，聚集世界一流科技人才，打造国际科技产业创新高地，为建设科技强国、质量强国提供有力支撑。未来，先进院将继续瞄准国际前沿，瞄准市场趋势，布局前沿学科方向，凝练高水平科研队伍，扎根南粤地区，服务珠三角产业发展，引导 IT 和 BT 科研力量的融合，为建设国内一流新型研发机构和国际一流大学不懈努力。

（3）运行效果

2019 年，先进院新增纵向项目 682 项，科研项目经费（不含人才项目经费）12.8 亿元，其中国家级项目2.39亿元，中科院项目0.73亿元，广东省项目1.31亿元，深圳市项目3.32亿元，基础研究机构5.08亿元，国家层面影响力显著提升。2019年度先进院获批国家自然科学基金项目102项，总经费5777万元，其中优秀青年基金项目4项；牵头获批3项科技部"合成生物学"重点研发计划项目，总经费6858万元，位列全国第三，科研工作取得多项重大原创性科研成果。先进院科研平台支撑能力有效提升，2019年度完成实验室升级改造10200平方米，实验室总面积达到31500平方米，科研仪器设备原值总额达8.3亿元。

40. 广东华中科技大学工业技术研究院

（1）基本情况

成立时间：2007年

发起单位：东莞市政府、广东省科技厅、华中科技大学联合共建

机构性质：事业单位、理事会

业务类型：技术研发、技术服务、产业孵化、人才培养

业务领域：数控装备、电子制造、信息技术、材料模具

广东华中科技大学工业技术研究院（原名东莞华中科技大学制造工程研究院）是东莞市政府、广东省科技厅、华中科技大学于2007年联合共建的按照"事业单位、企业化运作"组建的公共科技创新平台。经过多年发展，研究院已经成为我国制造领域知名的新型研发机构，发起了国家数控一代机械产品创新应用示范工程，建设了全国电机能效提升示范点、全国智能制造现场会唯一示范点。

（2）亮点特色

构建了"研发基地—孵化器—加速器—产业园"的成果转化链条，打造了"两院一器"的3+X创新体系。研究院建设了1.8万平方米的研发基地，经过几年快速发展和自我造血，投资建设了4.3万平方米的松湖华科产业孵化园，投入运营或正在建设加速器及产业园超过25万平方米，构成了"研发基地—孵化器—加速器—产业园"的成果转化链条。研究院是东莞首家获批国家级科技企业孵化器的企业，也是连续4年享受免税资格、连续2年被科技部评为A类的国家级孵化器。

积极推动科技平台建设，由"地方队"向"国家队"迈进。研究院建设了东莞首个国家技术转移示范机构、博士后科研工作站2个国家级平台，建设了广东省制造装备数字化重点实验室、广东省制造装备智能化工程技术研究中心、广东省战略性新兴产业基地（物联网产业）3个省级平台，建设了东莞市智能制造重点实验室1个市级平台。

建设了一支规模大、水平高、结构完善的队伍。研究院建设了一支600余人的研发团

队和 1000 余人的工程化成果转化团队，构成了"院士牵头、专职队伍为主、海外团队补充"的队伍体系。

在我国制造领域三次重大战略中发挥了重要作用。研究院围绕运动控制技术、智能感知技术、数字化工艺与成形加工技术、精密检测与机器视觉技术、激光装备与核心器件等方向研发了十几类行业关键装备，累计申请各类知识产权 584 项，相关成果获得国家技术发明奖二等奖，参与起草了云制造、射频、车间制造执行数字化通用要求等标准 42 项，其中国家标准 18 项。在 *Nature* 子刊 *Nature.Physics* 等国内外核心期刊上发表高水平论文 130 余篇。

实现了有品牌、批量化、有影响的技术服务。研究院获得国内外资质 887 项，服务企业过万家。建立了六大集中式技术服务中心，获得 CNAS、CMA、EPA、CPSC 等国内外检测资质 887 项，为过万家企业提供了产品设计、产品检测、精密测量、激光加工等高端技术服务。设计服务中心多次获得"红点奖""省长杯""东莞杯国际工业设计大赛"等国内外重量级工业设计大奖。

孵化企业的数量、质量在松山湖科技创新体系中占有重要地位。研究院积极延伸公共科技服务平台服务范围，全面转移松湖华科国家级科技企业孵化器建设和运营经验，打造"华科城"系列孵化器，已在大岭山、道滘、石碣、厚街、韶关等地建设了 9 个孵化园区，建成国家级科技企业孵化器 4 家、国家级众创空间 3 家，孵化面积合计超过 50 万平方米。

探索了一套新型研发机构的创新体制机制。研究院探索了"三无三有"创新体制机制。研究院虽是事业单位，但实行的是企业化运作，在发展过程中形成了协同创新体制机制，其特色为"三无三有"，即"无级别、无编制、无运行费"，但是"有政府支持、有市场盈利能力、有激励机制"。研究院的性质为"事业单位、企业化运作"。"事业单位"既保障了政府初期投入建设经费的合法性，又保障了科技平台的公益性。"企业化运作"则减少了政府固定运行费用负担，提高了面对市场竞争的决策灵活性。正是因为有了体制设计的优势，研究院在协同创新方面取得了较快的发展，尤其是在工程化开发和转化方面，提出的"苹果论"（将高校和传统科研机构开发的"青苹果"转化为企业喜欢的"红苹果"）形成了广泛的影响。上述工作在产生较大的经济效益和社会效益的同时，也形成了良好的社会影响。

（3）运行效果

在产品研发方面，研究院组建了一支 500 余人的专业化技术团队，针对建材、家具、电子制造、模具、毛纺、能源等行业的重大需求，自主研发了十几类、几十个系列的行业关键装备，申请各类知识产权 100 多项，为产业转型升级提供了有力支撑；在技术服务方面，组建了设计服务中心、激光技术中心、检测技术中心及物联网技术中心，为 4000 多家企业提供集中式高端技术服务；在产业孵化方面，通过自主研发成果转化创办了 16 家企业（其中 4 家被认定为国家高新技术企业），孵化 70 余家企业，通过自我造血和良性循环在松山湖投资兴建了 43 000 平方米的松湖华科产业孵化园（获批国家级科技企业孵化器），在清溪启动建设"华溪城"创新产业园，并建成 3 个生产基地，成立华科松湖创业投资有限公司，发行了东莞首支面向高端制造业的股权投资基金；在人才培养方面，通过各类技术培训，为企业累计培养、培训各类技术人才 5000 多人次；在国际合作方面，引进的"运动控制创新团队"获批第一批广东省创新团队，以教授李国民为学术带头人的"智能感知创新团队"获批第三批广东省创新团队。

41. 佛山市南海区广工大数控装备协同创新研究院

（1）基本情况

成立时间：2012 年

发起单位：广东省科技厅、佛山市政府、南海区政府、佛山高新区管理委员会和广东工业大学共建

机构性质：事业单位

业务类型：技术研发、成果转化、企业孵化、人才培养与引进

业务领域：数控装备、工业机器人、智能装备、半导体装备和 3D 打印

佛山市南海区广工大数控装备协同创新研究院是由广东省科技厅、佛山市政府、南海区政府、佛山高新区管理委员会和广东工业大学共建，集数控装备技术研发、成果转化、企业孵化、人才培养与引进于一体的开放式、网络化、集聚型的公共服务平台和新型研发机构，属第三类事业单位，按企业化运作，由广东工业大学负责经营管理。

研究院围绕粤港澳大湾区建设具有全球影响力国际科技创新中心的战略布局，紧盯建设珠江西岸先进装备制造产业带创新引擎的发展目标，引进了一批国内外高端人才团队，孵化了一批高科技企业，攻克了一批行业关键共性技术难题，搭建了线上线下一站式服务平台，促进了创业团队与行业龙头企业的战略合作，构筑了专业化、市场化、国际化的科技成果转化及孵化的全流程服务体系，服务地方产业转型升级。

（2）亮点特色

探索形成适应新型研发机构发展的体制机制。研究院结合自身发展需要，采用的管理机制、引人用人机制、发展机制更趋向于市场化、企业化、人性化。一是企业化的管理机制。研究院跳出了传统的事业单位管理模式，参照企业管理的体制机制，不断创新科研机构的现代化管理模式、决策机制，采用理事会领导下的院长负责制度，实现"投管分离"。研究院

虽是事业单位，但不定编、不定人，没有财政事业拨款，对研究人员都采用聘用制，实现企业化的管理。二是市场化和柔性的引人用人机制。研究院建立了"不求所在，但求所用"的国际一流团队柔性引进机制；采取"研发在高校，产业化在研究院"方式，以及以"重大任务、薪酬水平、预期业绩"为导向的重点科研团队吸引机制。三是跨单位多要素的资源协同机制。研究院建立了"协议归属、共建共赢、管理集约、使用统筹"的资源协同机制，打通了研究院与高校的资源共享渠道，使研究院可以方便地使用高校实验室、成果、教师等资源。四是利益共享的孵化机制。研究院通过发行科技券和人才券，建立"前孵化—孵化—加速"全孵化链条，实施持股孵化，实现了研究院与创业团队利益共享。

引进符合产业带发展科技创新需求的创新资源。研究院立足于服务珠江西岸万亿装备产业带发展，定位为打造成珠江西岸先进装备制造产业带的创新引擎之一。研究院组建了精密装备、机器人及3D打印领域三大创新创业中心，对接和集聚了美国哈佛大学、美国科学院、俄罗斯科学院等国外顶级机构，以及广东工业大学、北京大学、哈尔滨工业大学、暨南大学等科研院校的重点学科、重大成果、重大平台和重点人才。特别是通过"不求所在，但求所用"方式引进国际专家、"长江学者"20多人；通过资源与利益共享机制、保姆式创业服务引进了香港中文大学、北京大学、华中科技大学等国内外高校博士10多人；通过创业大赛等方式，选拔了数十名大学生（研究生）进院创业；特别是以市场需求为导向，引进了机器人跨国公司高管进驻创业，给研究院带来了机器人关键技术、技术标准和案例规范。

培育发展区域创新需要的多要素协同服务模式。围绕佛山企业成长、产业升级和创新体系建设，研究院通过整合科研院校、国内外重点实验室、全球知名企业的创新资源，形成了跨单位多团队协作，技术、人才、资金、信息和服务等多要素协同的研发和服务机制，特别是研究院不断完善"点、线、面、体"四位一体的服务体系。一是丰富"点"的服务模式。研究院针对企业关键技术难点，与企业开展以"项目"合作为主的技术服务模式，或与企业共建企业研发机构等。二是延长"线"的服务内容。围绕企业技术成长路线图，研究院与企业开展涵盖"初创期—成长期—成熟期"全过程、"技术创新—产品创新—创新管理"全方位的技术路"线"设计和实施。三是拓宽"面"的服务范围。迎合产业转型升级需求，"面"向整个行业开展共性技术研发和标准的研制，研究院牵头组建技术创新联盟，为整个行业培养专业人才、提供公共技术供给。四是创新"体"的服务机制。根据产业和区域转型升级产生的共性需求，研究院整合技术、人才、资金、场地等资源，为企业创新提供全方位"立体化"支撑。

构建支撑"大众创业、万众创新"的创新环境。研究院通过机制和政策创新，以重大任务需求为导向，建立了以持股孵化为手段，集"前孵化、孵化、加速"于一体的全链条孵化模式，按照项目源库、立项库、孵化库、路演、最后成立实体公司的发展运作模式进行项目孵化，引进了世界领军人才、企业高端人才、大学教授、大学生等各类人才创业，形成了"大众创业、万众创新"的良好氛围。同时，研究院一方面根据创业项目技术特征和实际需求，组建技术委员会，为创业项目提供不同层面的技术支持；另一方面，研究组建包括金融、科技、管理、法律等领域的创业导师委员会，为创业者提供全方位的创业辅导和支持，有效地提升了创业的成功率。

（3）运行效果

目前研究院已建成七大公共服务平台、四大创新创业平台和三大实验室，引进 280 多名国内外高端人才，培育 180 多个高端创业团队，孵化 168 家技术研发型企业（其中 24 家获高企认定，7 家在广东金融高新区股权交易中心挂牌，3 家在新三板筹备挂牌），研发新产品 240 多件，获授权专利 1600 余项，其中发明专利 400 余项，培养创新人才超过 3000 人，为佛山地区输送创业就业人才 1500 余人，服务地方企业、高校、职业院校、中小学校等单位超 3000 家，累计实现技术服务收入超 10 亿元，带动新增产值 50 亿元。

42. 深圳市万泽中南研究院有限公司

（1）基本情况

成立时间：2014 年

发起单位：万泽股份与中南大学

机构性质：企业法人

业务类型：研发及产业化、成果转化、企业孵化

业务领域：专业性，高温合金材料和热端部件

深圳市万泽中南研究院有限公司隶属上市公司万泽实业股份有限公司（股票代码：000534）。2014 年 6 月由万泽股份与中南大学共同出资成立，注册地址为深圳市福田保税区，注册资本 10 840.70 万元。公司通过引进海外高层次人才，吸收国外先进经验，结合自身特点，采用"一流的科学方法，一流的先进管理"开展航空发动机高温合金材料及相关部件的研发及产业化，致力于发展成为国内先进航空发动机和重型燃气轮机等能源交通领域的领军供应商企业。面向未来，坚持自主创新，实现航空产业的"中国心"是公司的愿景目标。

（2）运行效果

公司科研人员中硕士学历以上占比超过 55%。公司拥有完善的自主研发及生产体系，

在高温合金材料、叶片精密铸造方面拥有 23 项专利。公司已孵化企业 2 家，获得"粉末冶金国家工程技术研究中心深圳分中心""广东省新型研发机构""深圳市孔雀团队""深圳市工程实验室""深圳市博士后创新实践基地"等诸多资质荣誉，并已承接了多项国家级、省级、市级重点研发和产业化项目。

公司率先在体制机制上开展创新，协同航空发动机产业链条上的科研院所和企业共同技术攻关，培育了一批航空发动机领域研发骨干力量。未来公司将继续聚集于先进发动机及燃气轮机高温合金及核心部件的自主创新，开展成果转化及企业孵化工作，在关键技术、产品研发、人才培养、标准制定等方面持续投入，借力于技术的创新突破来驱动产业的发展。

43. 深圳清华大学研究院

（1）基本情况

成立时间：1996 年

发起单位：清华大学与深圳市政府

机构性质：事业单位

业务类型：科技研发、成果转化、企业孵化、人才培养

科研人才：院士 8 人、973 项目首席科学家 5 人等数百人的团队

深圳清华大学研究院的战略目标为服务于清华大学的科技成果转化、服务于深圳的社会经济发展。截至 2019 年年底，研究院累计投入 9 亿多元成立面向战略性新兴产业的 50 多个实验室和研发中心，累计获得国家级奖 3 项、省部级奖 5 项，申请专利 500 多项，获得授权 300 多项，累计孵化企业 2500 多家，培养上市公司 22 家。

（2）亮点特色

产学研深度融合的科技创新孵化体系。研究院体系聚集了创新产业链的人才、技术、资金、载体四大要素，形成了六大板块的联动、产学研深度融合的科技创新孵化体系，把从科技项目到创业企业，再到成功企业的上市、并购、独立发展的整个孵化过程中所必需的要素整合起来，提供全方位的支撑和服务，大幅提高科技成果转化的效率，是新型孵化体系建设的创新模式。

体制机制创新。研究院将机制创新视作生命，不断对投入机制、用人机制、激励机制进行创新。作为全国首个新型的科研机构，深圳清华大学研究院既是大学又不完全像大学，既是科研机构又不完全像科研机构，既是企业又不完全像企业，既是事业单位又不完全像事业单位，"四不像"的特征是研究院一直坚持的创新体制。研究院事业的整体发展不依靠财政持续拨款，而是依靠市场、滚动发展，各项机制的创新起到了关键作用。

"四个结合"的发展理念。面对国家和省市新的战略布局与发展机遇，研究院确立了"四个结合"理念——学校与地方结合、研发与孵化结合、科技与金融结合、国内与国外结合，在调配和整合资源方面更加灵活创新、高效务实。

依托清华大学的综合优势，将深度创新服务覆盖粤港澳大湾区。清华大学为基础研究和产业应用架设桥梁，在粤港澳大湾区这一创新战略高地主动"连横"布局，"合纵"打造上下游齐备的科技创新和产业化链条，打通高校、科研院所科技成果向高科技产品和企业转化的渠道。目前，除在深圳设有清华大学国际研究生院和深圳清华大学研究院外，清华大学在广州还设有清华珠三角研究院，执行清华大学与广东省的战略合作，在东莞、珠海、佛山、惠州等地分别设有创新中心和科技园区。

与央企合作，解决战略领域关键问题。在国际、国内经济社会新形势下，国家重大科技与产业需求不断涌现，一批实力突出、产业资源积累丰厚的大型央企、国企，开始面临以科技创新带动转型升级的新挑战。针对国家重大战略领域的关键问题，研究院以自身机制体制和海外科技资源优势，与以华润、中海油、中国商飞、中广核为代表的大型央企、国企联动，探索构建"创新特区"，力争塑造校企合作和科技产业结合的典范。

44. 鹏城实验室

（1）基本情况

成立时间：2018年

发起单位：深圳市政府主导，以哈尔滨工业大学（深圳）为依托单位，与北京大学深圳研究生院、清华大学深圳国际研究生院、深圳大学、南方科技大学、香港中文大学（深圳）、深圳先进院、华为、中兴通讯、腾讯、深圳国家超算中心、中国电子信息产业集团、中国移动、中国电信、中国联通、中国航天科技集团等高校、科研院所和高科技企业等优势单位共建

机构性质：事业法人

业务类型：基础研究和应用基础研究

业务领域：人工智能、网络通信和网络空间

科研人才：总规模1700人左右，汇聚了高文、刘韵洁、方滨兴等23位院士参与实验室工作，各类国家级人才150余人，具有高级职称的人才530余人

鹏城实验室（深圳网络空间科学与技术广东省实验室）建设是广东省、深圳市为深入贯彻落实党的十九大精神和习近平总书记对广东、深圳工作的重要指示，瞄准新一轮创新驱动发展需要，打造国家实验室"预备队"，建设创新型广东，推进深圳建设中国特色社会主义先行示范区的重大部署。实验室于2018年3月正式成立，注册为"其他组织利用国有资产举办的事业单位

法人"，由广东省政府批准、深圳市政府负责建设。

目前实验室瞄准国家重大战略需求，成立5个研究中心、1个学术研究中心和16个院士工作室，自主立项"云脑开源软硬件平台"等8个重点科研项目，初步建设4个大科学装置：鹏城云脑、鹏城靶场、鹏城云网、鹏城生态。截至2019年年底，实验室共获得重大课题立项21项，包括2019年人工智能创新发展工程"人工智能开源平台建设与应用"等国家级项目，项目总额度约为8亿元，累计发表论文758篇。

（2）亮点特色

实验室积极开展符合大科学时代科研规律、发挥新型举国体制优势的科研体制机制创新。自运行以来，实验室不断建立健全内控机制，强化主体责任意识，初步实践探索了"政府所有、自主运行""理事会领导、实验室主任负责"等管理运行机制。实体运作，自主管理。实验室设立为独立法人实体，不定行政级别、不定具体编制，实行社会化用人制度。建立以理事会为核心的法人治理结构，实行理事会领导下的主任负责制。院士领衔，引才聚才。实验室由高文、刘韵洁、方滨兴3位院士战略领军，共22位院士带领其团队入驻实验室工作，充分发挥院士等领军人物的"头雁"效应。人员双聘，分类管理。实验室积极探索实践高端科研人才"双聘"制，对科研人员、技术人员、行政人员采用不同的聘任、管理和评价方式。合作共建，开放包容。实验室充分利用粤港澳大湾区和深圳的区位优势，以哈尔滨工业大学（深圳）为依托单位，联合粤港澳大湾区相关领域高校、科研院所、高科技企业等优势单位共建，以"共建合作""战略合作""项目合作"等方式开展多层次科技合作。

（十六）广西壮族自治区

45.广西交科集团有限公司

（1）基本情况

成立时间：1984年

机构性质：企业法人

业务类型：科研、咨询、设计、施工及高新产品研发生产

业务领域：道路结构与路用新材料、桥梁结构监测及加固、智能交通、水务环保、信息化服务

广西交科集团有限公司（原广西交通科学研究院有限公司，以下简称"交科集团"）是广西集科研、咨询、设计、施工及高新产品研发生产于一体的重要力量。

作为国内省级交通科研院所规模最大的单位之一，交科集团在科研成果产业化方面积累了扎实的基础和丰富的经验，科研成果转化年产值由 2016 年的 6000 多万元增长到 2018 年的 4 亿元以上，其中，高速公路 LED 照明产品及节能控制系统成功应用于 100 余条隧道，实现销售收入 2.4 亿元；高性能橡胶沥青产业化中的关键技术获"广西新产品新技术"认定，衍生出 10 余类产品，在 600 多千米的各类公路及城市道路中得到应用，实现年产值 1700 多万元。

（2）运行效果

交科集团科技成果转移转化技术成熟，稳步实现市场业务拓展与科技创新融合发展，贡献了一系列交通新技术、新产品和新服务，为企业高质量发展增添强劲动能。以"取消高速公路省界收费站"这一里程碑工程为例，该项目是一项复杂的系统工程，涉及工程建设、收费政策优化调整、设备研发等。根据交通运输部安排，交科集团依托工程项目建设和完善高速公路不停车收费体系，完成了中央和地方两级清分结算和运营管理系统升级，以及各地收费站、收费车道、ETC 门架系统硬件及软件标准化建设改造，联网收费系统网络安全加固等工程。

46. 广西银亿高新技术研发有限公司

（1）基本情况

成立时间：2017 年

机构性质：企业法人

业务类型：科学研究、技术创新和研发服务

业务领域：新材料

广西银亿高新技术研发有限公司位于广西北部湾经济区玉林龙潭产业园再生资源园区，占地面积 3000 余平方米，分为研发办公楼和化验楼扩试车间两部分。机构办公、实验面积约 1000 平方米，设有茶水区和图书柜，供工作人员休息和查阅资料，实验室设有办公区和试验区，方便实验研发与数据归纳、分析处理。

（2）亮点特色

创新管理机制。公司实行理事会领导下的院长负责制，设立综合部、财务部、业务部、企业服务部、转化中心、科研管理部、技术交流中心、技术创新中心等职能部门，按机构发展方向和技术市场需求设立各研发平台。日常经营管理机构为院长办公会，设有院长 1 名，副院长 3 名。院长直接向理事会负责，执行理事会的各项决定，组织领导公司的日常经营与管理工作，副院长协助院长工作。院长办公会由院长主持，会议纪要和决定由院长签署。现阶段机构已构建五大研发平台及1个测试服务中心。分别为有色冶炼研发平台、稀贵金属与粉体研发平台、新能源电池材料研发平台、再生资源研发平台、废旧电池回收研发平台和测试化验服务平台，由项目带头人和企业领导进行全面管理，各平台研究项目（科研课题）实行专家负责制。

创新机构发展模式。公司以科研单位企业化运作为发展模式，有机地将政府资源、社会资本、先进技术、高端人才等融合在研发机构的框架中，使得人才、资金、技术等资源均能高效地发挥其作用，这一模式可以确保"适者授官，功者赏禄"的发展格局，并且避免出现人才、资金等方面的风险。公司实行产学研一体化的运行模式，并通过对经营层和技术骨干激励制度和绩效奖励制度开发人力资源潜能，实现规范的高效管理。

抓项目基础建设及研发项目调研。公司与集团所属公司合作共用研发测试及中试所需的重大基础配套设备，与高精尖设备拥有单位签订租赁及共用协议。充分在研发前期组织调研分析，力保研发形成产品技术的领先及可转化，形成持续不断的研发—产出—收入—研发的良性循环的链条，推动机构不断发展壮大。

（3）运行效果

公司成立后在产学研合作、项目研发与承接、咨询服务、成果产出、人才引进方面取得明显成效。

产学研合作。2019年8月和9月，公司分别与中国矿业大学（北京）、北京矿冶科技集团有限公司（北京矿冶研究总院）签订了全方位的产学研战略合作协议。

项目研发与承接。公司承接了3项技术委托开发项目，项目总经费250万元；项目的技术开发合同已备案至玉林科技局。

咨询服务。公司与广西3家初创企业签订服务战略合作协议；与江苏2家再生资源公司签订咨询服务合作协议。

成果产出。公司成立后，申报国家发明专利2项，均已通过国家知识产权局初步审查。

人才引进。公司成功柔性引进国家863项目负责人徐红彬研究员，李来时、吴玉胜教授，申晓毅、黎晓副教授加入公司的各个研发平台作为创新团队的核心人员。

47.桂林慧谷人工智能产业技术研究院

（1）基本情况

成立时间：2018年

发起单位：桂林电子科技大学、广西师范大学、资深科研院所管理专家联合发起成立

机构性质：民办非企业

业务类型：研究、咨询、服务

业务领域：人工智能和信息技术领域

科研人才：聚集 5 位国家级人才，全职引进国家"万人计划"领军人才、"八桂学者"李冀

桂林慧谷人工智能产业技术研究院以粤桂黔高铁经济带合作试验区（桂林）广西园桂林智慧产业园为依托，由桂林电子科技大学和广西师范大学人工智能专家及资深科研院所管理专家联合发起成立，2018 年 9 月 11 日注册为民办非企业性质的新型研究机构。目前，研究院已联合组建并获批广西人才小高地"大数据智能与应用"和独立组建并获批桂林人才小高地"泛在信号室内外融合定位方法与研究"。

（2）运行效果

研究院作为主要负责单位之一，组织完成桂林智慧产业园的创建工作，引进资金 60 亿元、企业 30 家，获得桂林市委、市政府高度评价。2019 年桂林智慧产业园孵化中心总产值达到 1.6 亿元，税收达到 1000 万元；指导创立 1 家企业，孵化 3 家企业。研究院策划并全程参与引进的多项重大项目包括：

"光大云创谷"项目，位于桂林高铁经济产业园，总占地面积约 300 亩，计划投资 20 亿元，以人工智能为核心产业，融合高端电子信息、数字经济、生态旅游三大重点产业，形成"1+3"产业集聚格局，推动区域产业升级，吸引高端人才落户。

协助引进商汤科技，作为全球领先的人工智能平台公司，商汤科技是科技部指定的"智能视觉"国家新一代人工智能开放创新平台，也是"全球最具价值的 AI 创新企业"，总融资额及估值在业内遥遥领先，已与桂林高铁经济产业园管委会签署了战略合作协议。

引进大连理工大学教授苏志勋高端团队，在临桂新区成立桂林康基科技发展有限公司，并创建桂林康基大数据健康研究院，注册工作已基本完成。

（十七）重庆市

48. 重庆清研理工汽车智能技术研究院有限公司

（1）基本情况

成立时间：2016 年

发起单位：重庆理工大学联合清华大学苏州汽车研究院、九龙坡区、重庆理工清研凌创测控科技有限公司、湖北恒隆汽车系统集团（上市公司）、天津宜科信息系统工程有限公司、陕汽集团等组建

机构性质：企业法人

主营业务：核心技术研究、产业标准制定、成果转化和科技服务

业务领域：汽车智能制造、智能检测和智能汽车产业

科研人才：现拥有教授、博士、工程师等各类人才27人，组建了一支拥有教授、博士和资深工程专家等150名专兼职研发人员，有较强创新能力和工程服务能力的技术队伍

重庆清研理工汽车智能技术研究院有限公司是由重庆理工大学联合清华大学苏州汽车研究院、九龙坡区、重庆理工清研凌创测控科技有限公司、湖北恒隆汽车系统集团（上市公司）、天津宜科信息系统工程有限公司、陕汽集团等组建的独立法人、混合所有制新型产业技术研究院，是重庆市首批5个新型高端研发机构之一。

（2）亮点特色

研究院采用企业化管理模式和市场化理念，建立了以股权为纽带的"血缘型"校院、院企合作共赢模式，实施技术团队、管理骨干的贡献股权化，充分激发了相关人员的积极性。研究院与清华大学密切合作，打造孵化平台和基金平台，形成了检测服务平台、智能制造平台、产业孵化平台、产业基金平台四轮驱动的协同创新体系，有效地弥合了科技成果从研发到产业化的"鸿沟"，大幅提高了成果转化效率。

（3）运行效果

研究院打造了CTS、CTE和CTM等国内一流第三方服务平台，先后完成200多个项目，横向课题与技术服务合同经费超过1亿元。

协同产业化平台（CTL）研发了汽车变速器在线检测、电动汽车高速试验装备、实物在环匹配标定试验装备等30余项成果，并实现了规模化应用，产值规模超过4亿元。该平台已应用于长安、青山、上汽、马瑞利、博格华纳等国内外企业，CTL已成为国外企业的重要竞争对手。

研究院联合清华大学、清研资本、清研理工创业谷打造了国内一流成果孵化体系，并成功培育孵化高技术企业10余家。

在科技部、国家自然科学基金、重庆市科技局的大力支持下，研究院及团队获得国家级和省部级纵向课题经费超过2000万元，在节能与新能源汽车动力传动系统试验关键技术等领域取得重大成果，荣获2019年重庆市科学技术进步奖一等奖。

49. 重庆金山医疗技术研究院有限公司

（1）基本情况

成立时间：2015年

机构性质：企业法人

业务类型：研发、生产、销售、技术服务、设计、检测、加工、科技项目咨询服务

业务领域：医疗器械

科研人才：现有员工 170 余人，其中研发人员 117 人，集中了大量光机电、软件设计、系统集成、电气电子、结构设计等方面的优秀工程技术人才

重庆金山医疗技术研究院有限公司注册资金 3500 万元，是一家致力于医疗器械及其相关设备 / 技术 / 器件研究的专业型研发公司，并对行业提供公共技术服务。

公司具有完善的基础设施，办公地位于金山国际工业园，占地 7000 余平方米，拥有原值约 2102 万元的技术开发仪器设备，配套设施齐全，工作环境优越，为高性能医疗器械的研发及生产提供了足够的硬件支撑。

公司以高性能医疗器械为核心，以创新型高科技医疗设备为突破，现已开发胶囊内镜系列、电子内镜系列、手术能量系列、胃肠动力系列、手术附件系列、机器人系列六大系列 30 余款产品，已在全球 80 个国家 / 地区 6000 多家医疗机构实现了临床应用，特别在消化道领域拥有很深的技术积淀和较大影响力。

（2）运行效果

公司与中科院、南方医科大学、湖南湘雅二院、南京鼓楼医院等国内知名研究机构 / 医院合作共建 16 个专业研究中心，领域覆盖医疗人工智能、医疗大数据、快速检测等，促进医工结合创新，在行业取得巨大影响力。

公司参与制定行业标准 4 项（胶囊内镜 1 项、医疗机器人方面 3 项），行业标准的制定量显著提升，引领了行业创新制高点。

公司探索创新创业新模式，引进重庆大学姚成果教授团队携带高压电场短脉冲肿瘤治疗仪项目，获得重庆市创新创业领军人才奖励。医疗机器人成功引入投资并成立独立的公司单独运作。

公司科技成果转化效率提升显著，重点开展了多孔腔镜微创手术机器人、智能胶囊机器人两类产品的研究。其中，智能胶囊机器人已实现产业化，截至 2019 年 12 月，累计销售收入超过 4000 万元。微创手术机器人已经开发出第二代样机，临床试验有序进行中；其他医疗器械启动了 2 项，2019 年拿到了宫腔诊疗系统注册证，高压电场短脉冲肿瘤治疗仪形成产品样机。

公司被评为工业和信息化部"国家高性能医疗器械公共服务平台"、发展改革委"国家电子内镜系列产品应用示范推广中心"，进一步形成了国家层面的公共服务平台。

（十八）四川省

50. 四川东坡中国泡菜产业技术研究院

（1）基本情况

成立时间：2013 年

发起单位：四川 3 家泡菜龙头企业及"省食研院"整合川大、川农大及省农科院等共同发起成立

机构性质：民办非企业

业务类型：产业共性技术和关键技术的研究开发和成果转化、标准的制修订、分析检测和培训及咨询、规划与可研报告的编制

业务领域：泡菜

四川东坡中国泡菜产业技术研究院是由四川 3 家泡菜龙头企业及"省食研院"整合川大、川农大及省农科院等行业最优势的产学研力量共同发起成立的"民办非"产业技术研究院。研究院实行理事会领导下的院长负责制，"管办分离"，理事会决定研究院研究方向，确保主体研究方向不与市场脱节；首席专家（院长）负责具体运行工作，体现专家治学；监事会负责研究院日常运行监管。财务采用第三方监管，接受权威审计机构每年进行年度财务审计。

（2）运行效果

研究院先后制修订 30 多项科研、行政管理制度，出台了《四川东坡泡菜产业技术研究院制度汇编》，并在实体内部采取"团队独立核算""高效行政化""小同行评价"等理念，形成一套完善的高效运行与管理办法，保障研究院的独立运行。

研究院系统开展了四川不同地区泡菜微生物菌群结构及变化的研究，率先确定了明串珠菌、乳杆菌、乳球菌等 3 个属 17 个种的乳酸菌。建立了泡菜微生物菌种资源库、基因数据库，收集各类泡菜菌种资源 6000 多株。开发新产品 34 个，改良配方 5 个，转化并投放市场销售新产品 5 个，得到企业认可正在转化的新产品 13 个。服务企业 34 家。

依据国家《促进科技成果转化法》《四川省激励科技人员创新创业十六条政策》等政策法规，由研究院科研人员组成注册成立了"四川益动源生物科技有限公司"，开发了"益生菌""泡菜伴侣""真菌提取试剂盒"等拥有自主知识产权的产品，目前均已上市销售。

（十九）云南省

51. 北京航空航天大学云南创新研究院

（1）基本情况

成立时间：2018 年

发起单位：云南省政府和北京航空航天大学联合创办

机构性质：事业单位

业务类型：科研创新、成果转化、人才引育、培育引进与孵化高新企业

业务领域：绿色能源、绿色食品、健康生活

北京航空航天大学云南创新研究院自 2018 年 5 月 6 日挂牌成立以来，坚持以"发扬北航精神、扎根七彩大地，打造云南'政、产、学、研、用'创新驱动新地标"的发展愿景，进行前瞻式的战略规划和发展布局，围绕科研创新、成果转化、人才引育三大核心任务，重点打造高端复合型人才引进与培养平台、科技创新与技术赋能平台、成果转化产业升级平台和新工科与智慧素质教育提升平台，各项工作均取得显著成效。

研究院实行理事会领导下的院长负责制，目前已组建 13 个研究中心、1 个共享中心、1 个重点实验室和 1 个生命科学研究院，汇聚各层次优秀人才 111 名，建立了高效运行的组织架构，为研究院建设发展提供了人才保障。

（2）亮点特色

主动融入地方，精准服务科技产业。研究院按照产业拓展、技术提升、前沿创新三条同步发展的路径，紧密围绕云南省八大重点产业，"三张牌"和"数字云南"的战略部署积极依托当地有实力的企事业单位对接交流，签订战略协议及科研合作协议，共建科研协同平台，目前研究院已与 40 余家企事业单位进行沟通交流，达成 20 项科研合作，已建或正在筹建科研合作平台 8 个，为后期的科研及成果转化工作奠定了坚实的基础。

（3）运行效果

研究院已出台党建、行政、财务、人事、科研、教育培训和成果转化总计七大类 48 项规章制度，为创新组织管理机制和提升治理能力提供了制度保障。研究院论证编制研究院五年发展规划、科技专项发展规划、云端人才建设方案等规划，为未来五年发展提供了科学指引和规划保障。研究院完成 8 个业务域、86 个业务组件的定义和内容设计，完成业务流程全景图的梳理和部分三级流程的绘制；正在开发基于 IT 架构的业务流程管理平台及应用系统，形成高效的管理与服务体系。

（二十）陕西省

52. 陕西光电子集成电路先导技术研究院有限责任公司

（1）基本情况

成立时间：2015 年

发起单位：中科院西安光机所、陕西省科技厅、西安高新区、西安电子科技大学、西安邮电大学、中科创星科技孵化器共同发起成立

业务类型：研发、孵化、技术服务

业务领域：光电子集成电路相关

2015 年 10 月中科院西安光机所联合地方政府、高校院所及企业共同发起成立国内首家"政、产、学、研、资、用、孵"相结合的光电子集成电路先导技术研究院有限责任公司，借鉴中国台湾工研院、比利时 IMEC 模式，建立以光电子集成为发展方向，集该领域科技资源统筹、战略智库规划、国际前沿产业化技术研究、高端创新创业人才引进、创业投资与孵化于一体的陕西光电子集成电路先导技术研究院有限责任公司（以下简称"先导院"）。

先导院占地 83 亩、建筑面积 2.1 万平方米，其中洁净厂房面积 5000 平方米，拥有先进设备仪器 2800 多台（套）。公司股东层面覆盖了政产学研资用等各单位。先导院注册资本 1 亿元（近期已完成增资扩股，公司注册资本变更为 1.9 亿元，正在办理工商变更手续）。

（2）亮点特色

发起成立陕西先导光电集成科技基金。先导院、中科院西安光机所、陕西省科技厅等单位共同发起成立了陕西先导光电集成科技基金。基金规模为人民币 10 亿元，先导院确认出资 1 亿元，西安中科光机投资控股有限公司已确定代表中科院西安光机所出资 3000 万元，陕西科迈投资管理合伙企业（有限合伙）确认出资 1000 万元，陕西科技控股集团有限责任公司出资 5000 万元（已过会，正在办理出资流程），农银国际（中国）投资有限公司意向出资 2 亿元，西安中科创星科技孵化器有限公司确认出资 1000 万元，陕西金融控股集团有限公司意向出资 2 亿元，西安高新区出资 2 亿元（已批示，正在办理相关手续）。

成立了陕西光电子集成产业技术创新战略联盟。联盟成立于 2016 年 12 月 26 日，是由中科院西安光机所、先导院、西安微电子技术研究所、西安交通大学、西安电子科技大学、西安邮电大学、西安奇芯光电科技有限公司、西安立芯光电科技有限公司等政产学研机构和企业共同发起成立。联盟理事长单位为中科院西安光机所，秘书处设在先导院。联盟围绕我国信息产业和应用领域对光电子技术的需求和产业的发展，统筹协调省内光电子集成和产业

相关资源，以技术创新需求为纽带，有效整合产学研用各方资源，充分发挥自身优势，对光电子集成核心技术进行研究及自主创新。

建立"政、产、学、研、资、用、孵"相结合的体制和机制。政府通过财政、政策支持并引导创新中心的建设和运行，按照产学研用协同创新的机制，开展核心技术及共性技术研发、成果转化、行业服务。先导院建立技术、人才、资本和服务的"四位一体"运营模式。先导院通过有效整合国有资源，发挥产业合力优势；市场化运营机制，释放创新活力；以市场需求为导向，倒逼科研开发；产学研深度融合，企业与平台共生发展；建立创新、高效、高质量、可持续发展、公司化的运行机制；对股东、社会、联盟单位负责的运行机制；鼓励领军人才和全员创新、目标驱动、注重结果考核的运行机制。

53. 陕西半导体先导技术中心有限公司

（1）基本情况

成立时间：2018 年

发起单位：中国西电集团公司、西安电子科技大学、西安高新区管委会三方共同发起成立

机构性质：企业法人

业务类型：关键技术研发创新、技术创新和成果转化、孵化

业务领域：半导体

陕西半导体先导技术中心有限公司（以下简称"先导中心"）是在陕西省委省政府的大力支持下，由中国西电集团公司、西安电子科技大学、西安高新区管委会三方共同发起成立，以企业化运营模式组建的"政、产、学、研、资"紧密合作的新型研发机构，主要致力于第三代半导体和先进硅器件的关键共性技术研发和技术转移，统筹人才、技术、资本等创新要素，打造我国第三代半导体产业生态体系。先导中心于 2018 年 4 月 17 日完成公司注册，采用董事会决策和总经理（法人）负责制，建立了科学化的研发组织体系和内控制度。经过两年的努力，已经在技术研发、平台建设和品牌建设等方面取得了初步的成绩。

（2）亮点特色

先导中心充分利用政府、产业界、高校、科研院所及资本在产业发展过程中的优势资源，与陕西省半导体行业协会、陕西省半导体应用产业联盟、陕西省半导体技术创新战略联盟三大行业服务机构携手打造了全方位的半导体产业发展平台，包括产品研发、技术服务和创新创业三大平台。产品研发平台包含氮化镓、碳化硅、先进硅器件等半导体前沿技术研究与产业共性关键技术研发，突破产业链关键技术与共性技术供给瓶颈，成为产业核心关键技术的重要策源地。技术服务平台包括设计服务、测试服务、工艺服务、培训服务等，利用硬

件、软件资源为企业弥补空缺，解决企业从起步到发展等各阶段的需求和问题。创新创业平台包括人才创业、成果转化、合作交流、投融资等服务，全面建立以第三代半导体领域创新创业资源统筹为主的资源共享体系。

在技术研发方面，根据各组建单位的基础和优势，结合半导体行业发展的趋势，先导中心确立了3个主要发展方向，分别是碳化硅技术、氮化镓技术和先进硅器件方向。通过建立市场化的招聘和薪酬制度，为各方向配备了结构合理的人才梯队。先导中心拥有以中国科学院郝跃院士，西电集团首席科学家苟锐锋为首的高水平专家顾问团队。核心的研发团队带头人均为国际一线大厂高级技术专家，拥有丰富的行业研发经验，青年骨干都是国内名校半导体专业毕业，并积累了一定的研发经验。此外，先导中心还拥有一批外部支撑团队，包括微电子学院碳化硅和氮化镓研发团队，外部企业半导体器件应用研发团队。

（3）运行效果

目前，先导中心已经与数十家单位建立了合作关系，并通过自主研发、孵化、合作研发等方式开展近20个项目，取得发明专利35项、实用新型专利2项。

先导中心积极申报建设政府的各类品牌，取得国家级品牌4项、省市级品牌6项。国家级品牌包括国家发展改革委宽禁带领域的国家工程研究中心、工业和信息化部"芯火计划"双创基地、国家级高新技术企业和中国半导体行业协会常务理事单位。省市级品牌包括陕西省校企合作共建新型研发平台、陕西省软科学研究基地、陕西省半导体先导产业创新中心、陕西集成电路联合测试服务平台、陕西省博士后创新基地和西安市高校重大科技创新平台。

54. 中国科学院西安光学精密机械研究所

（1）基本概况

成立时间：1962年

机构性质：企业法人

业务类型：科技成果转化、孵化

业务领域：高速摄影、现代光学、光电子等领域

中国科学院西安光学精密机械研究所（以下简称"西光所"）创建于1962年，在高速摄影、现代光学、光电子等领域取得了非常大的成就，在完成国家科研任务的同时，西光所秉持拆除"围墙"、开放办所的理念，在科技体制和机制改革方面，尤其是在科技成果转化方面做了大量探索并取得一系列成果。截至2019年11月，西光所已创建孵化320家"硬科技"企业，总市值达500余亿元，其中7家企业挂牌"新三板"，上缴税金超2亿元，新增就业10 000多人，国有资产实现增值100倍，初步形成了高端装备制造、光子集成芯片、民生健

康等产业集群。

（2）亮点特色

下设资产管理公司，市场化运作成立天使基金。2012 年，西光所设立了全资的资产管理公司——西安中科光机投资控股有限公司（西科控股），首期与西安高新区、陕西省政府共同募集 1.5 亿元，目前西科天使基金规模已经达到 53 亿元，完全进行市场化运营。西科天使基金突破普通 VC、PE 仅仅进行现金投资的模式，在项目发展初期就介入孵化过程，为科技创业领军人才创办企业提供第一笔资金支持，有效解决高科技成果产业化的"钱袋子"问题。

设立专业孵化器，打通科技创业链条"第一公里"问题。2013 年，由西光所联合社会资本发起创办"中科创星"孵化器，是从事高新技术产业孵化及创业投资的服务平台，先后被认定为"国家级科技企业孵化器""国家专业化众创空间""国家双创示范基地"。迄今西光所已孵化高新技术企业 230 余家，其中 6 家挂牌"新三板"，市值超过 200 亿元。

打造"基金＋孵化＋科研＋人才＋企业"创新生态，实现成果产业化。2016 年，西光所联合地方政府、高校院所、企业，共同发起成立陕西省光电子集成电路先导技术研究院，打造光电子集成产业创新型服务平台。借助该平台的先进设备，西光所可帮助研发成果开展中试并成功实现量产。近年来，西光所孵化出了西安奇芯光电、北京九天微星等一批掌握核心技术的创新企业。西光所组织结构如图 6-2 所示。

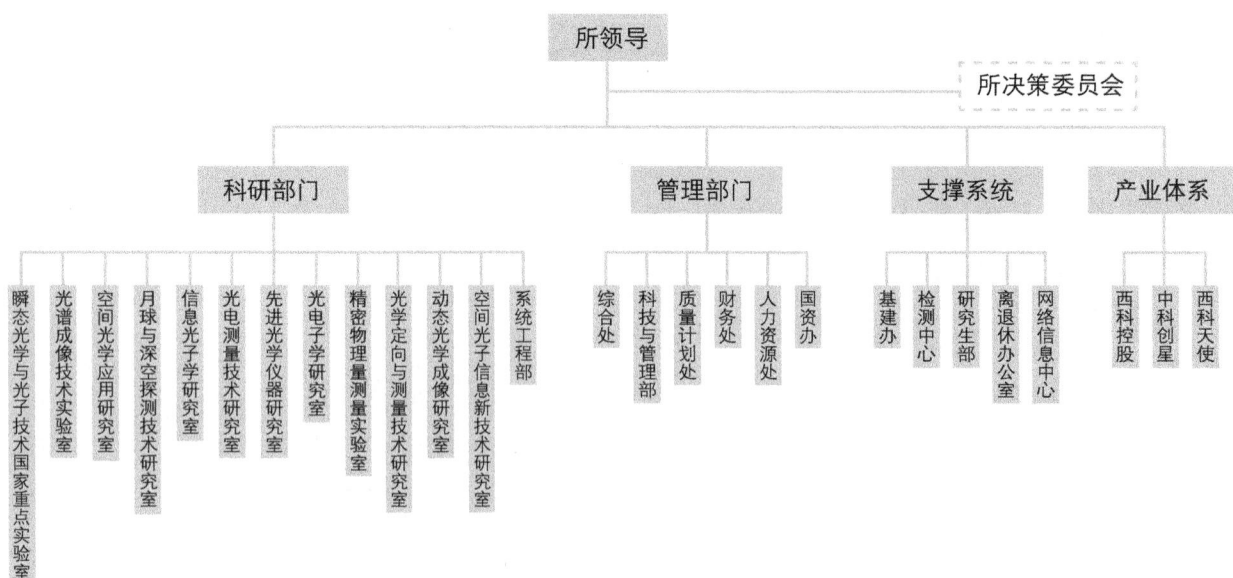

图6-2　西光所组织结构[①]

---

① 资料来源：https：//mp.weixin.qq.com/s/4EWGCZ-2Re1SVgxweUQ4XA。

坚持开放办所，鼓励人才持股。西光所创新体制机制，拆除"围墙"，开放办所，深入探索和尝试"硅谷式"的更加开放的体制机制创新，与西安高新区合作，共同打造面向全球引才引智的高端创新、创业育成平台。通过"人才特区"为科研人员松绑，西光所充分调动科研人员创新创业的活力。在产业化的过程中，西光所支持与鼓励科研人员持股，按照市场价值分配，有效地解决了科研人员的积极性和市场收益的问题。与此同时，西光所开放的环境吸引了国内外光电领域的领军人才纷纷落户，形成了"孔雀西北飞"的局面。

（二十一）甘肃省

55. 甘肃药物产业研究院有限公司

（1）基本情况

成立时间：2019年

机构性质：企业法人

业务类型：新技术和新产品研发、科技专利推广和成果转化、科学技术咨询服务、检验检测技术服务

业务领域：医药

（2）亮点特色

突出东西合作，积极引进注册域外创新资源。甘肃药物产业研究院有限公司抢抓"一带一路"发展机遇，重点发展具备东西部协作、院地合作、校地合作和政企合作等条件的新型研发机构。甘肃药物产业研究院有限公司与中国医科大学、扬子江药业等创新实体合作，重点开展中药资源开发、中药材标准化生产等研究，建成涵盖中药、化学药品、生化药品和医疗器械，集研发、中试、服务等于一体的新型药物产业全链条科研机构。

56. 兰州和盛堂药物研究院有限公司

（1）基本情况

成立时间：2013年

机构性质：企业法人

业务类型：创新药物开发

业务领域：中医药产业

注册资本：兰州和盛堂药物研究院有限公司注册资本500万元

（2）亮点特色

优化体制机制，形成更加灵活的管理用人机制。兰州和盛堂药物研究院有限公司积极探

索"科学家合伙人制"技术研发创新模式，支持科学家以技术、专利等无形资产入股，成立独立法人公司制模式，广泛吸纳全国优秀科学家为己所用，在心脑血管、神经系统等方面开发了一批国际国内领先水平的新产品。

（3）运行效果

在 2020 年新冠肺炎疫情防控中，兰州和盛堂药物研究院有限公司针对疫情及时调整生产计划，全力保证抗病毒等功效药品的生产。其中，金参润喉合剂（国药准字 Z20010051）和小儿咳喘灵颗粒（国药准字 Z62020012）被列入国家卫生健康委、国家中医药管理局发布的新型冠状病毒感染的肺炎诊疗方案（试行第三版）；参苓白术胶囊（国药准字 Z62020023）、小柴胡颗粒（国药准字 Z62020011）被广东省中医局列入新型冠状病毒感染的肺炎中医药治疗方案（试行第一版）。

（二十二）青海省

57. 西部矿业集团科技发展有限公司

（1）基本情况

成立时间：2016 年

发起单位：西部矿业集团引进北京矿冶科技集团有限公司和江西理工大学共同成立

机构性质：企业法人

业务类型：技术研发与服务、高新技术产品的开发及咨询服务、分析测试

业务领域：矿业

科研人才：从事技术服务业务的专业人员 52 人

西部矿业集团科技发展有限公司成立于 2016 年 12 月 21 日，是西部矿业集团有效整合公司科技资源，引进北京矿冶科技集团有限公司和江西理工大学共同成立的集科技管理、技术研发及分析检测于一体的专业研发服务机构。公司拥有青海西部矿业科技有限公司、青海西部矿业工程技术研究有限公司两个专业研发实体单位。公司于 2018 年获批"高新技术企业"，2020 年被列入国务院"百户科改示范行动"入选企业。

公司以国家"万人计划"科技创新领军人才罗仙平教授作为首席科学家，带领一支专业领域全面、层次结构合理、专业水平较高的专业技术研究团队，以服务西部矿业集团公司为主，兼顾开展对外技术服务，主要开展科技研发、技术攻关与改造、项目工程化、分析检测、科技管理等技术研发与服务工作，为推动地方经济建设和西部矿业集团发展提供技术支撑和服务。团队在选矿、冶炼、化工等专业领域拥有多名行业专家，有高级工程师及以上职

称 4 人，工程师 17 人；博士研究生毕业 3 人，硕士研究生毕业 12 人，在读博士研究生 2 人；入选国家"万人计划"科技创新领军人才 1 人，入选国家百千万人才工程 1 人，享受国务院特殊津贴专家 2 人，入选青海省自然科学与工程技术学科带头人 2 人，入选青海省优秀专业技术人才 1 人。团队平均年龄 36 岁，既有经验丰富的老专家，也有作为中坚力量的中青年专家，还有富有创新活力的年轻一代，年龄结构比较合理。

（2）运行效果

作为西部矿业集团科技创新主体，公司拥有青海省唯——家国家级企业技术中心、青海省首家博士后科研工作站，以及青海省高原矿物加工工程与综合利用重点实验室、青海省有色矿产资源工程技术研究中心、院士工作站、专家工作站等国家级、省级科技创新平台，公司拥有现代化选矿、冶金、盐湖化工、分析检测实验室和中试与产业化验证基地，包括设施齐全的小型选冶试验室及扩大连选试验线、药剂复配生产线等，试验场地面积 5000 平方米、中试基地面积 10 000 平方米。拥有美国塞默飞 ICAP-7400 电感耦合等离子体原子发射光谱仪、X-射线荧光光谱仪、瑞士直读光谱仪等各种有色金属选冶试验及检测和测试大型精密仪器 112 台（套），青海省唯——台工艺矿物学参数自动测试系统 BPMA 落户公司，现有仪器设备原值 1200 万元，为公司开展科技创新提供了良好的硬件基础。公司已取得检验检测机构资质认定证书（CMA）、地质勘查资质（地质实验测试乙级——岩矿测试、选冶试验）和质量管理体系认证证书（IAF），可对外开展分析检测和选冶试验等专业服务。

在研究基础方面，公司多年从事复杂金属矿选冶的技术研究，围绕高原资源开发、综合利用、环保技术研发和推广等方面进行技术研发和技术集成，积累了丰富的高海拔环境下资源开发、生产管理、技术研发等方面的经验。公司累计承担和完成国家级及省部级科研项目 147 项，其中国家科技支撑计划、863 专项等国家级研发项目及课题 38 项；取得科技成果 46 项，其中国际领先 10 项，国际先进 20 项。公司主持的"柴达木铅锌多金属资源高效利用及节能减排关键技术集成与应用"与参与的"有色金属共伴生硫铁矿资源综合利用关键技术及应用"项目获国家科学技术进步奖二等奖；2019 年度公司主持完成的"复杂铅锌硫化矿高效节水节能选矿新技术研发及应用"获青海省科学技术进步奖一等奖；另获省部级科学技术进步奖 41 项；授权专利 194 项，其中发明专利 35 项。同时，公司与世界矿业发达国家研发单位和主要矿业企业都保持着良好的合作交往，对相关研究内容开展过大量基础理论和实践应用性研究，形成了切实可行的技术路线，初步获得一些阶段性成果，具备了很好的技术基础，为公司开展各项专业服务提供了全方位的技术条件。

58. 亚洲硅业（青海）股份有限公司

（1）基本情况

成立时间：2006 年

机构性质：企业法人

主营业务：研发和生产

业务领域：半导体、光伏、光纤

科研人才：现有员工 1300 人，大专以上学历占 43%。研发人员 120 人，其中博士 5 人，硕士 3 人，高端海外引进人才 2 人，青海省创新研发团队 1 个，省级学科带头人 1 人，省人才"小高地"领军人才 2 人，高级工程师 16 人，中级工程师 92 人，国家级创新工程师 38 人

亚洲硅业（青海）股份有限公司于 2006 年 12 月在青海省注册成立，工厂位于西宁市东川工业园区金硅路 1 号，是首批工业和信息化部光伏制造行业准入企业之一，也是目前青海省光伏产业链中最大的光伏制造企业。公司致力于半导体、光伏、光纤通信用高纯硅系材料的研发和生产，产品包括半导体及超高效光伏电池用电子级多晶硅、半导体用硅烷 / 氯硅烷特种气体、光纤用超纯四氯化硅等。

公司为国家级绿色工厂、国家知识产权优势企业、国家两化融合贯标试点企业、国家循环经济专项支持企业、国家绿色制造和智能制造双项支持企业，先后获得全国五一劳动奖状、中国电子材料行业半导体专业 10 强、中国电子材料行业 50 强、青海省人才工作"伯乐奖"、青海省政府质量奖、卓越品质奖等诸多荣誉。

公司还成立了以澳大利亚国家科学和工程技术院院士施正荣博士为首，包括清华大学、天津大学等知名院校专家组成的专家咨询委员会，与浙江大学杨德仁院士团队联合成立了院士专家工作站。公司形成了由行业顶尖专家、中青年骨干、高校毕业生结合的三级技术人才梯队，以及涵盖三氯氢硅合成、差压耦合精馏、氢化还原、电气自动化控制技术、CVD 高效沉积技术等多个技术领域的专业研发队伍，具备强大的产品开发和引进技术消化吸收能力。

（2）运行效果

公司建成有青海省硅材料工程技术研究中心、青海省硅材料重点实验室、青海省企业技术中心等科研机构及平台。近 3 年企业平均研发投入占销售收入比例达 3% 以上，2019 年度公司研发投入达到 6179 万元。公司科研机构拥有有效建筑面积 4055 平方米，并拥有西北五省第一家半导体级 ICP-MS 千级实验室。实验室现有仪器设备 116 台，总价值 5345.06 万元，拥有单晶拉制炉、实验还原炉、ICP-MS、GC-MS、低温红外光谱仪、ICP-OES 等硅材料

研发仪器设备。此外，公司实验室于2013年8月首次通过了CNAS认证，并于2016年8月通过了复审。

公司累计牵头或参与制定国家标准8项、行业标准3项；获得国家级科技奖励2项、省部级科技奖励5项；拥有专利197项，其中发明专利62项；拥有软件著作权1项。此外，公司积极与国内外科研机构、高校院所进行合作与学术交流，与清华大学、天津大学、青海大学、青海民族大学签订合作协议，深度开展技术开发与产学研合作。

（二十三）宁夏回族自治区

59. 宁夏绿色氰胺产业技术研究院

（1）基本情况

业务类型：研发和生产、科技创新、成果转化

业务领域：氰胺产业

科研人才：计划在天津大学、兰州大学、宁夏大学等高等院校招聘化学、化工相关专业博士4人、硕士8人、学士20人

宁夏绿色氰胺产业技术研究院以引导氰胺产业绿色、环保、高质量、可持续发展为目标，全面加强科技创新，推进成果转化，为氰胺产业健康发展提供科技支撑，取得积极成效。

研究院根据建设目标任务和功能设计，结合氰胺产业转型升级重大需求，实行"3+1+1"运营模式，即3个中心：氰胺产业工程技术研究中心（包括氰胺技术实验室、生物医药实验室、现代农药实验室）、产品质量检验检测中心、技术咨询服务中心，1个标准化中试车间和1个氰胺产业智慧信息平台。内设综合管理部、财务管理部、法务管理部等3个综合管理部门，负责处理研究院日常工作。同时，研究院根据工作需要建立和完善各项管理制度，确保各项工作规范化、制度化、常态化。

（2）亮点特色

研究院在科技人才成长评价激励机制和科技团队建设等方面进行了积极的尝试和探索，依托科研项目大力加强创新团队建设。研究院紧密结合自治区重大科技专项和重点项目研发，初步形成了以高等院校和科研院所外聘专家领衔，多学科、跨地域、跨部门协作的创新团队，并取得了重要进展。研究院建立健全了人才成长的激励机制，实施《氰胺产业科技成果奖励办法》，为重点领域领军人才的培养奠定基础。按照研究院各机构和部门职能设置，确定人员编制和招聘计划。研究院计划培养一批企业创新团队，为激发企业活力持续增添原动力。

（3）运行效果

研究院推动成立了由 8 家科研院校和 25 家大型企业组成的"宁夏氰胺产业技术创新战略联盟"，提出了"氰胺产业技术创新战略联盟创新研发计划"，组织联盟专家行活动，深入企业一线解决企业技术难点和需求，为产学研结合机制与模式创新起到了良好示范作用。2018 年至今，围绕宁夏氰胺产业关键、共性、重大技术"瓶颈"，研究院组织区内外专家协同开展新技术、新工艺、新产品研发活动，先后获得国家专利 16 项、自治区级科技攻关项目 1 项、区市科技成果 4 项，实现科技成果转化 6 项。

60. 银川产业技术研究院

（1）基本情况

成立时间：2017 年

机构性质：事业单位

业务类型：研发、孵化、成果转化

2017 年 12 月，不定级别的事业单位银川产业技术研究院应运而生。研究院聚焦创新资源，创新体制机制，着力构建适应人才、团队、技术、成果发展转化的创新平台。研究院本着边建设边运营的原则，充分借鉴发达地区新型研发机构运营管理经验，逐步完善运营管理，通过"造壳增量＋借壳提质"的模式创新、"事业身份＋市场运作"的身份创新、"研发机构＋孵化企业"的服务创新、"成果转化＋天使基金"的融合创新，着力构建政府引导、企业主体、高校和科研院所广泛参与的开放创新合作体系，现已形成在研究院一个平台上，与外地知名高校、央企共建以科技成果转移转化为核心的新型研发机构，即"搭一个平台，引 N 个团队"的建设新模式。在此框架下，研究院与清华大学、上海交通大学、西北农林大学、中国电科院及汇桔网共建的"四院一中心"已投入运营，共管共建模式基本确立，委托运营充分授权机制初显成效。

（2）亮点特色

围绕东西部创新科技合作模式。研究院着力打通东部科技成果与本地产业需求的通道，推动产业存量升级和新产业落地，开创了欠发达地区高质量发展的新路径。依托研究院建立的上海交大（银川）材料产业研究院得到科技部支持建成运营全市首个、西北一流的新材料公共分析检测平台，大幅降低新材料产业科技创新成本，带动了银川都市圈乃至宁夏全区材料产业迅猛发展；宁夏银川水联网数字治水联合研究院围绕数字治水领域开展政产学研联合攻关研究，在宁夏开展现代水治理的先行先试，带动数字治水产业发展；由银川市科技局与北京软件和信息服务交易所合作共建的银川市知识产权研究院，是银川产业技术研究院体系内的一个应用研发机构，旨在借力北京软件和信息服务交易所资源，通过引进、申请、购买等形式，挖掘全市高价值知识产权、实现知识产权价值转换，引进北京软件和信息服务交易所的重要成果，重点打造国家级示范创新基地。

聚焦产业布局，实现成果专利共建共享。研究院依托国家重点研发计划重点专项，与大院大所合作，构建葡萄酒全产业链、高纯石墨等领域研发成果和发明专利的共享机制，解决以往项目科技成果分散、针对产业聚焦和集群效应不够、整体转化过程慢效益低的问题，让科研成果"银川所有、银川所用、银川所成"，加快推动地区产业转型升级和经济社会高质量发展。

附件

政策文件

附件一 新型研发机构政策要点汇总

附表1-1 国家层面新型研发机构政策要点汇总

发布时间	发布单位	文件名	政策要点
2015年9月25日	中共中央 国务院	深化科技体制改革实施方案	推动新型研发机构发展，形成跨区域、跨行业的研发和服务网络。制定鼓励社会化新型研发机构发展的意见，探索非营利性营利性运行模式
2016年5月19日	中共中央 国务院	国家创新驱动发展战略纲要	发展面向市场的新型研发机构。围绕区域性、行业性重大技术需求，实行多元化投资、多样化模式，市场化运作，发展多种形式的先进技术研发、成果转化和产业孵化机构
2019年9月12日	科技部	关于促进新型研发机构发展的指导意见	新型研发机构是聚焦科技创新需求，主要从事科学研究、技术创新和研发服务，投资主体多元化、管理制度现代化、运行机制市场化、用人机制灵活的独立法人机构，可依法注册为科技类民办非企业单位（社会服务机构）、事业单位和企业。 新型研发机构一般应符合以下条件。（一）具有独立法人资格，内控制度健全完善。（二）主要开展基础研究、应用基础研究、产业共性关键技术研发，科技成果转移转化，以及研发服务等。（三）拥有开展研发、试验，服务等所需必需的条件和设施。（四）具有结构相对合理稳定，研发能力较强的人才团队。（五）具有相对稳定的收入来源，主要包括出资方投入、技术开发、技术转让、技术服务、技术咨询收入，政府购买服务收入以及承接科研项目获得的经费等
2020年4月9日	中共中央 国务院	关于构建更加完善的要素市场化配置体制机制的意见	支持科技企业与高校、科研机构合作建立技术研发中心、产业研究院、中试基地等新型研发机构
2020年5月22日	中共中央 国务院	2020政府工作报告	加快建设国家实验室，重组国家重点实验室体系，发展社会研发机构，加强关键核心技术攻关
2020年7月13日	中共中央 国务院	关于促进国家高新技术产业开发区高质量发展的若干意见	积极培育国家新型研发机构等产业技术创新组织。对符合条件纳入国家重点实验室、国家技术创新中心的，给予优先支持

附表1-2　省市层面新型研发机构政策要点汇总

省份	政策名称	政策要点
天津市	天津市人民政府办公厅关于加快产业技术研究院建设发展的若干意见	（一）功能定位。本意见所称产业技术研究院，是指在天津注册，在工程技术开发、技术商品化、科技成果转化和企业衍生孵化等方面具有鲜明优势与特色的新型研发机构，是投资主体多元化、运行机制市场化、管理制度现代化的独立法人组织。聚焦人工智能、生物医药、新能源新材料等战略性新兴产业创新后端，建设模式国际化。主要功能包括： ——集聚资源。吸引聚集海内外高端人才、重大成果、产业资本等高端要素；突出对京津冀资源的协同整合，充分吸纳北京科技创新中心溢出资源。 ——技术供给。向社会提供关键共性技术、产品样机、生产工艺、装备等面向生产的技术成果；打通科学研究与产品开发之间"最后一公里"。 ——转化孵化。加快技术成果转移转化，推动企业内部创业和裂变发展，衍生孵化一批具有爆发式增长潜力的科技型企业。 ——人才输送。加速人才在高校院所和产业间自由流动，加快人力资本活化，促进创新人才、创业者、企业家转变。 ——战略导航。以全球化视野聚焦天津产业基础和发展战略，进一步加强对全社会技术创新的引导和服务能力，增强研发组织协调性和目标导向性。 四、主要任务措施 （一）建立产业技术研究院认定管理制度。市科技主管部门负责制定产业技术研究院的认定标准，委托第三方机构开展产业技术研究院资格认定工作。通过认定的产业技术研究院，有效期为3年。从获得资格认定年度起，享受与产业技术研究院有关的扶持政策。 （二）建立产业技术研究院年度考核与财政资金奖励制度。建立年度考核和财政资金奖励制度。根据评价考核结果择优给予奖励，每家每年奖励额度最高不超过1000万元，特殊情况（特别优秀的）可突破奖励补贴上限，给予大力支持。 （三）支持产业技术研究院衍生创新能力建设。产业技术研究院承担国家头牵相国家科技重大专项和国家重点研计划重点专项项目的，市、区两级财政共同给予国家支持额1∶1的配套资金支持，其中市、区各占50%。产业技术研究院申报市级科技计划的，不受申报项目数量限制。对于进口国内不能生产或者性能不能满足需要的科学研究和科技开发等仪器设备，未能享受进口税收优惠的，市财政根据产业技术研究院上年度进口科学研究和科技开发等仪器设备的应纳税额，给予不高于50%的补贴，每家每年补贴额度不高于500万元。领军企业产业联盟组织实施本市科技重大专项的，优先支持由联盟组织实施本市科技重大专项并提出指南建议，由符合条件的联盟成员单位进行申报。

续表

省份	政策名称	政策要点
	天津市人民政府办公厅关于加快快产业技术研究院建设发展的若干意见	（四）加快衍生企业发展。产业技术研究院衍生企业主要负责人优先纳入本市新型企业家培养工程。对产业技术研究院发起设立的天使基金和创业投资引导基金予优先给予参股支持。对投资于产业技术研究院衍生且在天津市注册注册企业的天使类投资，发生投资损失的，由天津市天使投资引导基金给予投资项目投资损失额 50% 的补偿，单个企业项目投资损失最高补偿 300 万元
天津市	天津市科委关于印发《天津市产业技术研究院认定与考核管理办法（试行）》的通知	（一）独立法人组织。注册地及主要办公和科研所在天津，具有一定的资产产规模和相对稳定的资金来源，注册成立 1 年以上。申请单位须以独立法人主体进行申请，可以是企业、事业和社团单位等独立法人组织。 （二）完善的体制机制： 1. 建立了适应市场化运营的管理体制，行政、人事和财务等内部管理制度明确。 2. 建立了灵活高效的运行机制，包括多元化的投入机制，市场化的决策机制，开放的引入用人机制，知识价值为导向的收入分配机制，高效率的成果转化机制等。 （三）开展创新链后端研发活动。符合我市人工智能、生物医药、新能源新材料等战略性新兴产业发展方向，以工程技术开发、技术商品化阶段的研发活动为主，具有明确的研发方向和清晰的发展战略。 （四）申请单位通过自主研发、并购等方式，获得对其研发活动在技术上发挥核心支持作用的知识产权的所有权。 （五）应具备的研发条件： 1. 持续稳定的研发投入。上年度研究开发费用占销售收入（主营业务收入与其他业务收入之和）的比例不低于 20%。 2. 拥有稳定的研发队伍。研发人员占员工总数比例不低于 30%，博士学位或高级职称以上人员不低于员工总数 20%（研发人员及员工以全年实际用工作超过 90 天计）。 3. 已入驻 1 个以上在全国同行业中具有较大影响力的创新人才团队。 4. 具备进行研究、开发和试验所需的科研仪器、设备和固定场地。 （六）具有一定经济社会效益。申请单位上年度收入总额 1000 万元以上、技术开发、技术转让、技术咨询、技术服务收入和股权投资收益合计占总收入（收入总额减去不征税收入）的 70% 以上，且近两年新增注册在天津市的衍生企业数量达到 2 家（含）以上。 （七）申请单位在申请认定的近两年及当年内未发生重大安全、重大质量事故和严重违法违环境法、科研失信行为，且申请单位未列入经营异常名录和严重违法失信企业名单。 不受理主要从事生产制造、教学教育、检验检测、园区管理等活动的单位申请

省份	政策名称	政策要点
重庆市	重庆市科学技术局　重庆市财政局关于印发《重庆市新型研发机构管理暂行办法》的通知	（一）有清晰的发展定位。新型高端研发机构应按照高水平技术、高层次团队、全球化视野的要求，结合重点产业发展需求规划建设，有明确、聚焦的发展方向和任务。 （二）有固定的科研场所。拥有先进的仪器设备，在渝科研用房建筑面积一般不低于2000平方米。 （三）有稳定的人才团队。机构负责人和科研带头人一般应为市级及以上高层次人才。机构研发人员数量不少于50人，具有硕士、博士学位或高级职称人员的比例不低于50%，常驻研发人员（市外柔性引进人员每年与渝工作时间3个月及以上视同为常驻研发人员）不低于20人且占机构总人数的40%以上。 （四）上一年度研发经费投入一般不低于600万元。 （五）有较强市场服务能力。掌握核心技术，并具有较强市场服务能力，在上述重点产业领域取得1项以上自主自控的重大原创性科研成果，市场化收入达到2000万元以上或已孵化2家及以上科技型企业。
上海市	关于印发《关于促进新型研发机构创新发展的若干规定（试行）》的通知	（一）开展基础与应用基础研究。聚焦国家和本市战略需求，围绕基础前沿科学，前沿引领技术、现代工程技术、颠覆性技术，开展原创性研究和前沿交叉研究。 （二）开展产业共性技术研发与服务。结合本市重点产业和战略性新兴产业创新发展需求，开展行业共性关键技术研发，提供公共技术服务，支撑重大产品研发和产业链创新。 （三）开展科技成果转化与科技企业孵化服务。以资源汇集和专业科技服务为特色，孵化培育科技型企业，加快推动科技成果转化为现实生产力，推进创新创业。
河北省	河北省科学技术厅关于印发《河北省新型研发机构建设工作指引》的通知	1. 具有独立法人资格。在河北省行政区域内注册登记成立，办公场所在河北省境内，主要服务河北省的企业和产业。 2. 体制机制创新型。具有区别于传统国有独立科研机构的新型管理体制、市场化的运作机制，科学的创新组织模式，灵活的用人机制及薪酬制度、高效的成果转化制度，规范的机构章程和健全的内部管理制度。 3. 科研开发为主营业务。主要开展基础研究、应用基础研究，产业共性关键技术研发以及与之密切相关的科技成果转移转化和科技服务为业务。主营业务收入主要来自科技创新活动、技术开发、技术转让、技术服务、技术咨询，政府购买技术性服务收入和技术股权投资收益占到年收入总额的60%以上，来自企业的委托研发经费占总研发经费的比例不低于50%。 4. 具有稳定的科研成果来源。依托国内高等学校、科研院所、龙头企业、国家级或省级科技研发平台等创新资源，或与境外知名知名院所、知名跨国公司等合作共建，技术成果具有产业化基础和市场化前景。

续表

省份	政策名称	政策要点
河北省	河北省科学技术厅关于印发《河北省新型研发机构建设工作指引》的通知	5.具有结构合理、相对稳定、研发能力强的人才团队。人才团队拥有创新能力和核心技术，研发人员占全部员工总数的比例不低于 50%，占固定人员总数的比例不低于 30%，创办领办的科技人员入股持股并占有主导地位。 6.拥有开展研发、试验、服务等所需必需的设施条件和装备条件。科研场地、仪器设备等能够满足开展科学研究、技术开发、中间试验、企业孵化、技术服务等活动的需要。 7.具有相对稳定的收入来源和研发经费投入。出资方投入、技术开发、技术转让、技术咨询、技术服务收入、技术服务收益，政府购买技术服务收入以及承担政府科研项目获得的经费等，能够保障机构的建设发展需要。年度研究开发经费支出额占年收入总额的比例不低于 30%。 8.在科技研发和成果转化方面特色明显，初具成效。有吸纳人才和成果的能力、转化成果、孵化培育科技型企业的经验，开展科研开发和服务创新和服务企业的实际工作业绩
河南省	河南省人民政府关于印发河南省扶持新型研发机构发展若干政策的通知	一、重点支持培育一批重大新型研发机构。支持国内外一流科研院所、高等院校、科技研发平台、大型企业及其研究机构等在豫设立或共建新型研发机构。对我省产业发展具有支撑和引领作用、体制机制创新成效明显、具有稳定的高水平研发队伍、创业孵化成效突出的新型研发机构，省市联动给予重点支持。经遴选被省政府认定为省级重大新型研发机构的，省财政给予最高不超过 500 万元的奖励。对综合性、高水平、支撑和引领作用突出的新型研发机构，经省政府同意可采取"一院一策""一事一议"的方式，进一步加大扶持力度。 二、新型研发机构在政府科研项目（专项、基金）承担、奖励申报、职称评审、人才引进、建设用地保障、重大科研设施和大型科研仪器开放共享、投融资等方面可享受国有科研机构同等待遇。支持新型研发机构结合自身特点和优势，牵头或参与承担省重大科技专项、产业集群专项等各类财政科技计划项目。对新型研发机构申报高新技术企业、科技型中小企业和知识产权优势企业等，并按规定享受相关财税扶持政策。 三、鼓励新型研发机构建设科技企业孵化器、专业化众创空间等孵化服务载体。对新认定的省级以上孵化服务载体，符合条件的，省财政给予一次性资金奖补。对已认定的省级以上孵化服务载体，经年度考核合格，按照其上年度服务数量、效果量化考核结果，省财政每年给予一定的运行成本补贴。 四、鼓励新型研发机构将科技成果优先在豫转移转化。新型研发机构科技成果在豫转移转化的，可享受我省科技研发和产业化相关的后补助政策。鼓励科技成果转移转化的相关机构。省财政按新型研发机构上年度技术成交额，可给予其最高 10% 的后补助，最高不超过 100 万元。

续表

省份	政策名称	政策要点
河南省	河南省人民政府关于印发河南省扶持新型研发机构发展若干政策的通知	十四、支持高等院校、科研机构的科技人员及创新团队依法到新型研发机构兼职从事成果转化。项目合作或协同创新，兼职期间与原单位人员同享同等权利。 十五、支持新型研发机构开展自主评审试点。面向新型研发机构实施科学研究系列、工程技术系列正高级职称评审"直通车"政策，完善业绩突出人才破格申报正高级职称的模式。科学设立新型研发机构人才评价指标，克服唯论文、唯职称、唯学历、唯奖项倾向，突出创新能力、贡献业绩导向。成果转化效益、贡献志标性成果的质量，推行代表作评价制度。注重标志性成果的质量、贡献和影响
山西省	关于印发《省新型研发机构认定和管理办法（试行）》的通知	第七条　山西省新型研发机构应具备以下条件： （一）具备独立法人资格。申报单位须是在山西省内注册或登记的具有独立法人资格的企业、事业单位和科技类民办非企业单位（社会服务机构），主要办公和科研场所均设在山西省，注册或登记运营后运营1年以上。 （二）具备一定的研发条件。具备研究、开发和试验所需要的仪器、装备和试验场地等基础设施，办公和科研场所不少于500平方米；拥有必要的测试、分析手段和工艺装备，且用于研究开发的仪器设备原值不低于200万元。 （三）具有稳定的研发人员和研发投入。常驻研发人员占总职工人数比例不低于30%且人员不少于10人，上年度研究开发经费支出占年收入总额比例不低于30%且年收入不低于100万元。 （四）实行灵活开放的体制机制。具有灵活的人才激励机制，开放的引入和利用机制；具有现代化的管理体制、拥有明确的人事、薪酬和经费管理等内部管理制度；建立市场化的决策机制和高效率的科技成果转化机制等。 （五）发展方向明确。面向我省战略性新兴产业集群和产业升级的重点领域，以开展产业技术研发活动为主，具有清晰的发展战略和明确的研发方向，在基础研究、应用基础研究、产业共性关键技术研发、科技成果转化以及研发服务等方面特色鲜明，具备产业服务支撑能力。 （六）具有相对稳定的研发经费来源。主要包括出资方投入、技术转让、技术开发、技术服务、技术咨询收入、政府购买服务收入以及承接科研项目获得的经费等。 （七）近一年内未出现违法违规行为或严重失信行为。园区管理等活动，以及单纯从事检验检测活动的单位原则上不予受理 主要从事生产制造、教学培训、园区管理等活动，以及单纯从事检验检测活动的单位原则上不予受理

续表

省份	政策名称	政策要点
辽宁省	关于印发《辽宁省新型创新主体建设工作指引》的通知	1. 具备独立法人资格。新型研发机构应为在辽宁省内注册运营的独立法人机构，主要办公和科研场所设在辽宁省内，具有一定的资产规模和相对稳定的资金来源。可由政府部门、产业园区、高校、科研院所、企业及社会组织等主体自建或联合建设，鼓励人才团队控股。 2. 具有明确的发展方向。围绕辽宁省经济发展需求，具有明确的发展方向和战略规划。在前沿技术研究、产业关键共性技术研究、科技成果转化、科技企业孵化培育、高端人才集聚等方面具有鲜明特色与成效。 3. 具有灵活开放的体制机制。具有现代化的管理体制，拥有明确的人事、薪酬和经费管理等内部管理制度。建立市场化的决策机制和高效率的科技成果转化机制、企业化的收益分配机制、开放的引人和用人机制。 4. 具有稳定的研发人员和科研课题成果来源。常驻研发人员占职工总数比例不低于30%，上年度研究开发经费支出占年收入总额比例不低于30%，具备开展研究、开发和试验所需的科研设施、科研仪器以及固定场地。 5. 具有明显运营成效。主持或担任国家、省、市技术攻关科技成果产业化，年受理发明专利和能力验证项目的能力和经验，年引进孵化科技型企业2家以上，其中发明专利受理数不少于3项，每年至少有1项以上重大科技成果产业化，或合同开发、科技服务收入达到200万元以上，且年度企业服务收入占比不低于30%
浙江省	浙江省人民政府办公厅关于加快建设高水平新型研发机构的若干意见	新型研发机构实行政府引导，高校科研机构或企业等社会资本共同参与的多元化投入机制，探索理事会（董事会）决策，院（所）长（总经理）负责的现代化管理机制，构建需求导向、自主运行，独立核算，不定编制，不定级别的市场化运行方式，形成人员招聘自主化，薪酬激励市场化，依法注册为科技类民办非企业单位（社会服务机构）、事业单位或企业等独立法人机构。 （一）省级新型研发机构。面向世界科技前沿，聚焦国家和我省重大发展战略需求，积极探索原始创新到产业化的新模式，开展前瞻性、引领性重大科学技术研究和关键共性技术攻关，具备承担国家和省级重大科研项目的能力。原则上年均科研经费投入不少于2000万元；科研人员人员不少于80人，具有硕士、博士学位或高级职称的比例不低于80%；办公和科研场地面积不少于3000平方米，科研仪器设备原值不低于2000万元。 （二）地方新型研发机构。市、县（市、区）聚焦地方新旧动能转换，块状经济转型升级和未来产业培育发展，建设一批具备仪器、装备、场地等必要条件，实质性开展研究开发、成果转化，衍生孵化和科技服务等工作的新型研发机构。具体标准条件由市、县（市、区）制定

续表

省份	政策名称	政策要点
	关于印发《宁波市产业技术研究院建设与发展管理办法（试行）》的通知	第二条　本办法所称研究院是指围绕我市重点产业创新发展需求，以关键技术研发与产业化应用为目的，主要从事技术研发创新，科技成果转化和科技类企业孵化，投资主体多元化，管理制度现代化，运行机制市场化的独立人机构，可依法注册为科技类民办非企业单位（社会服务机构）、事业单位和企业
浙江省	关于印发《宁波市产业技术研究院建设专项行动计划》的通知	13. 开展研究院高效运营模式试点 围绕研究院发展规律和科技创新活动特点，按照"成熟一个"和"试点先行，标杆引领"的原则，择优选择有条件、有积极性的研究院，推动研究院开展转化一中试一产业化"的科技创新链条。（牵头单位：市委式试点，构建从"研发一成果转移转化一中试一产业化"的科技创新链条。（牵头单位：市委人才办，市发改委、市经信局、市财政局、市教育局、市人力社保局、市金融办） 17. 强化考核与监测评价。建立健全以产出绩效为目标导向的研究院绩效考核机制，实施研究院分类评价制度，按研究院功能定位，建设进度等因素，制订研究院考核评价指标体系。委托第三方机构组织开展研究院绩效评价，对标对表研究院共建合作协议，以成效倒逼通研究院发展，对运行绩效没有实现预期目标的，将不再列入宁波市产业技术研究院建设发展的重要依据的重点发展计划名单
	宁波市科学技术局关于印发《宁波市产业技术研究院绩效管理办法（试行）》的通知	第四章　绩效评价 第十一条　绩效评价方式。根据研究院成立时间，功能定位，组织开展分类评价，将研究院划分为"初建期（2017年1月1日及以后成立的）""成长期（2017年1月1日之前成立）"两个阶段进行评价，每两年评价一次。 第十二条　绩效评价内容。对于初建期研究院的评价侧重共建建设进度，主要聚焦科研团队建设，基础设施保障条件等创新资源集聚，科研活动实施，以及体制机制建设等方面。对于成长期的研究院，绩效评价主要聚焦核心技术攻关，科研成果转化，企业孵化培育等运营成效，高端创新资源集聚及可持续发展能力建设等方面。具体评价指标见附件。 第十三条　绩效评价流程。市科技局选择国内在科技评价方面有实力的第三方机构开展具体研究院绩效评价工作。第三方机构通过组织专家审阅研究院绩效资料，听取汇报，实地考察等流程，对研究院体制机制建设、资源集聚、运营成效，建设特色亮点等情况进行评价，形成研究院绩效评价报告。 第十四条　绩效评价结果发布。市科技局审核研究院绩效评价报告，提交产业发展建设联席会议审议，将考核评价结果作为支持研究院建设发展的重要依据，发布研究院发展绩效"榜单"，将考核评价结果作为支持研究院推进建设发展的重要依据

续表

省份	政策名称	政策要点
安徽省	关于印发《安徽省新型研发机构认定管理与绩效评价办法》通知	第六条 申报安徽省新型研发机构须符合以下条件： 1. 具备独立法人资格。申报单位须是在安徽省内注册，具有独立法人资格的组织或机构，具有一定的经济实力和相对稳定的资金来源，主要办公和科研场所设在安徽省，注册后运营 2 年以上。 2. 拥有多元化的投资主体。由单一主体所持有的财政资金举办，且主要收入来源为长期稳定财政资金投入的研发机构，原则上不予受理。 3. 具备以下条件。 （1）研发人员占职工总数比例原则上不低于 40%，且不少于 20 人。 （2）上年度研究开发经费支出占当年收入总额比例原则上不低于 30%。 （3）具备进行研究、开发和试验所需科研仪器、设备和固定场地。 4. 实行灵活开放的体制机制。 （1）管理制度健全。具有现代化的管理体制，拥有明确的人事、薪酬、行政和经费等内部管理制度。 （2）运行机制高效。包括市场化的决策机制、高效率的成果转化机制、企业化的收益分配机制、开放型的引人和用人机制等。 （3）引人机制灵活。包括市场化的薪酬制度等。 5. 拥有明确的业务发展方向。 符合国家和地方经济发展需求，以开展产业技术研发活动为主，具有明确的研发方向和清晰的发展战略，在前沿技术研究、工程技术开发、科技成果转化、创业与孵化育成等方面有鲜明特色。 6. 具有相对稳定的收入来源。 主要包括出资方投入、技术开发、技术转让、技术服务、技术咨询收入，政府购买服务收入以及承接科研项目获得的经费等。主营业务收入主要来自科技创新活动，技术开发、技术转让、技术咨询、技术服务性服务收入和技术股权投资收益占当年收入总额的比例原则上不低于 60%

续表

省份	政策名称	政策要点
福建省	福建省人民政府办公厅关于鼓励社会资本建设新型和发展新型研发机构的若干措施的通知	1.具有独立法人资格的科研实体，主要办公和科研场所设在福建，机构名称或者营业执照围中含有"研究"字样。 2.具备进行研究、开发和试验所需要的仪器，装备和固定场地等基础设施，办公和科研场所不少于150平方米；拥有必要的测试，分析手段和工艺设备，且用于研究开发的仪器设备原值不低于150万元。 3.具有稳定的研发经费来源，年度研究开发经费支出不低于年收入总额的10%，其中企业类的不低于6%（农业类企业不低于5%）。 4.具有稳定的研发队伍，研发人员不少于15人（农业类企业不少于12人）且常驻研发人员占职工总人数比例达到20%以上，博士学位或高级职称以上人员占研发人员的5%以上。 5.具有面向企业服务，围绕市场配置资源的新型管理体制和运行机制，建立现代科研机构管理制度，科研项目管理制度，科研经费财务会计核算制度
	厦门市科学技术局厦门市财政局关于印发《新型研发机构管理办法》的通知	（一）在厦取得营业执照的独立法人证书或按照独立法人机构，并稳定运营1年以上； （二）拥有进行研究、开发和试验所需要的仪器，装备和固定场地等基础设施，在厦办公和科研场所不少于200平方米。拥有必要的测试，分析手段和工艺设备，且用于研究开发的仪器设备原值不低于200万元； （三）能够正常运营，具有稳定的研发经费来源，年度研发经费占收益占年收入总额的30%以上，且占年收入总额的30%以上； （四）具有稳定的研发队伍，常驻研发人员不少于10人，研发人员占职工总人数比例达到40%以上； （五）年度合同研发、科技服务和股权投资收益占年收入总额的30%； 第八条 进一步满足以下条件的新型研发机构，可申请认定为厦门市重大研发机构： （一）在厦办公和科研场所面积不少于1000平方米，用于研究开发的仪器设备（不含软件开发工具）原值不少于1000万元； （二）年度研究开发经费（不含厦门本地财政扶持资金）投入达500万元以上，且占年收入总额的30%以上； （三）常驻研发人员不少于20人，研发人员占职工总人数比例达到40%以上； （四）具有核心研发团队和核心技术，已孵化和引进2家以上科技型企业，或同研发、科技服务收入达到200万元以上

续表

省份	政策名称	政策要点
福建省	厦门市人民政府关于印发加快新型研发驱动发展若干措施的通知	（四）鼓励创办新型研发机构。围绕生物医药、大数据、集成电路、人工智能、新材料和新能源等重点领域，国内外高校、科研院所、企事业单位和社会团体等各类创新主体在厦建设市场化运作、具备独立法人资格新型研发机构的，给予一次性100万元初创建设经费补助；经确认为重大研发机构的，一次性补足至500万元。给予研发机构非财政资金新购入科研仪器、设备和软件的购置经费50%后补助，5年内新型研发机构最高3000万元，重大研发机构最高2000万元（非独立法人的最高2000万元）。其中，重大研发机构仪器设备等补助3000万元部分，市区按照现行财政体制分担。新型研发机构每成功孵化一家国家级高新技术企业，给予20万元奖励。重大研发机构每两年进行一次评估，根据评估结果给予最高不超过500万元的绩效奖励，初始投入额达1亿元以上的特别重大研发机构，可按"一事一议"方式予以扶持
江西省	江西省新型研发机构认定管理办法	（一）具有独立法人资格。申报单位须以独立法人名称进行申报，可以是企业、事业、民办非企业单位等独立法人和其他组织，注册地和主要办公场所设在江西，注册运营1年以上。 （二）业务发展方向明确。符合国家和地方经济发展需求，以研发活动为主，具有明确的研发方向和清晰的发展战略，在前沿技术研究、工程技术开发、科技成果转化、创业与孵化育成等方面有鲜明特色。 （三）灵活开放的体制机制。 1. 健全的管理制度。具有现代的管理体制，建立了明确的人事、薪酬、行政和经费等内部管理制度。 2. 高效的运行机制。包括多元化的投入机制，市场化的决策机制，高效率的成果转化机制、企业化的收益分配机制、开放型的引才用才机制等。 3. 灵活的人事制度。包括市场化的薪酬制度，开放型的引才用才机制等。 （四）具备以下研发条件。 1. 研发经费稳定，上年度研发经费支出占年收入总额比例不低于30%。 2. 在职研发人员占在职员工总数比例不低于30%。 3. 具备进行研究、开发和试验所需的科研仪器、设备和固定场地
	江西省人民政府办公厅关于印发加快新型研发机构发展办法的通知	（一）研发企业类。由个人、企业和其他社会组织以多种形式创办，主要从事科研开发、成果转化、技术服务，科技企业孵化等活动并经工商注册的企业法人。 （二）不核定机构编制事业单位类。科技协同创新体为研发新型研发机构的主要类型。引进国内外知名高等学校和科研院所与地方政府及各类产业园区、开发区等合作共建，由机构编制部门按照有关规定办理。 （三）社会服务机构类。从事自然科学研究、技术开发、技术转移转化、技术咨询服务等活动，在民政部门登记注册的社会组织法人。 （四）以市场机制配置资源的其他类型研发机构

续表

省份	政策名称	政策要点
山东省	关于印发《山东省新型研发机构管理暂行办法》的通知	第二条　本办法所称新型研发机构主要是指投资主体多元化、组建方式多样化、运行机制市场化，具有可持续发展的能力，产学研协同创新的独立法人组织。新型研发机构以开展产业技术研究，技术转移转化，科技企业孵化培育，产业投融资及高端人才集聚培养等功能。一般应冠以工研院，科研院（所）、研发中心等名称。 （一）具备独立法人资格。须在山东省内注册，可由政府部门、产业园区、高校、科研院所、企业及社会组织等主体自建或联合建设，主要办公和科研场所设在山东。具有一定的资产规模和相对稳定的资金来源，注册后运营1年以上。 （二）具有稳定的研发人员和研发投入。常驻研发人员占职工总额比例数不低于30%，上年度研究开发经费支出占年收入总额比例不低于30%，具备开展研究、开发和试验所需的科研设施、科研仪器以及固定场地。 （三）具有灵活开放的体制机制。具备灵活的人才激励机制，开放的引入和用人机制，拥有明确的人事、薪酬和经费管理等内部管理制度。具有现代化的管理体制，拥有市场化的决策机制和高效率的科技成果转化机制。 （四）具有明确的业务发展方向。围绕国家和我省经济发展需求，建立市场化的决策机制，具有明确的发展方向和战略规划，在前沿技术研究、产业关键共性技术研究，科技成果转化，科技企业孵化培育，高端人才集聚等方面具有鲜明特色与成效。 （五）近两年来，未出现违法违规行为或严重失信行为。 第十五条　备案新型研发机构在承担省市各级财政科技计划、人才引进、创新载体建设，科技成果转化收入分配等方面，可同时享受面向高校、科研院所、企业的资格待遇和科技支持政策
	青岛市科学技术局关于青岛市产业技术研究院建设试点工作的指导意见	一、宗旨定位 产业技术研究院（以下简称"产研院"）以集聚创新资源、支撑传统产业转型升级为宗旨，以产业应用技术研究开发为重点，引领产业创新，以服务企业创新，以创新体制机制，着力先行先试，多元共建，体系开放，水平一流的新型研发组织，逐步建立满足我市十条千亿级产业链和战略性新兴产业发展需求的产业科技支撑和保障。组织开展产业技术研究和集成攻关，培育发展新兴产业，支撑传统产业转型升级为宗旨，为我市建设创新之都、创业之城，创客之都，创客之城，为我市重点发展的产业技术支撑体系，提供科技支撑和保障。 （二）基本条件 产研院试点重点应从符合以下条件的单位中遴选： 1.所属领域是重点产业。产研院试点主要从我市重点发展的产业中进行选择，产业市场较大并具有较强的研发需求。

续表

省份	政策名称	政策要点
山东省	青岛市科学技术局关于青岛市产业技术研究院建设试点工作的指导意见。	2. 依托单位具有良好的研究基础。产研院试点依托高校、院所的重点实验室、工程技术研究中心等非法人研究机构，或依托引进的高端研发机构及各类新型研发组织等独立法人研究机构建设。依托单位体制机制灵活，在人员、经费、场地方面能够给予产研院先行先试的研发先行权，具有较强的研发实力、辐射带动能力。依托单位在研发方面能够给予产研院充分自主权。 3. 建设方案和规划科学合理。具体包括：产研院管理机构和决策机制，科技成果转化机制，经费筹措管理和监督机制，人才发展计划、经费筹措管理和监督机制，主要研发方向和研发单元设置，人员配备和知识产权权益分配管理等。 4. 带头人具有行业背景和组织能力，认同产研院建设理念，富有创新精神。产研院试点负责人需具有深厚的行业背景和富有创新激情，在行业内具有一定的号召力和影响力。
内蒙古自治区	关于印发《内蒙古自治区新型科技研发开发机构认定办法》的通知	（一）在内蒙古自治区境内设立，具有独立法人资格的企业、民办非企业、事业单位等。 （二）具备健全的财务管理和相关管理制度。 （三）制定了新型研发机构科学完备的组建方案、章程和发展规划。 （四）有完备的科研科研团队和国内外较强的技术依托机构。 （五）发起单位如是企业，应为自治区行业龙头企业，能够发挥行业引领示范作用，有较强的经济实力和较好的经济效益，有相应的经费保障能力，能够落实其研究开发经费，并能够长期支持其研究开发工作。 （六）研究开发方向须围绕地区优势特色产业、高新技术产业和战略性新兴产业，符合自治区重点支持的产业发展方向和布局，以促进地区科技进步和经济发展为目标。 （七）发起单位及其主要负责人近三年没有因违法、违规行为受到有关部门的处理处罚。 （八）具备法律、法规、政策要求的其他条件。 第二十一条　各级政府要切实关注新型研发机构建设中存在的困难，营造有利于新型研发机构发展的环境，完善配套政策，在土地、税收、办公场所、人才引进、技术评定、职称晋升等方面给予新型研发机构倾斜支持。
湖北省	湖北省新型研发机构备案管理实施方案	四、备案条件 （一）产业技术研究院。 1. 所涉产业应是市州优势特色产业，省内产业规模原则上不低于 100 亿元。 2. 所在地政府主导，有相应的实质性经费投入。 3. 参与组建的企业应为产业内大型龙头骨干企业，具备较强技术创新能力和实施条件。 4. 参与组建的高校、科研机构具有相关技术领域较强的研发能力和基础。

续表

省份	政策名称	政策要点
湖北省	湖北省新型研发机构备案管理实施方案	（二）产业创新联合体。 1. 所涉产业应聚焦集成电路、地球空间信息、新一代信息技术、智能制造、汽车、数字、生物、康养、新能源与新材料、航天航空等十大重点产业领域。 2. 依托的企业应当是行业龙头企业或细分领域"隐形冠军"企业。 3. 科学家应当是拥有重大科研成果的院士或优秀科学家，其带领的科研团队结构合理，长期专注的研发领域与企业产品研发紧密相关。 4. 企业与科学家及其团队已有良好的合作基础，协议确定投入到科学家团队的建设资金不少于500万元。 5. 联合体要有明确的组织架构，有科学合理的章程，有激励和利益共享机制，风险共担的合作机制，有健全的决策、经营、人事、财务、项目等管理制度和技术转让、知识产权保护制度。 6. 联合体建设应对上下游企业有较强技术支撑和引领带动作用，能够促进区域产业集群发展，创新发展，创造良好的经济社会效益。 （三）专业型研究所（公司）。 1. 依托单位应为湖北省内注册的民营或混合所有制的独立法人公司。 2. 依托国家级、省级科技创新平台，或境外知名高校、科研机构、知名跨国公司等高水平研发平台，具有稳定的科研成果与收入来源。 3. 具有行业知名科学家及高水平的研发队伍，人才团队拥有核心技术，研发人员占员工总数的比例不低于60%。 4. 人才团队以货币形式出资，持有50%以上股份。 5. 具备开展研究、开发试验所需要的仪器、设备和固定场地等基础设施。 6. 主营业务收入应以技术合同开发、科技服务和股权投资收益为主。 7. 孵化和引进2家以上科技型企业，或技术合同开发、科技服务收入达到200万元以上。 8. 年度研发经费支出占年收入总额比例不低于30%。 （四）企校联合创新中心。 1. 企业在湖北省内注册，属于独立法人资格的规上企业。 2. 企业和高校、科研机构具有3年以上合作经历或签订了长期稳定的合作协议，组织机构健全和规章制度完善。 3. 具有结构合理的研发队伍，研发人员不少于20人，其中高校、科研机构的研发人员不少于20%。 4. 具有良好的技术研发试验条件。高校、科研机构应为企校联合创新中心提供必要的检测、分析、测试手段和相对集中的设施场所。 5. 企业投入的研发经费，在企校联合创新中心成立后的三年内不少于100万元

续表

省份	政策名称	政策要点
湖南省	关于印发《湖南省新型研发机构管理办法》的通知	第五条　申请备案的省级新型研发机构应具备以下条件： （一）在湖南省注册的，主要开展基础研究、应用基础研究、产业共性关键技术研发，科技成果移转转化，以及研发服务等，具备独立法人资格的科研实体； （二）具备进行研究、开发和试验所需要的仪器、装备和固定场地等基础设施，办公和科研场所不少于 150 平方米；拥有必要的测试、分析手段和工艺装备，且用于研究开发的仪器设备原值不低于 100 万元； （三）具有稳定的研发经费来源，年度研究开发经费支出不低于年收入总额的 10%； （四）具有稳定的研发队伍，研发人员不少于 20 人，其中高校、科研机构的研发人员不少于 20%； （五）机构应有健全的决策、经营和管理制度，成熟的技术转让许可和知识产权管理规范，并具有持续的盈利能力和纳税能力； （六）其他应当具备的条件
广东省	广东省科学技术厅关于印发《广东省科学技术厅关于新型研发机构管理的暂行办法》的通知	一、具备独立法人资格。申报单位须以独立法人名称进行申报，可以是企业、事业和社团单位等法人组织或机构。 二、在粤注册和运营。注册地在广东，主要办公和科研场所所设在广东，具有一定的资产规模和相对稳定的资金来源，注册后运营 1 年以上。 三、具备以下研发条件： （一）上年度研究开发经费支出占年收入总额比例不低于 30%。 （二）研发人员占在职员工总数比例不低于 30%。 （三）具备进行研究、开发和试验所需的科研仪器、设备和固定场地。 四、具备灵活开放的体制机制。 （一）管理制度健全。具有现代的管理体制、拥有明确的人事、薪酬、行政和经费等内部管理制度。 （二）运行机制高效。包括多元化的投入机制、市场化的决策机制、高效率的成果转化机制等。 （三）引人机制灵活。包括市场化的薪酬机制、企业化的收益分配机制、开放型的引人和用人机制等。 五、业务发展方向明确。符合国家和地方经济发展需求，以研发活动为主，具有明确的研发方向和清晰的发展战略，在前沿技术研究、工程技术开发、科技成果转化、创业与孵化育成等方面有鲜明特色

续表

省份	政策名称	政策要点
广东省	广东省科学技术厅等十部门关于支持新型研发机构发展的试行办法	第三条 新型研发机构应建立健全由产学研等多方主体共同参与的理事会制度和与之相适应的管理制度，实行管投分离、独立运作，发挥市场配置资源的决定性作用。
		第五条 鼓励引导各级政府，企业与省内外高等院校、科研机构、企业和社会团体以产学研合作形式在广东创办新型研发机构，鼓励大型骨干企业组建企业研究院等新型研发机构，在能力建设、研发投入、人才引进、科研仪器设备配套等方面给予支持。省大型科学仪器设施协作网向新型研发机构开放。
		第六条 省、市、区多级联动，择优扶持新创建的新型研发机构建设和发展，鼓励各级政府设立专项资金扶持新型研发机构发展。新型研发机构在申报、承担各级财政科技计划项目时，可享受科研事业单位同等资格待遇。
		第七条 新型研发机构科研人员参与职称评审与岗位考核时，发明专利转化应用情况可折算论文指标，技术转让成交额可折算纵向课题指标。
		第八条 新型研发机构聘用本科以上专业技术人员、管理人员及海外留学人员，符合条件的可享受国家规定的以及省和所在地市有关引进人才（海外高层次人才）的优惠政策。
		第九条 对新型研发机构的科研开发建设项目，可依法优先安排建设用地，省市有关部门优先审批。符合国家和省有关规定的非营利性科研机构自用的房产、土地，免征房产税、城镇土地使用税。按照房产税、城镇土地使用税有关申请，可向主管税务机关申请，经批准，可酌情给予减税或免税照顾。
		第十条 新型研发机构的科技成果转化参照《广东省人民政府关于加快创新驱动发展的若干意见》有关政策执行，进一步完善和落实知识产权转化为股权、期权的激励政策，促进新型研发机构加快科研成果转化。
		第十一条 对符合条件的新型研发机构进口科研用仪器设备免征进口关税和进口环节增值税、消费税，具体名单由省级科技行政部门报海关广东分署备案；未能享受以上税收优惠的，省级财政部门根据上年度进口科研用仪器设备金额给予一定比例的经费支持。
		第十二条 支持新型研发机构开展研发创新活动，对上年度非财政经费支出额度给予不超过20%的补助，单个机构补助所不超过1000万元。已享受其他各级财政研发经费用补助的机构不再重复补助。

续表

省份	政策名称	政策要点
广东省	深圳市财政委员会、深圳市科技创新委员会关于印发《关于加强新型科研机构使用市科技研发资金人员相关经费管理的意见（试行）》的通知	一、新型科研机构定义 本意见所称新型科研机构，是指在深圳市合法注册登记，以承担科学研究、技术开发等公益社会服务为主要业务或职责的科技类新型民办科技类民办非企业单位或除国家机关外的其他组织利用国有资产举办的，不实行编制或员额管理，不纳入财政预算管理的事业单位。 四、人员相关经费支出标准 （一）加强对新型科研机构人员的稳定支持。 为加强对新型科研机构人员的稳定支持，对符合第三条第（二）项的新型科研机构，其承担的市科技研发资金基础研究类项目可按 40% 的比例在市科技研发资金资助金额中支出开支人员绩效支出，其他项目可按 30% 的比例开支人员绩效支出，并可相应调整项目间接经费预算
海南省	中共海南省委海南省人民政府关于加快科技创新的实施意见	（十五）加大力度引进科研机构。对国内外著名科研机构、大学在我省设立科研机构，给予大力支持。设立整建制科研机构，给予最高不超过 2000 万元的支持；设立分支机构，给予最高不超过 500 万元的支持。省财政、省财政安排经费，支持科研机构完善科研条件和引进、培养人才等科技等相关部门，采取一事一议的方式决定支持额度，发展改革、

续表

省份	政策名称	政策要点
四川省	关于印发《四川省产业技术研究院备案工作指引》的通知	第二条 省级产业技术研究院（以下简称"省级产研院"）是为适应我省产业技术创新需求，产学研多方共投共建，集产业共性（关键）技术研发、成果转化、企业孵化、技术服务、人才培养于一体产学研用协同创新的新型研究机构。 第四条 申请备案为省级产研院应具备以下条件： （一）在四川省内注册一年以上，具有独立企业或事业法人资格。注册时间未满一年，但隶属于落实省委、省政府重大工作部署或我省特色行业领域急需建设的，可预先受理，一年建设期满复核合格后，给予确认。 （二）由我省产业龙头企业、基础条件较好的科研院所或高校牵头组建，共建单位一般不少于3家；具备较强技术创新能力，在本产业或技术领域内具有较大影响。 （三）拥有可自主支配的场地面积不低于400平方米，研究开发的仪器设备原值不低于300万元。 （四）拥有较高水平的科技创新人才团队，专职人员不少于10人，专业人员的年龄、职称结构合理。科技人员数占职工总数的比例不低于30%。 （五）具有多元化投人机制。研发费用总额占成本费用支出总额的比例不低于30%。 （六）建立联合开发、优势互补、成果共享、风险共担的产学研用合作机制，拥有产学研紧密结合的产业技术创新组织机构，具有可持续发展的市场化运行导向。 （七）聚焦产业带动性强的共性技术、关键技术的研发创新；能够有效促进技术成果转化与产业化，推动区域内新兴产业的集聚和发展；能够有效孵化、培育创新型企业；能够有效服务中小企业技术创新，提升产业整体技术水平。 （八）牵头承担国际、国家、省科技项目1项（含）以上，服务20家以上中小企业科技创新，有1项（含）以上科技成果转化或进入转化阶段，拥有自主知识产权成果不少于1项
贵州省	关于公开征求《关于新型研发机构的支持标准及措施建议意见建议的通知	（一）具有独立法人资格，多元化的投资主体，健全的内控制度，规范的机构章程。注册地、主要办公和科研场所均在贵州省内。 （二）收入来源相对稳定，主要包括出资方投人、技术开发、技术转让、技术服务、政府购买服务收入以及承接科研项目获得的经费等。年度研发经费支出不低于年收入总额的40%，技术开发、技术转让、技术服务、技术咨询收入占总收入不低于50%。 （三）研发经费来源稳定。年度研究开发经费支出占研究开发总收入的40%。 （四）拥有一支结构合理、研发能力较强的人才团队。专职研发人员不低于10人，且占职工总数比例不低于1/3以上。拥有高级职称以上高层次人才应占研发人员总数的1/3以上，其中博士学位或高级职称人员不低于10人，其中博士学位或高级职称人员比例不低于40%

续表

省份	政策名称	政策要点
贵州省	关于公开征求《关于新型研发机构的支持标准及措施》意见建议的通知	（五）具有一定的研发基础条件。拥有开展研发、试验、服务等所必需的仪器、装备和固定场地等基础设施。办公和科研场所不少于500平方米，用于研究开发的仪器设备原值不低于500万元。 （六）具有新颖的体制机制。拥有现代的管理体制，具有明确的人才引培、薪酬激励、科研项目管理、科技成果转化等制度。 （七）具有明确业务发展方向。功能、目标边界定位清晰，在前沿技术研究、项目研发、科技成果产出和转化、服务企业、创新型人才集聚培养、支撑产业发展等方面成效显著
云南省	云南省财政厅、云南省科学技术厅关于规范新型研发机构省级财政科技补助资金使用管理的通知	一、明确资金开支范围和要求 （一）运行经费主要包括运行经费，科研平台建设，项目研发，成果转化和人才培养等5个方面。具体如下： 1. 运行经费主要用于保障新型研发机构的日常运行，不得超过补助资金总额的20%。 2. 科研平台建设主要指用于研发平台、科技创新基地，以及科技创新公共服务平台建设等支出。 3. 项目研发主要指用于基础研究、应用研究、技术研究与开发等支出。 4. 成果转化主要指用于对科技成果所进行的后续试验、开发、应用，推广直至形成新技术、新工艺、新材料、新产品、发展新产业等支出。 5. 人才培养主要指用于科技人才和团队的培训、交流、引进等支出。 （二）资金使用管理要求。运行经费，科研平台建设，项目研发，成果转化和人才培养支出参照《云南省科技计划项目资金管理办法（试行）》（云财教〔2017〕367号）、《关于进一步抓好科研机构和科研人员更大自主权有关文件贯彻落实工作的通知》（云财教〔2019〕48号）规定执行。新型研发机构获得的云南省科技计划项目资金不适用本通知
陕西省	西安市科学技术局关于印发《西安市新型研发机构认定管理办法（试行）的通知	1. 具备独立法人资格。申报单位必须是在我市辖区内注册运营的独立法人机构，主要办公及科研基地均在西安。 2. 机构应为多元投资所有制混合法人机构，原则上人才团队持有50%以上股份，各投资方应以货币形式出资，如确需以无形资产作价入股的，其无形资产应确权，经第三方评估后将所有权转移至新型研发机构。 3. 依托国内知名高校院所、行业龙头企业国家级科研平台，或境外知名高校院所、知名跨国公司等高水平研发平台，具有稳定的科研成果来源。 4. 具有行业知名领军人才、骨干力量及高水平的研发队伍，人才团队拥有核心技术，成果具有产业化基础和市场化前景、研发人员占员工总数的比例不低于30%，其中硕士、博士学位或高级职称人员应占研发人员的35%以上。 5. 具备满足开展研发的软硬件条件。拥有进行研究、开发和试验所需的固定场地，拥有必要的测试、分析手段，工艺设备和软件平台。

续表

省份	政策名称	政策要点
陕西省	西安市科学技术局关于印发《西安市新型研发机构认定管理办法（试行）》的通知	6. 经费收入和支出稳定。主营业务收入应以合同开发、科技服务和服务权投资收益为主。年度研究开发经费支出不低于年收入总额的30%。孵化或引进2家以上科技型企业。 7. 工作评价体系及激励机制健全，形成需求导向型科技创新模式
甘肃省	关于印发《甘肃省促进新型研发机构发展的指导办法（试行）》的通知	一般至少应具备以下功能之一： （一）开展基础与应用基础研究。聚焦国家和全省战略需求，围绕基础前沿科学，前沿引领技术、现代工程技术、颠覆性技术，开展原创性研究和前沿交叉研究。 （二）开展产业共性技术研发与服务。结合全省十大生态产业发展需求，开展行业共性关键技术研究，提供公共技术服务，支撑重大产品研发和产业链创新。 （三）开展科技成果转化与科技企业孵化服务。以资源汇集和专业科技服务为特色，孵化培育科技型企业，加强人才引进和培养，加快推动科技成果转化为现实生产力，推进创新创业。 三、新型研发机构一般应符合以下条件： （一）具备独立法人资格，内控制度健全完善，在甘肃省内注册和运营，主要办公和科研场所设在甘肃，拥有开展研发、试验、服务等所必需的条件和设施。 （二）具有明确的业务发展方向。围绕国家和我省经济社会发展需求，主要开展基础研究、应用基础研究，关键技术研发、科技成果转移转化，以及研发服务等。 （三）具有结构相对合理稳定、研发能力较强的人才团队。在职研发人员占在职员工总数比例不低于30%（且不少于15人），年度研究开发经费支出占年收入总额比例不低于20%。 （四）具有一定的资产规模和服务收入来源。主要包括出资方投入、技术开发、技术转让、技术服务、技术咨询收入、政府购买服务收入以及承接科研项目获得的经费等。 （五）具有灵活开放的体制机制。具有明确的人事、薪酬和经费等内部管理制度，多元化的投入机制，开放的引人和用人机制和高效率的成果转化机制和市场化的决策机制

续表

省份	政策名称	政策要点
广西壮族自治区	关于印发《广西新型产业技术研发机构管理办法(试行)》的通知	(一)在广西境内注册为独立法人的企事业单位、民办非企业机构、社团组织或机构,主要办公和研发场所设在广西。 (二)以合同科研和科技服务为主要收入来源,科研等科技服务收入(含技术转让、技术股权收益)占总收入的比重不低于 60%;具备开展研究、开发和试验所需的科研仪器、设备和固定场所。 (三)在职研发人员占在职员工总数比例不低于 30%。 (四)符合广西产业技术创新需求,以研究开发为主,具有明确的研发方向和目标定位,在前沿技术研究、工程技术开发、科技成果转化等方面有鲜明特色。 (五)建立现代科研机构管理制度,科研项目管理制度、科研经费财务会计独立核算制度等。 1.对通过认定的由全国两院"院士"、国家级人才项目的科学家、世界 500 强企业以产学研共建等形式在广西发起建设立的新型研发机构,可采取"一事一议"方式报自治区人民政府审定后,优先予以经费支持,用于新型研发机构建设和自主选题科研活动。 2.对通过认定的新型研发机构,从自治区科技基地和人才专项中一次性给予最高不超过 500 万元的经费支持,主要用于新型研发机构建设和自主选题科研创新方面的开支。 3.对通过认定的广西新型研发机构,还享受以下扶持政策: (1)在申报、承担各级财政科研计划项目,科研人员参与职称评审,进口科研仪器设备购置等,符合条件的享受国家、自治区和所在市有关引进人才的优惠政策。 (2)聘用本科以上专业技术人员、管理人员及海外留学人员,符合条件的可享受国家、自治区所在地科研机构同等待遇。
吉林省	关于印发《吉林省新型研发机构认定管理办法》的通知	(一)新型研发机构为在我省注册的独立法人机构。 (二)新型研发机构以技术研发与服务为核心功能,主要开展基础研究、应用基础研究、产业共性关键技术研发、科技成果转移转化、创业孵化育成,以及研发服务等,高校和科研院所、高校科研课题成果研发,或境外行业龙头企业开展研发、试验、服务等所必需的条件和设施,跨国公司、研究机构等高水平国内一流科研院所、高校和行业研发平台,具有稳定的科研课题或自身研发项目取得的经费等。 (三)新型研发机构依托国内知名大学、跨国公司、研究机构等高水平国内一流科研平台,高校和行业龙头企业研发、技术转让、技术咨询、技术服务、政府购买服务收入,研发人员占在职人数比例不低于 50%,其中硕士或中高级职称以上研发人员应占研发人员总数的 50% 以上。 (四)新型研发机构具有结构相对合理稳定、研发能力较强的人才团队,具有相对稳定的收入来源,主要包括出资方投入、技术开发、技术转让、技术咨询、技术服务、政府购买收入,以及承接科研项目获得的经费等。 (五)新型研发机构具有灵活开放的体制机制,包括健全的管理制度、高效的运行机制和灵活的人事制度等。

续表

省份	政策名称	政策要点
吉林省	吉林省人民政府关于印发《吉林省加快新型研发机构发展实施办法》的通知	（一）新型研发机构应为在我省注册的独立法人机构，鼓励人才团队控股； （二）依托国内一流科研院所、高校和行业龙头企业科研平台，或境外国际知名大学、跨国公司、研究机构等高水平研发平台，具有稳定的科研课题成果来源； （三）拥有一支国内外高层次人才团队领衔的研发队伍，且研发人员应占研发人员总数的50%以上，其中硕士或中高级职称以上研发人员应占研发人员总数的50%以上； （四）新型研发机构以技术研发与服务为核心功能，研究成果以技术许可和转让方式等予以转化。 第九条 落实税费优惠政策。 （一）对符合条件的新型研发机构从事技术开发、技术转让以及与之相关的技术咨询、技术服务所得的收入，免征增值税；一个纳税年度内，技术转让所得不超过500万元的部分，免征企业所得税，超过500万元的部分，减半征收企业所得税。 （二）新型研发机构为开发新技术、新产品、新工艺发生的研究开发费用，未形成无形资产计入当期损益的，在按照规定据实扣除的基础上，在2018年1月1日至2020年12月31日期间，再按照实际发生额的75%在税前加计扣除；形成无形资产的，在上述期间按照无形资产成本的175%在税前摊销。 （三）对符合相关条件的新型研发机构进口科研用仪器设备免征进口关税和进口环节增值税、消费税，具体名单由省科技厅报长春海关备案。 （四）符合相关条件的新型研发机构在2018年1月1日至2020年12月31日期间新购进的仪器、设备，单位价值不超过500万元的，允许一次性计入当期成本费用，在计算应纳税所得额时额时扣除，不再分年度计算折旧；单位价值超过500万元的，可缩短折旧年限或采取加速折旧的方法，最低折旧年限不得低于《中华人民共和国企业所得税法》规定。 第十条 人才激励措施。 （一）股权激励。新型研发机构拥有科技成果的所有权和处置权，鼓励让科技人员通过股权收益、期权确定等方式更多地享有对技术升级成果的收益，实现研发人员创新劳动同其利益收入对接。鼓励新型研发机构牵头与地方园区、人才团队共同组建研发中心，由研发团队投资、运营控股的运营管理公司，增值收益按股权分配。 （二）新型研发机构在薪酬待遇上探索年薪制，加大对重大科研团队负责人和重点引进人才的薪酬奖励，对外聘通过认定的事业单位人员可采取市场化薪酬。 （三）在新型研发机构开展专业职称自主评定试点，对引进的海外高层次人才、博士后研究人员、特殊人才畅通直接认定"绿色通道"。 （四）对于新型研发机构引进的人才（团队），及时兑现高层次人才引进优惠政策，优先支持申报国家、省级人才计划。 （五）新型研发机构中符合相关规定的人才可享受相应的人才安居政策。

续表

省份	政策名称	政策要点
宁夏回族自治区	宁夏回族自治区科技创新平台专项及引进共建研发机构专项管理暂行办法（征求意见稿）	第四条　引进共建研发机构是指国家级科研机构、一流大学和创新实力强的大型企业来宁设立分院分所、产业技术研究院、技术转移中心等研发和成果转化机构；支持与我区联合共建的重点实验室、技术创新中心、临床医学研究中心等。 第八条　创新平台专项支持的范围及标准 （二）对新获批省部级研发平台，给予一次性 100 万元支持；新认定的产业技术协同创新中心，给予一次性 500 万元支持。 第九条　引进共建研发机构专项支持的范围及标准 （一）国家级科研机构、一流大学和创新实力强的大型企业来宁设立分院分所、产业技术研究院、技术转移中心等研发和成果转化机构，设立整建制机构给予投资总额 30%，最高不超过 2000 万元支持，设立分支机构给予投资总额 30%，最高不超过 500 万元支持。 第十一条 （一）支持资金的 40% 用于创新平台和引进共建研发机构的基础条件建设，包括大型科研仪器设备、小试、中试阶段相关实验设备的购置、维修等，通过完善平台研发机构的科技基础条件，提高研发水平和能力，实现开放、合作、共享。 （二）支持资金的 60% 用于创新平台和引进共建研发机构开展研发活动。包括设立自主研发课题和开放课题，围绕本领域关键瓶颈技术需求，自主设立课题，开展应用基础研究或基础研究攻关，与共建或伙伴单位联合，设立开放课题，开展先进技术引进吸收集成再创新等。 （三）各类创新平台和引进共建研发机构结合建设实际需求，可从 60% 的研发活动资金中提出不超过 3% 的经费支持人才队伍建设，包括人才的引进、培养和使用

附件二　各省市新型研发机构相关政策文件（全文）

北京市

北京市支持建设世界一流新型研发机构实施办法（试行）

（该办法为保密文件）

天津市

天津市人民政府办公厅关于加快产业技术研究院建设发展的若干意见

津政办发〔2018〕24号

各区人民政府，各委、局，各直属单位：

为深入实施创新驱动发展战略，加快推进产业技术研究院建设，打造具有国际影响力的产业创新中心生态体系，结合本市实际，经市人民政府同意，提出以下意见。

一、指导思想

以习近平新时代中国特色社会主义思想为指导，全面贯彻党的十九大和十九届二中、三中全会精神，以习近平总书记对天津工作提出的"三个着力"重要要求为元为纲，以新发展理念为引领，抢抓京津冀协同发展历史性窗口期，深化体制机制改革，广聚国内外科技资源，加快引进培育、发展壮大一批产业技术研究院，不断完善企业为主体、市场为导向、产学研深度融合的技术创新体系，着力推进创新型城市和产业创新中心建设，推动实现高质量发展，为全面建成高质量小康社会、加快"五个现代化天津"建设提供有力支撑。

二、功能定位与建设原则

（一）功能定位。本意见所称产业技术研究院，是指在天津注册，聚焦人工智能、生物医药、新能源新材料等战略性新兴产业创新链后端，在工程技术开发、技术商品化、科技成果转化和企业衍生孵化等方面具有鲜明优势与特色的新型研发机构，是投资主体多元化、建设模式国际化、运行机制市场化、管理制度现代化的独立法人组织。

主要功能包括：

——集聚资源。吸引聚集海内外高端人才、重大成果、产业资本等高端要素；突出对京津冀资源的协同整合，充分吸纳北京科技创新中心溢出资源。

——技术供给。向社会提供关键共性技术、产品样机、生产工艺、装备等面向生产的技术成果；打通科学研究与产品开发之间"最后一公里"。

——转化孵化。加快技术成果转移转化，推动企业内部创业和裂变发展，衍生孵化一批具有爆发式增长潜力的科技型企业。

——人才输送。加速人才在高校院所和产业间自由流动，加快人力资本活化，促进创新人才向产业人才、创业者、企业家转变。

——战略导航。以全球化视野聚焦天津产业基础和发展战略，进一步加强对全社会技术创新的引导和服务能力，增强研发的组织协调性和目标导向性。

（二）建设原则。

——市场运作，政府引导。发挥市场在科技资源配置中的决定性作用，根据市场需求，遵循市场规则和科研规律，由市、区两级政府共同支持引导产业技术研究院的建设和运行。

——改革探索，攻坚破冰。探索建立以增加知识价值为导向、有利于激发科研人员创新活力的新型体制机制，聚焦改革难点痛点，打造高校院所科研体制改革的"试验田"。

——聚焦高端，宁缺毋滥。高标准遴选产业技术研究院予以扶持，本着面向产业链、创新链的中高端，竞争上游，上游竞争，引领产业转型升级。

——整合力量，开放创新。充分调动"产、学、研、用、资"各方力量，实现产业技术研究院创新要素高度集成，立足天津、辐射京冀、服务全国、面向世界，推动创新发展互利共赢。

三、建设目标

到 2020 年，经认定的产业技术研究院达到 20 家，累计开展 3000 次以上技术服务（含委托研发、技术转让），开发新技术、新产品、杀手锏产品 400 项，衍生孵化企业 200 家，成为产业创新中心生态体系中最活跃、最高效的组成部分。

到 2025 年，经认定的产业技术研究院达到 30 家，累计开展 1 万次以上技术服务（含委托研发、技术转让），开发新技术、新产品、杀手锏产品 1000 项，衍生孵化企业 600 家；涌现出一批自身及衍生企业总收入过百亿元的产业技术研究院，孵化出一批在行业内具有重要影响的上市企业，成为具有国际影响力的产业创新中心的重要支撑。

四、主要任务措施

（一）建立产业技术研究院认定管理制度。市科技主管部门负责制定产业技术研究院的认定标准，委托第三方机构开展产业技术研究院资格认定工作。通过认定的产业技术研究院，有效期为 3 年。从获得资格认定年度起，享受与产业技术研究院有关的扶持政策。

（二）建立产业技术研究院年度考核与财政资金奖励制度。着眼于激发产业技术研究院创新活力，培育新兴产业，加速科技与经济融合发展，对上年度产业技术研究院开展技术开发、成果转化、企业孵化和对地方经济贡献的绩效进行评价；建立年度考核和财政资金奖励制度，根据评价考核结果择优给予奖励，每家每年奖励额度最高不超过 1000 万元，特殊情况（特别优秀的）可突破奖励补贴上限，给予大力支持。

（三）支持产业技术研究院创新能力建设。产业技术研究院或衍生企业牵头承担国家科技重大专项和国家重点研发计划重点专项项目的，市、区两级财政共同给予国家支持额度1：1 的配套资金支持，其中市、区各占 50%。产业技术研究院申报市级科技计划的，不受申报项目数量限制。对于进口国内不能生产或者性能不能满足需要的科学研究和科技开发等仪器设备，未能享受进口税收优惠的，市财政根据产业技术研究院上年度进口科学研究和科技开发等仪器设备的应纳税额，给予不高于 50% 的补贴，每家每年补贴额度不高于 500 万元。领军企业产学研用创新联盟将秘书处设在产业技术研究院的，优先支持由联盟组织实施本市科技重大专项并提出指南建议，由符合条件的联盟成员单位进行申报。

（四）加快衍生企业发展。产业技术研究院衍生企业主要负责人优先纳入本市新型企业家培养工程。对产业技术研究院发起设立的天使基金和创投基金，天津市天使投资引导基金和创业投资引导基金同等条件下优先给予参股支持。对投资于产业技术研究院衍生且在天津市注册企业的天使类投资，发生投资损失的，由天津市天使投资引导基金给予投资机构不超过实际投资损失额 50% 的补偿，单个企业项目投资损失最高补偿 300 万元。

五、组织保障

（一）加强组织领导。市级有关部门、各区（功能区）要加强协调配合，优化办事流程。市科技主管部门负责产业技术研究院的认定和管理工作，并会同市财政局做好产业技术研究院年度考核和财政资金支持工作。各区（功能区）科技主管部门负责辖区内产业技术研究院的相关管理工作。

（二）加大财政支持。市财政统筹现有科技资金，支持产业技术研究院建设发展。各区（功能区）要将对产业技术研究院的支持纳入本级财政预算。

（三）强化政策落实。市、区联手建立人才引育、落户和机构引建等已有政策落实机制，实行"一对一"联系服务，确保逐项落实到位。对支撑和引领全市科技进步、高端人才培育、产业升级发展具有重大意义的产业技术研究院，市、区两级可采取"一院一策"的方式，共同给予更大力度扶持。各部门、各区（功能区）要抓好现有政策落地实施，鼓励出台更大力度的支持政策。

本意见自发布之日起实施，2020 年后将视实施情况优化完善。

2018 年 8 月 27 日

（此件主动公开）

天津市科委关于印发《天津市产业技术研究院认定与考核管理办法（试行）》的通知

津科规〔2018〕7号

各相关单位：

为贯彻落实《天津市人民政府办公厅关于加快产业技术研究院建设发展的若干意见》（津政办发〔2018〕24号），做好产业技术研究院的认定与考核管理等工作，结合我市实际情况，市科委制定了《天津市产业技术研究院认定与考核管理办法》，现印发给你们，请遵照执行。

2018年10月10日

（此件主动公开）

天津市产业技术研究院认定与考核管理办法（试行）

第一章 总 则

第一条 依据《天津市人民政府办公厅关于加快产业技术研究院建设发展的若干意见》（津政办发〔2018〕24号），制定本办法。

第二条 本办法所称产业技术研究院（以下简称产研院），是在天津注册，聚焦人工智能、生物医药、新能源新材料等战略性新兴产业创新链后端，在工程技术开发、技术商品化、科技成果转化和企业衍生孵化等方面具有鲜明优势与特色的新型研发机构，是投资主体多元化、建设模式国际化、运行机制市场化、管理制度现代化的独立法人组织。产研院是我市产业创新生态体系的重要组成部分。

第三条 市科委负责组织开展产研院的认定和绩效考核管理工作；各区（功能区）科技

主管部门负责辖区内产研院的相关管理工作。

第二章　申请与认定

第四条　申请产研院认定应满足以下条件：

（一）独立法人组织。注册地及主要办公和科研场所设在天津，具有一定的资产规模和相对稳定的资金来源，注册成立 1 年以上。申请单位须以独立法人主体进行申请，可以是企业、事业和社团单位等独立法人组织。

（二）完善的体制机制：

1. 建立了适应市场化运营的管理体制，行政、人事和财务等内部管理制度明确。

2. 建立了灵活高效的运行机制，包括多元化的投入机制、市场化的决策机制、开放的引人用人机制、知识价值为导向的收入分配机制、高效率的成果转化机制等。

（三）开展创新链后端研发活动。符合我市人工智能、生物医药、新能源新材料等战略性新兴产业发展方向，以工程技术开发、技术商品化阶段的研发活动为主，具有明确的研发方向和清晰的发展战略。

（四）申请单位通过自主研发、并购等方式，获得对其研发活动在技术上发挥核心支持作用的知识产权的所有权。

（五）应具备的研发条件：

1. 持续稳定的研发投入。上年度研究开发费用占销售收入（主营业务收入与其他业务收入之和）的比例不低于 20%。

2. 拥有稳定的研发队伍。研发人员占员工总数比例不低于 30%，博士学位或高级职称以上人员不低于员工总数 20%（研发人员及员工以全年实际工作超过 90 天计）。

3. 已入驻 1 个以上在全国同行业中具有较大影响力的创新人才团队。

4. 具备进行研究、开发和试验所需的科研仪器、设备和固定场地。

（六）具有一定经济社会效益。申请单位上年度收入总额 1000 万元以上，技术开发、技术转让、技术咨询、技术服务收入和股权投资收益合计占总收入（收入总额减去不征税收入）的 70% 以上，且近两年新增注册在天津市的衍生企业数量达到 2 家（含）以上。

（七）申请单位在申请认定的近两年及当年内未发生重大安全、重大质量事故和严重环境违法、科研失信行为，且申请单位未列入经营异常名录和严重违法失信企业名单。

不受理主要从事生产制造、教学教育、检验检测、园区管理等活动的单位申请。

第五条　产研院申请及认定程序：

（一）申请。市科委发布征集通知，符合本办法第四条申请条件的单位准备相关材料。

（二）主管部门推荐。申请材料由各区（功能区）科技主管部门审核后，提交到市科委。

（三）评审。市科委制定认定标准，委托第三方服务机构组织专家进行评审，并提出评审意见。

（四）公示及认定。市科委根据评审意见，提出拟认定名单并公示。对公示无异议的给予认定通过，颁发认定证书。

第六条　对市委市政府重点扶持的或我市产业发展急需的产研院，采取"一事一议"方式进行认定。

第七条　经认定的产研院，有效期为 3 年。认定有效期内，可享受有关扶持政策。

第三章　绩效考核与管理

第八条　市科委委托第三方服务机构对认定的产研院进行年度绩效考核。

第九条　绩效考核主要内容包括上年度技术开发、科技成果转化、企业衍生孵化、创新人才／团队集聚、运营管理等创新发展情况以及对地方经济的贡献。

第十条　绩效考核程序：

（一）材料报送。经认定的产研院根据相关要求，报送绩效证明材料。

（二）考核。市科委委托第三方服务机构组织专家，采用会议评审、现场考查相结合的方式进行绩效考核，并公示考核结果。

（三）奖励。根据考核结果择优给予财政资金奖励，每家每年奖励额度最高不超过 1000 万元，特殊情况（特别优秀的）可突破奖励补贴上限。

第十一条　产研院发生更名、股权结构变更、重大人员变动等重大事项的，应在 3 个月内以书面形式向市科委报告。

第十二条　已认定的产研院有下列行为之一的，取消其产研院资格：

（一）在申请认定及考核过程中存在严重弄虚作假行为的；

（二）发生重大安全、重大质量事故或有严重环境违法行为的；

（三）未参加年度绩效考核或发生科研严重失信行为的；

（四）被列入经营异常名录和严重违法失信企业名单的。

对取消产研院资格的，追缴其自发生上述行为之日起享受的资金支持。

第十三条　参与产研院认定和绩效考核的各类机构和人员对所承担的有关工作负有诚信、合规、保密义务。

第十四条　申请单位专项审计或鉴证报告应由符合以下条件的中介机构出具，申请单位可自行选择符合以下条件的中介机构。

（一）具备独立执业资格，成立三年以上，近三年内无不良记录。

（二）承担认定工作当年的注册会计师或税务师人数占职工全年月平均人数的比例不低于 30%，全年月平均在职职工人数在 20 人以上。

（三）相关人员应具有良好的职业道德，了解国家科技、经济及产业政策，熟悉天津市产研院认定与考核管理工作有关要求。

第四章　附　则

第十五条　本办法由市科委负责解释。

第十六条　本办法自发布之日起实施，后期将视实施情况优化完善。

重庆市

重庆市科学技术局　重庆市财政局关于印发
《重庆市新型研发机构管理暂行办法》的通知

各有关单位：

为大力培育新型研发机构，弥补我市创新资源尤其是高端研发资源不足的短板，推动创新驱动发展，现将《重庆市新型研发机构管理暂行办法》印发给你们，请遵照执行。

重庆市科学技术局　重庆市财政局

2020 年 11 月 12 日

重庆市新型研发机构管理暂行办法

第一章　总　则

第一条　为深入贯彻习近平总书记在中央财经委第六次会议重要讲话精神，推动成渝地区双城经济圈建设，打造具有全国影响力的科技创新中心，依据科技部《关于促进新型研发机构发展的指导意见》（国科发政〔2019〕313 号）等文件精神，加快培育和引进重庆市新型研发机构（以下简称"新型研发机构"），规范新型研发机构管理，保障新型研发机构健康发展，为全市经济高质量发展提供科技支撑，特制定本办法。

第二条　本办法所称新型研发机构是指聚焦重庆市科技创新需求，主要从事科学研究、技术创新、研发服务和成果转化，投资主体多元化、管理制度现代化、运行机制市场化、用人机制灵活的独立法人机构，可以是在渝依法注册的科技类民办非企业单位（社会服务机构）、事业单位和企业。

新型研发机构具有以下主要功能：

（一）开展基础研究和应用基础研究。着眼于我市优势特色产业及未来发展关键领域的实际应用主体，开展基础研究和应用基础研究，实现、推动前瞻性基础研究、引领性原创成果重大突破，提升我市科技创新能力。

（二）开展关键技术研发。围绕我市重点发展领域的前沿技术、战略性新兴产业关键共性技术、支柱产业核心技术等原型产品关键技术需求，开展技术研发，解决产业发展中的技术瓶颈。

（三）提供研发服务。根据市场主体技术需求，提供技术支撑、研发支持与科技服务等应用技术支持。

（四）开展科技成果转化。联合多元化投资主体，构建专业化转移体系，完善成果转化体制机制，积极开展科技型企业的孵化和育成，加快推动科技成果向市场转化。

第三条　贯彻国家创新驱动发展战略，着力围绕我市大数据智能化、电子信息、汽车摩托车、人工智能、大健康产业等重点领域，依托园区、企业、高校、科研院所等，大力培育引进新型研发机构，择优打造一批国内领先、国际一流的标杆型新型研发机构，为提升我市科技创新能力、推动我市经济高质量发展，建设具有全国影响力的科技创新中心提供支撑。

第四条　市科技局负责组织开展新型研发机构的申报、认定、评估、监督、管理等工作。

各区县（自治县）科技行政主管部门负责协助开展本地区新型研发机构的培育和管理工作。

第五条　本办法适用于我市本地培育的新型研发机构的申报、认定、评估、监督、管理等工作。引进的新型研发机构的申报、认定、评估、监督、管理等工作按照我市引进科技创新资源有关规定开展。

第二章　申报与认定

第六条　新型研发机构分为新型研发机构（初创型）、新型高端研发机构。

第七条　申请认定为新型研发机构（初创型）的单位应符合以下条件：

（一）在渝注册的独立法人机构，投资主体明确，内部控制制度健全完善；企业注册资金不低于500万元，事业单位与科技类民办非企业单位（社会服务机构）注册资金不低于50万元。

（二）拥有一支人员结构合理的专业人才队伍。在职研发人员不低于10人且占机构总人数的50%以上。

（三）拥有开展研发、试验、服务等所必需的条件和设施。科研用房建筑面积一般不低于500平方米，用于研究开发的仪器设备原值一般不低于100万元。

（四）能够持续运营，具有稳定的研究开发经费来源。上一年度研究开发经费投入不低于 100 万元。

（五）具有重大科研成果和市场服务能力。其技术转让、技术服务、技术咨询等上一年度市场化收入不低于 200 万元。

（六）申报单位应满足《重庆市科技计划项目诚信管理暂行办法》规定的科研诚信分值要求。

第八条　满足新型研发机构（初创型）申报条件的单位，进一步满足以下条件的可申请认定为新型高端研发机构：

（一）有清晰的发展定位。新型高端研发机构应按照高水平技术、高层次团队、全球化视野的要求，结合重点产业发展需求规划建设，有明确、聚焦的发展方向和任务。

（二）有固定的科研场所。拥有先进的仪器设备，在渝科研用房建筑面积一般不低于 2000 平方米。

（三）有稳定的人才团队。机构负责人和科研带头人一般应为市级及以上高层次人才。机构研发人员数量不少于 50 人，具有硕士、博士学位或高级职称人员的比例不低于 50%，常驻研发人员（市外柔性引进人员每年为渝工作时间 3 个月及以上视同为常驻研发人员）不低于 20 人且占机构总人数的 40% 以上。

（四）上一年度研究开发经费投入一般不低于 600 万元。

（五）掌握核心技术，并具有较强市场服务能力。在上述重点产业领域取得 1 项以上可自主自控的重大原创性科研成果，市场化收入达到 2000 万元以上或已孵化 2 家及以上科技型企业。

第九条　市科技局定期接受单位申请，组织新型研发机构申报认定工作，申报认定程序如下：

（一）申报受理。符合申报条件的单位登录重庆市科技管理信息系统，根据申报指南、标准和要求，在规定时间内完成申报书填写、上传相关证明材料，并提交纸质申请至所在区县（自治县）科技行政主管部门。

（二）区县推荐。受理申报材料的各区县（自治县）科技行政主管部门对申报单位的申报材料完整性进行审查，并对符合要求的申报单位出具推荐函，提交至市科技局。

（三）评审论证。评审论证包括会议评审、通信评审、网络评审和实地考察等多种形式。市科技局委托第三方机构根据实际情况选择评审方式、组织评审论证并得出评审论证意见。

（四）结果公示。市科技局对通过评审论证的申报单位提出认定意见，并公示。对同类行业申报主体，按照我市产业发展需求，以"总量控制、择优认定"的原则提出认定意见。

（五）审定发布。通过评审和公示的新型研发机构名单由市科技局审核确定后正式发布。

第十条　申请认定新型研发机构的单位须提交以下材料：

（一）重庆市新型研发机构申请表。

（二）诚信承诺书。

（三）上一年度的工作报告。

（四）申报单位的最新章程与管理制度。

（五）单价十万元以上的用于科研的主要仪器设备清单。

（六）其他必要的材料。

第三章　扶持政策

第十一条　经认定的新型研发机构有效期为 3 年。

第十二条　有效期内的新型研发机构，可享受以下扶持政策：

（一）对首次认定的新型研发机构，给予授牌。对首次认定的新型研发机构（初创型），一次性给予不超过 20 万元的经费支持；对首次认定的新型高端研发机构，一次性给予不超过 100 万元的经费支持。

（二）对符合相关规定的企业类型新型研发机构，入库"重庆市科技型企业信息管理系统"后，可享受《重庆市科技型企业入库培育实施细则》和《重庆市科技型企业技术创新与应用发展专项项目实施细则》等有关规定的扶持政策。

（三）对于符合相关规定的新型研发机构，可按照《重庆市科技创新券专项实施细则》等有关规定，纳入创新券接券机构，推动创新券资助对象向新型研发机构购买研发创新服务。

（四）新型研发机构引进的人才（团队），符合相关规定的优先支持其申报"重庆英才计划"和市级科技计划项目。在有条件的新型高端研发机构中按规定开展职称自主评定试点，对引进的海外高层次人才、博士后研究人员、特殊人才畅通职称认定"绿色通道"。

（五）符合相关条件的新型研发机构可依法享受研发费用加计扣除、研发仪器设备加速折旧费用加计扣除和进口科研仪器设备减免关税等优惠政策。

（六）符合相关规定的新型研发机构，参照《重庆市促进科技成果转化条例》享受相应扶持政策。

（七）新型研发机构申报重庆市市级科研项目可获得优先立项支持。

第四章 考评管理

第十三条 在新型研发机构有效期满前，市科技局委托第三方机构对新型研发机构进行绩效评估。

绩效评估主要考核新型研发机构的研究开发经费投入纳入国家、重庆市研究开发经费投入统计情况、科技研发条件、科技创新能力、人才团队建设、科技成果转化、科技成果效益、运行管理能力、孵化企业情况以及相应的财务经费使用、管理等情况。

第十四条 绩效评估工作主要分四个阶段：自评阶段，专家评价阶段，综合评价阶段，结果公示及运用阶段。评估结果分为合格、不合格两个等级：

（一）评估结果为合格的，继续获得 3 年新型研发机构资格。其中，评估结果在排名前 30%，且三年研究开发经费投入逐年递增的新型研发机构（初创型），最高按三年研究开发经费投入增量的 10%，一次性给予不超过 200 万元的经费支持；评估结果在排名前 30%，且三年研究开发经费投入递增的新型高端研发机构，最高按三年研究开发经费投入增量的 10%，一次性给予不超过 500 万元的经费支持。新型研发机构所获经费以科研项目形式予以支持。

（二）评估结果为不合格的，根据评估实际情况限期整改。整改后仍不合格的，取消其新型研发机构资格，对其中首次参加绩效评估的，视情况退回财政支持经费。

第十五条 已认定的新型研发机构如有名称变更、股权结构变更、重大人员变动等一系列变更行为，应提前以书面形式报至市科技局，重新进行资格审核；如有企业注销行为，应提前以书面形式报至市科技局并配合进行财政资助资金使用情况核算和审计。因未及时报备而产生的相关问题由有关部门依法追究相应责任。

第五章 综合监督

第十六条 本办法全流程按照《重庆市科技计划项目诚信管理暂行办法》实行科研诚信管理，申报、认定、绩效评估等环节各责任主体均需签订诚信承诺书。获得财政资金资助的新型研发机构，必须主动接受和配合监督。

第十七条 本办法中参与申报的单位和已认定的新型研发机构出现失信行为的，市科技局将视情节轻重，采取记录不良信用、警告、通报批评、取消新型研发机构资格等措施；同一失信行为涉及多个责任主体的，应分清责任，主要责任主体从重处理，次要责任主体可视情节从轻处理；对确有实据证明无过错的，免于处理。

因存在严重失信行为且受到以下处理的，终身追责：

（一）受到刑事处罚或行政处罚并正式公告。

（二）受审计、纪检监察等部门查处并正式通报。

（三）经核实并履行告知程序的其他严重违规违纪行为。

第六章　附　则

第十八条　各区县（自治县）可参照本办法制定本地区培育管理、经费支持等促进新型研发机构发展的政策措施。

第十九条　本办法由市科技局负责解释。自颁布之日起 30 日后施行。《重庆市新型研发机构培育引进实施办法》（渝科委发〔2016〕129 号）自本方法印发之日起废止。

上海市

关于印发《关于促进新型研发机构创新发展的若干规定（试行）》的通知

沪科规〔2019〕3 号

各有关单位：

为深入贯彻落实《关于进一步深化科技体制机制改革增强科技创新中心策源能力的意见》，促进新型研发机构创新发展，经市委、市政府同意，现将《关于促进新型研发机构创新发展的若干规定（试行）》印发给你们，请结合实际认真贯彻执行。

特此通知。

上海市科学技术委员会

上海市发展和改革委员会

上海市经济和信息化委员会

上海市教育委员会

上海市民政局

上海市财政局

2019 年 4 月 20 日

关于促进新型研发机构创新发展的若干规定（试行）

第一条　为深入贯彻落实《关于进一步深化科技体制机制改革增强科技创新中心策源能力的意见》，着力引导新型研发机构健康有序发展，形成各类研究机构优势互补、合作共赢的发展格局，促进本市科技创新和经济高质量发展，制定本规定。

第二条　新型研发机构是有别于传统科研事业单位，具备灵活开放的体制机制，运行机制高效、管理制度健全、用人机制灵活的独立法人机构，包括科技类社会组织、研发服务类企业、实行新型运行机制的科研事业单位。一般至少应具备以下功能之一：

（一）开展基础与应用基础研究。聚焦国家和本市战略需求，围绕基础前沿科学、前沿引领技术、现代工程技术、颠覆性技术，开展原创性研究和前沿交叉研究。

（二）开展产业共性技术研发与服务。结合本市重点产业和战略性新兴产业创新发展需求，开展行业共性关键技术研发，提供公共技术服务，支撑重大产品研发和产业链创新。

（三）开展科技成果转化与科技企业孵化服务。以资源汇集和专业科技服务为特色，孵化培育科技型企业，加快推动科技成果转化为现实生产力，推进创新创业。

第三条　自然科学和工程技术领域的科技类社会组织实行直接登记，申请人可直接向市、区民政部门申请登记，市、区科技部门加强行业管理与服务。登记开办时其国有资产份额可提高到不超过总资产的三分之二，发展国有资本和民间资本共同参与的非营利性新型产业技术研发组织。

第四条　按照竞争中立、公平普惠原则，科技类社会组织在申报各级政府科技研发和产业创新项目、人才计划、职称评审等方面享受企事业法人同等待遇；研发服务类企业，依照相关规定享受研究开发费用税前加计扣除、高新技术企业所得税优惠政策。采用创新券等方式，支持企业向科技类社会组织和研发服务类企业等新型研发机构购买研发服务。

第五条　通过第三方绩效评价，对经认定符合条件的科技类社会组织和研发服务类企业等新型研发机构给予研发后补助，支持新型研发机构开展研发创新活动，对上年度非财政经费支持的研发经费支出额度给予不超过30%的补助，单个机构补助不超过300万元。已享受其他各级财政研发费用补助的机构不再重复补助。

第六条　按照国家有关规定，对于符合条件的科技类社会组织，享受相关税收减免政策，进口国内不能生产或者性能不能满足需要的科研和教学用品，免征进口关税和进口环节增值税、消费税。

第七条　对于经认定的从事战略性、前瞻性、颠覆性、交叉性领域研究的战略科技力量，按一所（院）一策原则，予以支持。

（一）属于事业单位性质的机构，不定行政级别，实行编制动态调整，不受岗位设置和工资总额限制，实行综合预算管理，给予研究机构长期稳定持续支持，赋予研究机构充分自主权。

（二）对于社会力量兴办的机构，通过定向委托、择优委托等形式，予以财政支持。

第八条　新型研发机构应定期参加统计调查，按规定向社会公开重大事项报告和年度工作报告，并对公开信息的真实性、完整性负责。

第九条　本市科技、发改、产业、教育、民政、财政等部门共同协调推动新型研发机构的建设发展，统筹新型研发机构布局，组织开展新型研发机构认定，落实新型研发机构相关政策措施，委托第三方开展新型研发机构评价等工作。

第十条　本规定自 2019 年 4 月 20 日起施行，有效期至 2021 年 4 月 19 日。

河北省

河北省科学技术厅关于印发《河北省新型研发机构建设工作指引》的通知

冀科平函〔2019〕49号

各市（含定州、辛集市）、县（市、区）科技局，雄安新区管委会改发局，各有关单位：

为深入实施创新驱动发展战略，推动我省新型研发机构的健康有序发展，加快建立以市场需求为导向的产业技术研发服务体系，推进京津冀协同发展和产学研融合发展，培育经济社会高质量发展的新引擎新动能，省科技厅制定了《河北省新型研发机构建设工作指导》，现印发你们，请结合实际，认真贯彻落实。

河北省科学技术厅

2019年12月11日

（此件主动公开）

河北省新型研发机构建设工作指引

为贯彻《中共河北省委河北省人民政府关于深化科技改革创新推动高质量发展的意见》（冀发〔2019〕4号），落实科技部《关于促进新型研发机构发展的指导意见》（国科发政〔2019〕313号），构建市场导向的产业技术研发服务体系，特就我省新型研发机构建设发展提出以下指导意见。

一、重要意义

新型研发机构，是加强科技创新、实施创新驱动发展战略的新生力量，聚集高层次科技资源，融通科研开发体系与产业应用体系，培育高质量发展新动能的重要抓手。加快建设发展新型研发机构，引导支持高等学校、科研院所的创新创业团队和海外留学归国人员落户河北，面向我省企业产业发展进行科研开发和成果转化，打通从"科学"到"技术"到"产品"的通道，攻克产业关键核心技术和共性技术难题，孵化培育前沿技术应用和先进成果产业化的科技型企业，建立以市场需求为导向、产学研深度融合的技术创新体系，对于促进我省战略新兴产业发展和传统产业改造升级，提升全省科技创新实力，加快创新型河北建设步伐，具有重要意义。

二、功能定位和特征特点

新型研发机构，是指多主体投资、多模式组建、企业化管理、市场化运作，主要从事科学研究与技术开发以及与之相关的技术转移、衍生孵化、技术服务等创新创业活动，具有功能定位综合化、研发模式集成化、运行模式柔性化等新特征，独立核算、自主经营、自负盈亏、可持续发展，政、产、学、研、用实质性紧密结合，明显区别于传统国有独立科研机构的新兴研发机构。

（一）主营业务

1. 开展科研开发。开展科学研究和技术研发，解决产业发展中的科学难题和技术瓶颈，支持企业突破关键技术和共性技术难题，引领产业技术方向。

2. 孵化科技型企业。以技术成果为纽带，联合产业基金和社会资本，技术、人才、资本、服务一体化，技术转让、技术入股等相结合，孵化和培育科技型企业。

3. 科技成果转移转化。完善中试条件，建立技术转移和转化合作机制，开展基础研究、应用基础研究、前沿技术、产业共性关键技术、高新高端产品等科研成果向产业应用的"二次开发"和技术服务，加快科研成果、先进技术的转化应用。

4. 集聚和培养创新创业人才。创新体制机制，营造良好环境，立足河北、面向京津、放眼世界，吸纳、支持国内外优秀人才或团队带成果带技术带资本到河北创业发展。

5. 提供技术服务。发挥人才资源优势和研发设施优势，开展产业规划研究、技术进步路线研究、技术诊断、工业设计、技术集成、成果应用等技术性服务，支撑企业自主创新能力的提升和行业科技进步水平的提高。

（二）基本特征

1. 投资主体多元化。由科技人员、高等学校、科研院所、企业、政府国有资本投资平台、其他社会资本等多元主体共同投资，实行投管分离、独立核算，建立起"利益共享、风险共担"的股份或契约合作关系，具有独立法人资格，自主选用技术开发公司、研究院

（所）、研发（创新）中心等名称。

2. 管理体制现代化。实行董事会或理事会决策和法人代表负责制，制定了研发机构章程，建有企业化管理的组织结构、工作体系、规章制度，实行全员聘用、自主招聘、固定人员和流动人员相结合、"能进能出"的灵活用人机制，采用按岗位按业绩按贡献定酬取酬的薪酬体系。

3. 主营业务科技化。以科研为产业、技术为商品、技术研发与服务为核心业务，引进吸纳高等学校、科研院所和海外创新创业人才团队及研发成果，面向企业产业开展合同研发、合同技术转让、合同咨询服务、技术入股和科技型企业孵化（以下简称"合同科研"），不直接从事市场化的产品生产和销售。

4. 运行机制市场化。根据需求动态灵活设置研究单元、自主组织创新创业团队，以"合同科研"为业务开展的主要方式，科研来自市场需求，成果交由市场检验，绩效通过市场评估，财政支持由市场贡献决定，科技人员收益由创新贡献和市场效益取得，"岗位薪酬"、"收益分成"、"股权期权"作为主要激励措施。

5. 研发、转化、孵化、服务、投资多功能一体化。科研开发、成果转化、企业孵化、技术入股、创业投资等一体化实施，创新链、产业链、资金链、价值链深度融合，研发业绩、创新成果、产业贡献直接体现在承接的委托研发服务合同、"合同科研"产生的创新成果、成果转化孵化育成的科技型企业、技术转让推广的数量以及服务支持的企业产业发展上。

6. 人才团队市场化。建立开放的引人用人机制，持续引进海内外高端人才及团队，持续培养产生高水平创新创业人才，科研开发领军人才领衔新型研发机构的建设和发展，技术人员领军成果转化和企业孵化。

（三）机构类型

1. 公司制法人企业类型。由自然人、高等学校、科研院所、企业、政府投资机构和其他社会组织以现金、技术成果、资产、投资基金等共同出资创办，科技研发团队领办，高校、科研院所科研成果及知识产权作价入股，主要从事技术研发、成果转化、科技企业孵化、技术服务等业务，按照《中华人民共和国公司登记管理条例》登记注册的企业法人性质的研发机构。

2. 事业单位类型。国内外高等学校、科研院所和创新创业团队与地方政府及各类功能区等合作共建，机构编制部门按照事业单位分类管理原则审批设立或备案登记，以科研开发以及与之相关的创新创业服务为主营业务，在科研开发、人员聘用及薪酬分配、科研成果处置、创新创业投资等方面拥有充分自主权，实行自主经营、企业化管理的非公益类事业单位性质的研发机构（不包括财政拨款的公益事业单位）。

3. 科技类民办非企业单位类型。企业、事业单位、社会团体和其他社会力量以及公民个人利用非国有资产举办，主要从事科研开发以及与之相关的科技服务业务，经营所得主要用于机构管理运行、建设发展和研发创新等业务支出，出资人不分取红利，在民政部门登记注册的非营利社会组织法人性质的研发机构。

三、基本条件

河北省新型研发机构应具备以下基本条件：

1. 具有独立法人资格。在河北省行政区域内注册登记成立，办公场所在河北省境内，主要服务河北省的企业和产业，治理结构现代化。

2. 体制机制新型。具有区别于传统国有独立科研机构的新型管理体制、市场化的运作机制、科学的创新组织模式、灵活的用人机制及薪酬制度、高效的成果转化机制、规范的机构章程和健全的内部管理制度。

3. 科研开发为主营业务。主要开展基础研究、应用基础研究、产业共性关键技术研发以及与之密切相关的科技成果转移转化和技术服务业务。主营业务收入主要来自科技创新活动，技术开发、技术转让、技术服务、技术咨询、政府购买技术性服务收入和技术股权投资收益占到年收入总额的 60% 以上，来自企业的委托研发经费占总研发经费的比例不低于 50%。

4. 具有稳定的科研成果来源。依托国内高等学校、科研院所、龙头企业、国家级或省级科技研发平台等创新资源，或与境外知名高校院所、知名跨国公司等合作共建，技术成果具有产业化基础和市场化前景。

5. 具有结构合理、相对稳定、研发能力强的人才团队。人才团队拥有创新能力和核心技术，研发人员占全部员工总数的比例不低于 30%、占固定人员总数的比例不低于 50%，创办领办的科技人员入股持股并占有主导地位。

6. 拥有开展研发、试验、服务等所必需的设施条件和装备条件。科研场地、仪器设备等能够满足开展科学研究、技术开发、中间试验、企业孵化、技术服务等活动的需要。

7. 具有相对稳定的收入来源和研发经费投入。出资方投入，技术开发、技术转让、技术咨询、技术服务收入，技术股权收益，政府购买技术服务收入以及承担政府科研项目获得的经费等，能够保障机构的建设发展需要，年度研究开发经费支出额占年收入总额的比例不低于 30%。

8. 在科研开发和转化孵化方面特色明显、初具成效。有吸纳人才和成果的能力，转化成果、孵化培育科技型企业的经验，开展科研创新和服务企业的实际工作业绩。

四、管理体制和工作机制

（一）省科技厅是全省新型研发机构建设发展工作的综合指导和宏观管理部门。负责制定我省支持新型研发机构建设发展的政策措施，建立相关制度，会同各市各部门推进全省新型研发机构的建设发展。

（二）各设区市（含定州、辛集市）、雄安新区、各县（市区）及各类功能区（以下简称"市县及功能区"），是新型研发机构建设发展的工作主体和责任主体。承担引进科研团队、引进创新创业项目、落地组建新型研发机构、支持新型研发机构建设发展的工作职责。负责研究制定本地新型研发机构的发展规划和政策措施，引进省内、北京天津及省外、海外创新创业团队落户本地创办新型研发机构，并在项目落地落户方面给予用地、基础设施建设、配套经费、人才政策等方面的支持，推动新型研发机构在本地的多层次建设和不断发展壮大。

（三）高等学校、科研院所、高新技术企业的科技人员及创新团队，是领办创办新型研发机构的骨干力量。省内高等学校、科研院所、高新技术企业，要创造环境条件，制定具体政策措施，引导支持科技人员和创新创业团队带成果带技术到市县及功能区，面向企业和产业创办领办研究所、校地产业技术研究院、校企技术创新中心等新型研发机构，推动教学、科研、产业服务融合贯通，把科研开发的成果、人才培养的业绩更多地体现在引领支撑我省经济的发展壮大上。

（四）建立省级备案管理和重点支持制度。省科技厅研究制定新型研发机构省级备案管理办法和绩效评价办法，对成立一年以上的新型研发机构择优筛选，进行省级备案、绩效评价和动态管理，在市县及功能区为主体推动建设、给予支持的基础上，对纳入省级备案管理的新型研发机构进一步提升创新水平和服务能力，给予重点扶持。

（五）建立政府目标导向和重大任务牵动的资源整合利用机制。河北省产业技术研究院按照功能定位和确定的重点领域及重大工作任务，通过筛选加盟、共同组建、组织重大技术集成创新项目等方式，整合利用新型研发机构等创新资源。

五、科学建设和规范运行

（一）促进新型研发机构发展，要突出体制机制创新，强化政策引导保障，注重激励约束并举，调动社会各方参与。通过发展新型研发机构，进一步优化科研力量布局，强化产业技术供给，促进科技成果转移转化，推动科技创新和经济社会发展深度融合。

（二）发展新型研发机构，坚持"谁举办、谁负责，谁设立、谁撤销"的原则。举办单位（业务主管单位、出资人）应当为新型研发机构建设运行、研发创新提供保障，引导新型研发机构聚焦科学研究、技术创新和研发服务，避免功能定位泛化，防止向其他领域扩张。

（三）组建新型研发机构，应当有明确的服务产业、技术领域和建设规划、发展定位、研究内容、阶段性目标及合理的经费预算。合作各方应充分协商，提出建设方案和签订合作协议，根据法律法规和出资方协议制定章程。其中，需市县及功能区国有资本投资平台出资支持建设的，合作协议须经专家咨询论证。

（四）由高校、科研院所创新创业团队与市县及功能区国有资本投资平台、社会资本等合作共建的新型研发机构，原则上要求高校、科研院所及科研团队的出资比例不低于30%，鼓励创新创业团队人员现金入股并控股，支持高校、科研院所以技术成果和相关知识产权投资入股，选择技术成熟、产业化前景良好的项目，以团队、技术、资金、资产捆绑的形式进行组建。

（五）以专有技术、秘密配方、技术诀窍、商标等无形资产作价出资入股的，其无形资产应当确权，经第三方评估后将其所有权、使用权、收益权等转移至新型研发机构，并按作价出资协议享有相应的权益。

（六）市县及功能区引进建设由知名企业或企业集团主导的新型研发机构，应以企业为主出资联合相关资源创办并面向市场客户提供科研开发和技术服务，政府给予配套支持。

（七）新型研发机构应实行理事会、董事会（以下简称"理事会"）决策制和院长、所长、总经理（以下简称"院所长"）负责制，根据出资人协议制定章程，依照章程管理运行。

1.章程应明确理事会的职责、组成、产生机制，理事长和理事的产生、任职资格，主要经费来源和业务范围，主营业务收益管理以及政府支持的资源类收益的分配机制等。

2.理事会成员原则上应包括出资方、产业界、行业领域专家以及本机构代表等。理事会负责制定修改章程、审定发展规划、年度工作计划、财务预算决算、薪酬分配等重大事项。

3.法定代表人一般由院所长担任。院所长全面负责科研业务和日常管理工作，推动内控管理和监督，执行理事会决议，对理事会负责。

4.建立咨询委员会，就机构发展战略、重大科学技术问题、科研诚信和科研伦理等开展咨询。

（八）新型研发机构应当建立科学化的研发组织体系和内部管理制度，根据科学研究、技术创新和研发服务的实际需要，自主确定研发选题，动态设置研发单元，灵活配置科研人员、组织研发团队、调配科研设备。

（九）新型研发机构应当采用市场化的用人机制、薪酬制度，充分发挥市场机制在配置创新资源中的决定性作用，自主面向社会招聘人员，对标市场化薪酬合理确定职工工资水平，建设与创新能力和创新绩效相匹配的收入分配机制。

（十）新型研发机构应当全面加强党的建设。根据《中国共产党章程》规定，设立党的组织，充分发挥党组织和党员在新型研发机构中的战斗堡垒作用，强化政治引领，切实保证党的领导贯彻落实到位。

六、支持政策和保障措施

（一）符合条件的新型研发机构，可以适用以下政策措施

1. 申报国家和省市科技计划项目、科技创新基地、人才计划和科学技术奖励。

2. 组织和参加职称评审，新型研发机构科技人员参与职称评审与岗位考核时，发明专利及转化应用情况可折算论文指标，技术转让成交额可折算纵向课题指标。

3. 按照国家和本省促进科技成果转化的法规政策，通过股权出售、股权奖励、股票期权、项目收益分红、岗位分红等方式，奖励科技人员开展科研开发和科技成果转化。

4. 组建产业技术创新战略联盟，组织开展技术研发创新、制订行业技术标准。

5. 参与国际科技和人才交流合作，建设国际合作基地、引才引智示范基地，开发利用国外人才资源，联合境外知名大学、科研机构、跨国公司等开展研发，设立研发、服务等机构。

6. 符合条件的科技类民办非企业性质的新型研发机构，按规定享受相关的税收优惠政策。

7. 企业类新型研发机构，按规定享受相应税收优惠。

（二）市县及功能区可根据本区域创新发展需要，综合采取以下政策措施，支持新型研发机构建设发展

1. 在科研办公条件、科研设备购置、人才住房配套服务以及运行经费等方面给予支持，推动新型研发机构落地组建和有序建设运行。

2. 采用创新券等支持方式，推动企业和行业机构向新型研发机构购买研发服务。

3. 组织开展对本地区新型研发机构的绩效评价，根据评价结果给予新型研发机构相应支持。

4. 对科研成果在本地转化或实现产业化并产生重要效益的新型研发机构，给予一次性奖励。

5. 通过股权投资、风险补偿、贷款贴息等方式对新型研发机构创新成果转化和产业化给予支持。

6. 积极协调解决新型研发机构建设发展中的困难和问题：

（1）已签订协议的建设内容、目标等，与建设发展实际不符的，可协商变更合作协议或签署补充协议。

（2）体制机制不顺严重影响建设发展的，可协商调整研发机构体制，变更单位注册性质。

（3）政府给予新型研发机构的建设经费已按科技计划项目下达需要调整支出的，可根据实际需要，按规定程序审定后调整经费支出结构。

7. 本省高校、科研院所等事业单位科研人员离岗在冀创办新型研发机构或到企业开展科技成果转化，五年内保留人事关系，原单位代缴社会保险和住房公积金，档案工资和专业技术职务正常晋升。期满后重返原单位工作的，工龄连续计算，按最新专业技术职务参加岗位聘用。高校、科研院所科技人员到企业兼职，可按规定领取相应报酬或奖励。

8. 新型研发机构的科研设施建设项目依法优先安排建设用地，省市县有关部门优先审批。

9. 符合条件的新型研发机构进口科研用仪器设备免征进口关税和进口环节增值税、消费税。未能享受以上税收优惠的，市县及功能区可根据新型研发机构上年度进口科研用仪器设备金额给予一定比例的补助经费支持。

（三）引导推动省级以上研发平台创办领办新型研发机构

1. 引导支持省级技术创新中心、产业技术研究院等技术研发服务平台创新管理体制和运行机制，建立多元化投资、现代化管理、市场化运行的独立法人制度，面向市场客户开展"合同科研"和综合科技创新服务，整体转型升级为新型研发机构。

2. 鼓励省级以上学科重点实验室、企业重点实验室、技术创新中心、工程研究中心、产业技术研究院等研发平台及其创新团队参加新型研发机构组建，以技术、成果等投资入股新型研发机构或与新型研发机构联合开展科研开发、成果转化、技术服务，为新型研发机构提供智力和技术支持。

各设区市（含定州、辛集市）、雄安新区、各县（市区）及各类功能区以及高校、科研院所、企业，可参照本指引，立足实际、突出特色，研究制定本地本单位促进新型研发机构发展的具体政策和具体措施，开展先行先试。

河南省

河南省人民政府关于印发河南省扶持新型研发机构发展若干政策的通知

豫政〔2019〕25 号

各省辖市人民政府、济源示范区管委会、各省直管县（市）人民政府，省人民政府有关部门：

《河南省扶持新型研发机构发展若干政策》已经省委、省政府同意，现印发给你们，请认真贯彻执行。

河南省人民政府

2019 年 12 月 2 日

河南省扶持新型研发机构发展若干政策

新型研发机构是聚焦科技创新需求，主要从事科学研究、技术创新和研发服务，投资主体多元化、管理制度现代化、运行机制市场化、用人机制灵活的独立法人机构，可依法注册为科技类民办非企业单位（社会服务机构）、事业单位和企业。为推动我省新型研发机构健康有序发展，弥补高端创新资源供给不足，制定以下扶持政策。

一、重点支持培育一批重大新型研发机构。支持国内外一流科研院所、高等院校、科技研发平台、大型企业及其研究机构等在豫设立或共建新型研发机构。对我省产业发展具有支撑和引领作用、体制机制创新成效明显、具有稳定的高水平研发队伍、创业孵化成效突出的新型研发机构，省市联动给予重点支持。经遴选被省政府认定为省重大新型研发机构的，省财政给予最高不超过 500 万元的奖励。对综合性、高水平、支撑和引领作用突出的新型研发机构，经省政府同意可采取"一院一策""一事一议"的方式，进一步加大扶持力度。[责任

单位：省科技厅、财政厅、发展改革委、工业和信息化厅、教育厅，各省辖市政府、济源示范区管委会、各省直管县（市）政府]

二、新型研发机构在政府项目（专项、基金）承担、奖励申报、职称评审、人才引进、建设用地保障、重大科研设施和大型科研仪器开放共享、投融资等方面可享受国有科研机构同等待遇。支持新型研发机构结合自身特点和优势，牵头或参与承担省重大科技专项、产业集群专项等各类财政科技计划项目。对新型研发机构申报科技计划项目单列申报指标。优先支持企业类新型研发机构申报高新技术企业、技术先进型服务企业、科技型中小企业和知识产权优势企业等，并按规定享受相关财税扶持政策。[责任单位：省科技厅、财政厅、发展改革委、人力资源社会保障厅、教育厅、自然资源厅、地方金融监管局、市场监管局，各省辖市政府、济源示范区管委会、各省直管县（市）政府]

三、鼓励新型研发机构建设科技企业孵化器、专业化众创空间等孵化服务载体。对新认定的省级以上孵化服务载体，符合条件的，省财政给予一次性资金奖补。对已认定的省级以上孵化服务载体，经年度考核合格，按照其上年度服务数量、效果等量化考核结果，省财政每年给予一定的运行成本补贴。（责任单位：省科技厅、财政厅）

四、鼓励新型研发机构将科技成果优先在豫转移转化和产业化。新型研发机构科技成果在豫转移转化的，可享受我省科技成果转移转化的相关补助政策。省财政按新型研发机构上年度技术成交额，可给予其最高 10% 的后补助，最高不超过 100 万元。（责任单位：省科技厅、财政厅）

五、优先保障新型研发机构建设发展用地需求。各级自然资源部门对新型研发机构项目用地开辟"绿色"通道，采取提前介入、积极协调、主动服务、特事特办等方式给予优先保障。对新型研发机构建设用地，在年度用地计划指标中给予优先安排；符合《划拨用地目录》（国土资源部令第 9 号）的，可以划拨供应。积极采用先租后让、租让结合、弹性出让等方式向新型研发机构供应土地，对所需工业用地，符合新型产业用地条件的，享受新型产业用地政策。在符合控制性详细规划的前提下，新型研发机构确需建设配套相关设施的，可兼容科技服务设施及生活性服务设施，兼容设施建筑面积比例不得超过项目总建筑面积的 20%，兼容用途的土地、房产不得分割转让，出让兼容用途的土地按主用途确定供应方式。原制造业企业、科研机构整体或部分转型为新型研发机构的，可继续享受按原用途和土地权利类型使用土地的过渡期政策。新型研发机构利用存量工业厂房的，可按原用途使用 5 年，5 年过渡期满后，经评估认定符合条件的可再延续 5 年。（责任单位：省自然资源厅）

六、支持新型研发机构研发生产产品列入国家节能产品、环境标志产品等政府采购品目清单，享受相应优惠政策。购买使用省内新型研发机构研发的经省认定的首台（套）重大技术装备成套设备、单台设备和关键部件的，对新型研发机构和省内购买使用单位按照销售价格的 5% 分别给予奖励，最高不超过 500 万元。省内新型研发机构投保经省认定的首台（套）重大技术装备的，省财政按综合投保费率 3% 的上限及实际投保年度保费的 80% 给予补贴。（责任单位：省工业和信息化厅、财政厅）

七、支持新型研发机构承担国家重点实验室、国家技术创新中心、国家工程研究中心等国家级创新平台载体及其分支机构建设任务。对新获批的国家级创新平台载体，除按国家规定给予支持外，省财政一次性奖励 500 万元。对新型研发机构建设省重点实验室、省工程研究中心等省级科技研发创新平台的，按照相关政策规定予以奖励。（责任单位：省财政厅、科技厅、发展改革委、工业和信息化厅）

八、对符合国家规定条件的事业单位性质和科技类民办非企业性质的新型研发机构进口科学研究、科技开发和教学用品免征进口关税和进口环节增值税、消费税。省科技厅将事业单位性质的新型研发机构具体名单提供给郑州海关，郑州海关依据规定确定进口免税资质。（责任单位：省税务局、科技厅，郑州海关）

九、符合条件的新型研发机构在 2018 年 1 月 1 日—2020 年 12 月 31 日期间新购进的设备、器具，单位价值不超过 500 万元的，允许一次性计入当期成本费用，在计算应纳税所得额时扣除，不再分年度计算折旧；单位价值超过 500 万元的，可依法采取加速折旧或者缩短折旧年限的方法进行处理。（责任单位：省税务局、财政厅）

十、企业类新型研发机构在 2018 年 1 月 1 日—2020 年 12 月 31 日期间为开发新技术、新产品、新工艺发生的研发费用，未形成无形资产计入当期损益的，在按照规定据实扣除的基础上，再按照研发费用实际发生额的 75% 在税前加计扣除；形成无形资产的，按照无形资产成本的 175% 在税前摊销。（责任单位：省税务局、财政厅、科技厅）

十一、按照国家和我省法律、法规和规章相关规定，新型研发机构缴纳房产税、城镇土地使用税税款确有困难的，可向税务部门提出申请，税务部门按权限和规定办理核准。（责任单位：省税务局、财政厅）

十二、对有融资需求的新型研发机构在省内实施的科技成果转化和产业化项目，可纳入省科技投融资重点项目库。支持"科技贷"合作银行、科创类政府投资基金管理机构建立"绿色"通道，对新型研发机构相关项目进行优先尽调、优先审核。鼓励新型研发机构组建股权投资管理企业，设立天使基金、创业投资基金、产业孵化基金等。支持新型研发机构参与设立郑洛新国家自主创新示范区科技成果转化引导基金子基金。[责任单位：省科技厅、发展

改革委、地方金融监管局，河南银保监局，各省辖市政府、济源示范区管委会、各省直管县（市）政府]

十三、新型研发机构从省外引进的高层次人才符合相关扶持激励政策的，根据"从高、从优、不重复"的原则，享受住房安居、医疗保健、培训提升和子女入学等方面的优惠待遇。对其引进的外籍高层次人才在办理签证、居留、工作许可等方面开辟"绿色"通道，实行"容缺受理"，符合条件的可办理有效期 5～10 年、多次入境人才签证。[责任单位：省委组织部，省人力资源社会保障厅、科技厅、财政厅、住房城乡建设厅、卫生健康委、教育厅，省政府外办，各省辖市政府、济源示范区管委会、各省直管县（市）政府]

十四、支持高等院校、科研机构的科技人员及创新团队依法到新型研发机构兼职从事成果转化、项目合作或协同创新，兼职期间与原单位在岗人员同等享有参加职称评审、项目申报、岗位竞聘、培训、考核、奖励等方面的权利。原单位批准同意的，可携带自有科研项目和成果脱岗到新型研发机构开展创新创业或自主创办新型研发机构，5 年内保留人事关系和基本工资，并享有参加职称评审、职级晋升、社会保险等方面的权利；5 年内返回原单位的，单位按原聘专业技术职务做好岗位聘任工作。鼓励高等院校与新型研发机构建立研究生联合培养基地。（责任单位：省委组织部，省人力资源社会保障厅、教育厅）

十五、支持新型研发机构开展职称自主评审试点。面向新型研发机构实施科学研究系列、工程技术系列正高级职称评审"直通车"政策，完善业绩突出人才破格申报正高级职称的模式。科学设立新型研发机构人才评价指标，克服唯论文、唯职称、唯学历、唯奖项倾向，突出创新能力、成果转化效益、贡献业绩导向。推行代表作评价制度，注重标志性成果的质量、贡献和影响。（责任单位：省人力资源社会保障厅、教育厅）

十六、鼓励新型研发机构将拥有的科研仪器设备加入省科研设施与仪器共享服务平台，推动高等院校和科研机构仪器设备、科技文献、科学数据、中试装备等向新型研发机构开放。鼓励新型研发机构向在豫企业提供新产品研发、设计、检测、科技咨询、设施共享等科技服务。企业购买新型研发机构服务或委托新型研发机构进行技术研发所发生的支出，通过发放财政资金设立的创新券给予优先支持。对企业委托新型研发机构进行技术研发所发生的支出，纳入企业研究开发费用加计扣除政策支持范围。[责任单位：省财政厅、税务局、科技厅，各省辖市政府、济源示范区管委会、各省直管县（市）政府]

十七、各级财政资金支持新型研发机构形成的大型科研仪器设备等，由新型研发机构管理和使用。各级财政资金支持形成的科技成果和知识产权，除涉及国家安全、国家利益和重大社会公共利益外，由新型研发机构依法取得。[责任单位：省财政厅、科技厅、市场监管

局，各省辖市政府、济源示范区管委会、各省直管县（市）政府]

十八、鼓励各级政府安排资金扶持辖区内初创期新型研发机构建设发展，初创期一般为5年。建立各级联动支持机制，依据新型研发机构的创新水平、投资规模等，择优进行扶持。[责任单位：省科技厅、财政厅，各省辖市政府、济源示范区管委会、各省直管县（市）政府]

十九、完善对新型研发机构运行情况的绩效评价激励制度。根据新型研发机构绩效评价和研发经费支出等情况，可对单个省重大新型研发机构、省备案新型研发机构分别给予不超过300万元、200万元的补助；已享受其他各级财政研发费用补助的，不再重复补助。（责任单位：省科技厅、财政厅）

二十、积极培育鼓励创新、崇尚创业、宽容失败的创新创业文化。建立健全激励创新、允许失误、尽职免责的容错机制，有关单位和个人在新型研发机构建设中出现偏差失误，但未违反党纪法规，勤勉尽责、未谋私利并能够及时纠错改正的，视情况从轻、减轻或免于追究相关责任。[责任单位：省审计厅、科技厅，各省辖市政府、济源示范区管委会、各省直管县（市）政府]

山西省

关于印发《省新型研发机构认定和管理办法（试行）》的通知

晋科发〔2021〕38号

各市科技局，山西转型综改示范区、长治高新区，有关单位：

为进一步引导和规范山西省新型研发机构建设发展，省科技厅制定了《省新型研发机构认定和管理办法（试行）》，现予印发，请遵照执行。

附件：省新型研发机构认定和管理办法（试行）

省新型研发机构认定和管理办法
（试行）

第一章　总　则

第一条　为深入实施创新驱动、科教兴省、人才强省战略，打造一流创新生态，按照科技部《关于促进新型研发机构发展的指导意见》（国科发政〔2019〕313号）和省委办公厅、省政府办公厅《关于加快建设新型研发机构的实施意见》等文件精神，进一步引导和规范山西省新型研发机构建设发展，特制定本办法。

第二条　本办法所称新型研发机构是指在山西省内注册设立并运营，聚焦科技创新需求，主要从事科学研究、技术创新和研发服务，投资主体多元化、管理制度现代化、运行机制市场化、用人机制灵活的独立法人机构，可依法注册为科技类民办非企业单位（社会服务机构）、事业单位和企业。

第三条　新型研发机构应当具备科学自主的创新组织模式、高效协同的科技攻关优势、市场导向的成果转化链条、灵活有效的人才激励机制、多元持续的资金投入保障，面向我省战略性新兴产业集群和基础产业升级重点领域，开展基础研究、应用基础研究、产业共性关键技术研发、科技成果转移转化以及研发服务等活动。

第四条　发展新型研发机构，坚持"谁举办、谁负责，谁设立、谁撤销"。举办单位（业务主管单位、出资人）应当为新型研发机构管理运行、研发创新提供保障，引导新型研发机构聚焦科学研究、技术创新和研发服务，避免功能定位泛化，防止向其他领域扩张。

第五条　省科技厅负责指导推动全省新型研发机构建设发展，组织开展省级新型研发机构申报、认定、绩效评价和动态管理，制订并发布有关政策文件。省级行业主管部门和各市可聚焦基础产业、新兴产业和未来产业培育发展，建设一批具备仪器、装备、场地等必要条件，实质性开展研究开发、成果转化、衍生孵化和技术服务等工作的地方（行业）类新型研发机构。

第二章　认定条件与程序

第六条　山西省省级新型研发机构分为山西省新型研发机构和山西省高端新型研发机构。

第七条　山西省新型研发机构应具备以下条件：

（一）具备独立法人资格。申报单位须是在山西省内注册或登记的具有独立法人资格的企业、事业单位和科技类民办非企业单位（社会服务机构），主要办公和科研场所均设在山西省，注册或登记后运营 1 年以上。

（二）具备一定的研发条件。具备研究、开发和试验所需要的仪器、装备和固定场地等基础设施，办公和科研场所不少于 500 平方米；拥有必要的测试、分析手段和工艺设备，且用于研究开发的仪器设备原值不低于 200 万元。

（三）具有稳定的研发人员和研发投入。常驻研发人员占职工总数比例不低于 30% 且不少于 10 人，上年度研究开发经费支出占年收入总额比例不低于 30% 且不低于 100 万元。

（四）实行灵活开放的体制机制。具有灵活的人才激励机制、开放的引人和用人机制；具有现代化的管理体制，拥有明确的人事、薪酬和经费管理等内部管理制度；建立市场化的决策机制和高效率的科技成果转化机制等。

（五）发展方向明确。面向我省战略性新兴产业集群和基础产业升级的重点领域，以开展产业技术研发活动为主，具有清晰的发展战略和明确的研发方向，在基础研究、应用基础研究、产业共性关键技术研发、科技成果转移转化以及研发服务等方面特色鲜明，具备产业服务支撑能力。

（六）具有相对稳定的研发经费来源。主要包括出资方投入，技术开发、技术转让、技术服务、技术咨询收入，政府购买服务收入以及承接科研项目获得的经费等。

（七）近一年内未出现违法违规行为或严重失信行为。

主要从事生产制造、教学培训、园区管理等活动，以及单纯从事检验检测活动的单位原则上不予受理。

第八条　山西省高端新型研发机构在符合山西省新型研发机构申报条件的基础上，需进一步满足以下条件：

（一）高标准战略定位。面向世界科技前沿，聚焦国家和我省重大发展战略需求，积极探索原始创新到产业化的新模式，开展前瞻性、引领性科学技术研究和关键共性技术攻关，具备承担国家和省级重大科研项目的能力。

（二）高层次人才团队。机构负责人或科研带头人一般应为省级及以上高层次人才；机构研发人员数量不少于50人，具有硕士、博士学位或高级职称人员的比例不低于50%，常驻研发人员不低于20人且占机构总人数的40%以上。

（三）高强度的研发投入。上一年度研究开发经费投入不低于1000万元。

（四）完善的研发基础条件。拥有先进的仪器设备，科研用房建筑面积一般不低于2000平方米，科研仪器设备原值不低于1000万元。

（五）掌握核心技术。在重点产业领域取得1项及以上可自主自控的重大原创性科研成果。

第九条　省级新型研发机构申报认定程序如下：

（一）自评申报。省科技厅发布申报通知，对照本办法和申报通知，自评符合申报条件的单位在规定时间内按要求完成申报，并提交至推荐单位。

（二）审核推荐。各市科技行政主管部门及国家级高新区为本辖区推荐单位，对申报单位的申报材料真实性完整性进行审查，并对符合要求的申报单位提出推荐意见，出具推荐函，与申报材料一并提交至省科技厅。

（三）评审论证。评审论证包括网络评审、会议评审、现场考察等多种形式。省科技厅按照有关规定，提出评审标准和要求，组织专家进行评审论证，根据评审论证意见视实际情况选择部分申报单位进行现场考察。具备条件的设区市和国家级高新区可申请在省科技厅指导下开展本辖区内的评审论证工作。

（四）结果公示。省科技厅根据专家评审论证意见及现场考察情况提出认定意见，并在省科技厅网站进行公示。

（五）审定发布。对公示无异议的申报机构，由省科技厅统一发文公布。

第十条　对省委省政府决定重点支持的机构或我省产业发展急需的机构，省科技厅可根据需要按照"一事一议"的原则，单独组织论证。

第三章　支持政策

第十一条　省级新型研发机构可按要求申报各类国家和省级科技项目、创新基地和人才计划。省科技厅定向征集重大科技项目需求，符合条件的可依照相关规定通过委托方式支持其牵头承担省级重点研发计划项目；对承担国家重大科研项目的，按规定给予相应补助。

第十二条　根据绩效评价和研发经费实际支出等情况，对省级新型研发机构按周期持续给予补助，已享受其他各级财政研发费用补助的，不再重复补助。

第十三条　省级新型研发机构科技成果在晋转移转化的，可享受我省科技成果转移转化的相关补助政策；省财政按上年度技术成交额，可依照相关规定给予其最高 10% 的后补助，最高不超过 100 万元。

第十四条　可依照科技部和我省出台的相关文件精神享受相应扶持政策。

第四章　评价和管理

第十五条　经认定的省级新型研发机构有效期为 3 年。从获得资格年度起的 3 个自然年内，可享受与新型研发机构有关的政策扶持。

第十六条　省级新型研发机构实行动态管理，在 3 年资格期满前，省科技厅委托第三方机构进行绩效评价，评价合格的继续获得 3 年省级新型研发机构资格，评价不合格的予以 6 个月整改期，整改后仍不合格的，取消其资格。

第十七条　省科技厅建立全省各类新型研发机构统计评价体系，纳入创新调查和统计调查制度实施范围，重点围绕科研设施条件建设、研究开发、成果转化、人才聚集和企业孵化等方面评价分析，统计数据作为认定和绩效评价的重要参考。

第十八条　获得财政专项资金资助的省级新型研发机构，须遵守财政、财务规章制度和财经纪律，自觉接受监督检查。专项资金实行专账核算、专款专用，并纳入研发投入统计。

第十九条　省级新型研发机构发生名称变更、投资主体变更、重大人员变动等重大事项变化的，应在事后两个月内以书面形式向省科技厅报告，省科技厅进行资格核实后，维持有效期不变。如不提出申请或资格核实不通过的，取消其省级新型研发机构资格。

第二十条　有下列情况之一的，撤销省级新型研发机构资格：

（一）重大事项变更导致资格失效的；

（二）绩效评价结果为不合格的；

（三）逾期未报送绩效评价材料的；

（四）提供虚假材料和数据经核实严重影响评价结果的；

（五）因严重违法行为受到刑事、行政处罚的；

（六）因其他严重失信行为被纳入社会信用"黑名单"的；

（七）机构法人资格被依法终止的。

第二十一条 被撤销省级新型研发机构资格的，自撤销之日起，两年内不得再次申请认定省级新型研发机构。

第五章 附 则

第二十二条 省直行业主管部门、各市、各国家级高新区可参照本办法制定相关实施细则，开展本行业本级新型研发机构认定管理与绩效评价等工作。

第二十三条 本办法由省科技厅负责解释，自 2021 年 6 月 1 日起实行，有效期两年。

辽宁省

关于印发《辽宁省新型创新主体建设工作指引》的通知

辽科创办发〔2019〕3 号

省科技创新工作领导小组各成员单位，各市人民政府，各有关单位：

《辽宁省新型创新主体建设工作指引》已经省科技创新工作领导小组同意，现印发给你们，请结合实际推进落实。

辽宁省科技创新工作领导小组办公室

2019 年 5 月 9 日

辽宁省新型创新主体建设工作指引

为贯彻落实《辽宁省关于以培育壮大新动能为重点激发创新驱动内生动力的实施意见》（辽委办发〔2018〕130 号），加快培育适应市场发展方向的新型创新主体和创新机制，推进瞪羚独角兽企业、新型研发机构、大企业平台化和离岸创新中心（域外创新中心）等四类新型创新主体建设，结合我省发展实际，特制定本工作指引。

一、总体思路和目标

牢牢把握高质量发展的总方向，以全省高新区和沈大自创区为主要载体，加快推进瞪羚独角兽企业、新型研发机构、大企业平台化和离岸创新中心（域外创新中心）等新型创新主体建设。新型创新主体应坚持高起点、高标准和高水平建设，强化顶层设计和系统谋划，围绕主导产业和新兴产业，加快培育瞪羚独角兽企业，布局建设新型研发机构，推进大企业平台化发展，建设一批离岸创新中心和域外创新中心。强化各类创新主体整合融通功能，盘活科技创新资源，打通产业创新链条，全面激发全省创新创业及经济活力。

到 2020 年，全省培育瞪羚、独角兽企业 100 家；推进有条件的龙头企业、高校院所牵头组建新型研发机构 30 家；建设集成创新能力强、快速增长的平台型大企业 20 家；指导科技园区、企业设立离岸创新中心和域外创新中心 10 家。到 2025 年，在全省打造若干具有竞争力的新兴产业，形成完善的企业梯度培育机制，培育瞪羚、独角兽企业达 300 家；组建新型研发机构达 100 家；建设平台型大企业达 50 家；设立离岸创新中心和域外创新中心达 20 家。经过努力，将新型创新主体打造成为我省新旧动能转换、激发创新驱动内生动力的重要力量。

二、功能定位

（一）瞪羚独角兽企业：瞪羚独角兽企业是新兴产业发展的生力军。瞪羚企业是成长速度快、创新能力强、发展前景好、科技含量高的成长型企业，包括瞪羚企业和潜在瞪羚企业；独角兽企业是具有颠覆式创新、爆发式成长、竞争优势突出、未来价值较大的创新型企业，包括独角兽企业、潜在独角兽企业、种子独角兽企业。

（二）新型研发机构：新型研发机构是集聚高端研发资源、促进科技成果转移转化、培育孵化科技型企业的重要载体，它是由企业或高校院所牵头，采用多元化投资、企业化管理和市场化运作，主要从事科学研究与技术开发及相关的技术转移、衍生孵化、技术服务等活动的独立法人机构。

（三）大企业平台化：大企业平台化是大企业在新技术应用、新模式运营、新业态培育等方面的功能体现，它是大企业通过组建研发众包平台、人工智能及大数据服务平台、新型研发机构、专业化众创空间、营销服务平台，开放新技术应用场景、设立战略投资基金等方式孵化企业或带动关联企业发展，由产品和服务的生产者、交付者转变成为行业资源的整合者、链接者。

（四）离岸创新中心和域外创新中心：离岸创新中心和域外创新中心是各地区吸纳国内外创新资源的区域创新平台，是以创新国际化及开放创新为导向，具备技术转移、项目孵化、招才引智、资源对接等四大功能，帮助园区及企业走出去，了解国内外前沿信息，对接国内外先进地区技术、人才及管理经验。离岸创新中心是指位于境外创新高地的区域创新平台，域外创新中心是指位于本地区以外的国内创新高地的区域创新平台。

三、建设条件

（一）瞪羚独角兽企业

1. 在辽宁省内注册三年以上且实地经营，财务制度健全、实行独立核算的企业。

2. 行业性质：符合辽宁省产业发展方向，且不属于烟草、铁路、矿产资源、公用事业、房地产、基础建设、银行、保险、传统商贸等垄断型、资源型行业。

3. 企业性质：非大型央企、国企、外企的生产基地、分公司、销售公司、贸易公司等。

瞪羚企业：

瞪羚企业是指快速成长、营收或人员增长率及科技活动投入强度达标的企业。瞪羚企业的建设，须同时满足"规模效益指标"和"创新门槛指标"。

1. 规模效益指标（可符合其中之一）

（1）企业成立时间不超过 15 年，三年年均收入复合增长率不低于 20%，其中首年总收入超过 1000 万元，且上年度正增长；或三年年均雇员复合增长率不低于 30%，其中首年总雇员数超过 100 人，且上年度正增长。

（2）企业成立 10 年内，总收入超过 10 亿元，且近 3 年收入无大幅度下降。

（3）企业成立 5 年内，总收入超过 5 亿元，且近 3 年收入无大幅度下降。

2. 创新门槛指标（可符合其中之一）

（1）近四年平均科技活动投入强度（即科技活动投入经费占营业收入的比例）大于 2.5%。

（2）筛选条件 A：仅有上年度总收入数据的企业，上年度总收入大于 5 亿元且成立时间不超过 8 年。条件 B：有效数据两年以上的企业，上年度总收入大于 1 亿元且近两年复合增长率大于 30%。

独角兽企业：

独角兽企业是指具有平台、跨界等属性，且获得过较大数额私募投资的未上市企业。具体条件如下：

1. 属于新技术、新产业、新业态和新模式等四新领域；具有跨界属性，即承载两个以上产业的功能；具有平台属性，即以平台为业务形态；具有自成长属性，即业务在平台上自发产生并发展。

2. 获得过私募投资，且尚未上市。

3. 成立时间不超过 10 年，最近一轮融资后，企业估值超过 10 亿美元。

（二）新型研发机构

1.具备独立法人资格。新型研发机构应为在辽宁省内注册运营的独立法人机构，主要办公和科研场所设在辽宁省内，具有一定的资产规模和相对稳定的资金来源。可由政府部门、产业园区、高校、科研院所、企业及社会组织等主体自建或联合建设，鼓励人才团队控股。

2.具有明确的发展方向。围绕辽宁省经济发展需求，具有明确的发展方向和战略规划。在前沿技术研究、产业关键共性技术研究、科技成果转化、科技企业孵化培育、高端人才集聚等方面具有鲜明特色与成效。

3.具有灵活开放的体制机制。具有现代化的管理体制，拥有明确的人事、薪酬和经费管理等内部管理制度。建立市场化的决策机制和高效率的科技成果转化机制等。具有灵活的人才激励机制，拥有市场化的薪酬机制、企业化的收益分配机制、开放的引人和用人机制。

4.具有稳定的研发人员和科研课题成果来源。常驻研发人员占职工总数比例不低于30%，上年度研究开发经费支出占年收入总额比例不低于30%，具备开展研究、开发和试验所需的科研设施、科研仪器以及固定场地。

5.具有明显运营成效。主持或担任国家、省、市技术攻关项目的能力和经验，年受理专利数不少于10项，其中发明专利受理数不少于3项，每年至少有1项以上重大科技成果产业化；年引进孵化科技型企业2家以上，或合同开发、科技服务收入达到200万元以上，且年度企业服务收入占比不低于30%。

（三）大企业平台化

1.在辽宁省内注册三年以上且实地经营，财务制度健全、实行独立核算的企业。

2.在行业细分领域内排名靠前。

3.明确采取组建新型研发机构、搭建专业化众创空间、搭建研发众包平台、搭建营销服务平台、搭建人工智能及大数据服务平台、开放新技术应用场景、设立战略投资基金等方式孵化及带动周边科技型企业发展。

4.孵化10家以上的科技型企业，其中，国家级高新技术企业不少于2家；或者带动30家以上区内关联科技型企业生态化发展。

（四）离岸创新中心和域外创新中心

1.建设主体包括园区管委会下属平台公司、孵化器、平台型大企业和新型研发机构等主体，且在辽宁省内注册的独立法人单位。

2.在本地区外拥有稳定长期的土地、房屋产权或租约；制定投资建设、日常运营、经费来源、项目入驻、海内外联动机制、人员招聘与激励等相关制度。

3. 在吸引集聚国内外创新资源和高层次人才及团队、引进转化国内外先进技术成果、引入国内外创新载体、帮助区内企业或科研机构在国内外获取创新资源等方面有明确目标及方案；具有联系国内外科技团体和科技人员的稳定渠道。

4. 入驻或联系不少于 10 个计划到本地区发展的科技项目；入驻不少于 5 家本地区科技企业的研发中心和设计中心等；协助不少于 20 家本地区科技企业链接境外或域外技术、人才等资源。

四、组织服务

（一）组织领导

建立省市区协同推进新型创新主体工作体系，整合财政、税收、金融、土地、人才等资源，支持新型创新主体发展。各市级科技主管部门、各高新区管委会和沈大自创区相关管理部门要结合实际，建立工作推进机制，明确责任分工，制定扶持政策和专项资金，加快推进新型创新主体培育工作。

（二）备案管理

加大推动新型创新主体力度，省科技管理部门采取备案制对四类新型创新主体进行管理。备案流程如下：

1. 由市级科技主管部门指导本地区四类新型创新主体建设工作。条件成熟时可组织省级新型创新主体备案申报工作，并进行形式审查后择优向省科技管理部门推荐。

2. 省科技管理部门对以公函形式报送的新型创新主体的申报材料，按照有关标准和条件审核后确定备案名单，向社会予以公布。

（三）绩效评价

省科技管理部门按照新型创新主体建设规律，进行绩效评价，评价结果作为备案和政策支持的依据。各市级科技主管部门、各高新区管委会和沈大自创区相关管理部门要加大服务力度，及时总结新型创新主体建设的成功经验，塑造一批品牌载体，营造良好舆论氛围。

五、政策扶持

（一）大力支持新型创新主体建设。省科技计划优先支持新型创新主体承担的科技项目，重点支持创新平台建设、人才引进培育、科技研发投入、关键技术攻关等内容。

（二）加大培育瞪羚独角兽企业力度，优先推荐瞪羚独角兽企业融资上市。对于入选的辽宁省独角兽企业、瞪羚企业，根据企业科技创新活动开展情况，择优给予后奖补支持，各市政府给予配套支持。

（三）支持全省高新区围绕主导产业集群建设新型研发机构。高新区要优先保障新型研发机构的建设用地和相关配套设施。对产业支撑作用明显的新型研发机构，根据成果转化及孵化科技型企业的成效，给予奖补支持。

（四）支持大企业开展平台化建设工作，根据企业内部创业和生态圈企业的孵化情况，给予补助支持，支持大企业平台化发展，形成科技创新与产业发展溢出效应。

（五）支持离岸创新中心和域外创新中心建设，根据入驻项目和引进技术、人才等情况，给予奖补支持。对其引进的人才（团队），及时兑现相关优惠政策，优先支持申报"兴辽英才计划""关于推进人才集聚的若干政策"等人才政策。对引进的外籍人员实行绿卡制度。

（六）组织成立新型创新主体创新联盟，结合瞪羚独角兽企业、新型研发机构等需要，提供特定主题的培训服务，开展学习交流、金融对接等活动，组织参加国际性产业大会、境内外展会，引导瞪羚独角兽企业、新型研发机构等国际化发展。

浙江省

浙江省人民政府办公厅关于加快建设高水平新型研发机构的若干意见

浙政办发〔2020〕34号

各市、县（市、区）人民政府，省政府直属各单位：

新型研发机构主要从事科学研究、技术创新和研发服务，具有投资主体多元化、管理制度现代化、运行机制市场化、用人机制灵活的特征，是国家重点支持发展的创新载体。为加快建设高水平新型研发机构，提升创新体系整体效能，推动高水平创新型省份建设，打造新时代全面展示中国特色社会主义制度优越性重要窗口的标志性成果，经省政府同意，现提出如下意见。

一、总体要求

（一）指导思想。以习近平新时代中国特色社会主义思想为指导，深入贯彻党中央、国务院关于强化战略科技力量建设和"补短板、建优势、强能力"的重大决策部署，落实省委十四届七次全会精神和创新强省、人才强省工作导向，建设高水平新型研发机构，优化科研力量布局和创新要素配置，探索创新基础设施建设新型体制机制，加强关键核心技术攻关，提升自主创新能力，促进创新链、产业链、资金链紧密结合，加快构建具有全球影响力、全国一流水平和浙江特色的全域创新体系。

（二）发展目标。瞄准世界科技前沿和我省"互联网＋"、生命健康、新材料等三大科技创新高地建设，紧扣传统产业升级和未来产业培育发展，省市县三级联动、梯度培育，打造既能解决基础研究的关键核心问题，又能为产业创新提供科技支撑的高水平创新载体。到2022年，建设新型研发机构300家，其中省级100家，引进一流创新人才和团队300名（个），集聚科研人员30 000名，在重点领域取得一批重大原创性科研成果，攻克一批关键核心技术，转化一批重大科研成果，新型研发机构研发经费支出占科研机构总支出的比重超过40%。

到2025年，建设新型研发机构500家，其中省级150家，引进一流创新人才和团队500

名（个），集聚科研人员 50 000 名，在十大标志性产业链和重点领域实现全覆盖，新型研发机构研发经费支出占科研机构总支出的比重超过 60%，推动全省研发经费支出中基础研究的比重达到 8%，培育国家重点实验室、技术创新中心等国家级创新载体 20 家以上，打造一批覆盖科技创新全周期、全链条、全过程的高水平创新平台，有力推动高水平创新型省份建设。

二、标准条件

新型研发机构实行政府引导、高校科研机构或企业等社会资本共同参与的多元化投入机制，探索理事会（董事会）决策、院所长（总经理）负责的现代化管理机制，构建需求导向、自主运行、独立核算、不定编制、不定级别的市场化运行方式，形成人员招聘自主化、薪酬激励市场化、收益分配企业化的引人用人机制，依法注册为科技类民办非企业单位（社会服务机构）、事业单位或企业等独立法人机构。

（一）省级新型研发机构。面向世界科技前沿，聚焦国家和我省重大发展战略需求，积极探索原始创新到产业化的新模式，开展前瞻性、引领性科学技术研究和关键共性技术攻关，具备承担国家和省级重大科研项目的能力。原则上年均科研经费投入不少于 2000 万元；科研人员不少于 80 人，具有硕士、博士学位或高级职称的比例不低于 80%；办公和科研场地面积不少于 3000 平方米，科研仪器设备原值不低于 2000 万元。

（二）地方新型研发机构。市、县（市、区）聚焦地方新旧动能转换、块状经济转型升级和未来产业培育发展，建设一批具备仪器、装备、场地等必要条件，实质性开展研究开发、成果转化、衍生孵化和技术服务等工作的新型研发机构。具体标准条件由市、县（市、区）制定。

三、建设方式

通过发挥市场决定性作用和更好发挥政府作用，优化创新要素配置，按照引进共建一批、优化提升一批、整合组建一批、重点打造一批的方式，建设高水平新型研发机构，进一步加大对一流创新人才团队的吸引力，激发科研人员的创新活力，增强产业发展带动力，打通基础研究到成果转化的创新链条，支撑产业基础高级化和产业链现代化。

（一）引进共建一批。吸引国内外一流高校、科研机构或高层次人才团队、国家级科研机构、中央企业和地方大型国有企业、世界 500 强企业和外资研发型企业来浙设立新型研发机构，或与省内高校、科研机构等联合组建新型研发机构。到 2022 年引进共建新型研发机构 100 家，到 2025 年达到 150 家。

（二）优化提升一批。支持高校、科研机构、重点实验室、工程研究中心等开展体制机制和治理模式创新，向新型研发机构转型。推动省级重点企业研究院、产业创新服务综合体等向高水平新型研发机构提升。到2022年优化提升新型研发机构180家，到2025年达到300家。

（三）整合组建一批。以学科融合发展、产业链补链强链、区域协同联动为着力点，以重大科研项目为牵引，对全省研究方向相近、关联度较大、资源相对集中的研发机构进行优化整合，形成一批创新资源和科研优势叠加的新型研发机构。支持优势企业或科研机构牵头，整合相关领域的高校、科研机构和企业创新资源，联合建设新型研发机构，打造创新联合体。到2022年整合组建新型研发机构20家，到2025年达到50家。

（四）重点打造一批。围绕我省重大战略性新兴产业发展和传统产业转型升级重点领域的技术需求，在省级新型研发机构中择优打造一批国内一流、国际领先的标杆型新型研发机构，建设世界一流的科研平台，集聚战略性科技创新领军人才和高水平创新团队，抢占全球科技创新制高点。到2022年打造标杆型新型研发机构10家，到2025年达到20家。

四、工作任务

（一）构建多元创新投入体系。坚持市场导向，完善多元化投入和产权组合机制，在举办方投入的基础上，吸引企业、金融与社会资本、高校、科研机构等共同投入，通过建立基金会、接受社会捐赠、设立联合基金、探索技术入股、开展成果交易等方式拓宽资金来源渠道，通过技术开发、技术转让、技术服务、技术咨询、承接科研项目等扩大收入来源。

（二）集聚一流创新人才团队。坚持人才导向，充分发挥市场机制在人才流动配置中的决定性作用，建立与创新能力和绩效相结合的收入分配机制，通过全职聘用、"双聘双挂"、合作研究等多种形式集聚全球顶尖人才、科技领军人才和青年人才，完善人才考核评价机制，营造人尽其才、才尽其用的良好氛围。

（三）承担重大科研攻关任务。坚持需求导向，紧扣我省万亿产业培育发展、先进制造业十大标志性产业链和"415"产业集群培育及传统产业升级的创新需求，强化原始创新能力，承担各级各类重大科研任务，开展关键共性技术、前沿引领技术、现代工程技术、颠覆性技术攻关，努力实现关键核心技术自主可控，掌握创新和发展的主动权。

（四）打造协同联动创新体系。坚持协同导向，强化与高校、科研机构、企业等创新主体的交流合作、协同攻关，跨领域、跨单位整合创新资源，探索相近领域的新型研发机构组建科创联盟，推动多部门、多单位、全链条协同创新，打造优势互补的创新共同体，支持新产业新业态新模式发展。

（五）畅通科技成果转化通道。坚持成果导向，开展以应用为导向的基础研究，取得具有引领性的重大标志性成果和原创性技术突破。建立科技成果转化激励机制，全面落实科技成果转化奖励、股权分红激励、所得税延期缴纳等政策措施，健全职务科技成果产权制度，推动科技成果转移转化产业化。

（六）深度融入全球创新网络。坚持开放导向，与国内外知名高校、科研机构、优势企业通过人才交流、合作攻关、共建平台等方式开展合作交流和资源对接。探索在创新大国、关键小国设立国际联合实验室、海外研发机构和创新孵化中心，引进转化一批重大科研成果。积极参与大科学计划与工程，共建"一带一路"国际合作平台，构建开放共享的创新创业生态。

五、政策支持

（一）深化管理创新。省级新型研发机构纳入省属科研院所管理序列，享受各类科技计划、科技成果转化收入分配、进口科教用品免税等政策。省级新型研发机构由省级有关单位和市、县（市、区）政府组织建设，经省科技厅委托第三方专业机构评估，符合条件的予以公布。省政府重点引进和建设的，可按省级新型研发机构管理。

（二）加大财政支持。省政府重点引进和建设的省级新型研发机构，通过专题研究的方式，由省市县联动支持。鼓励省外中央企业、地方大型国有企业、世界500强企业来我省设立研发总部和研发机构，从事竞争前技术研发，省财政对符合条件的给予最高3000万元支持。对第三方绩效评价优秀的省级新型研发机构，省财政根据上年度非财政经费支持的研发经费支出给予适当补助，已有专门支持政策的不再享受。鼓励重点产业集群龙头企业牵头组建新型研发机构，市、县（市、区）政府给予适当支持。

（三）加强科研支持。支持新型研发机构申报各类国家和省级创新平台、科研项目和人才团队。省科技厅对省级新型研发机构定向征集重大科技项目需求，符合条件的可通过择优委托方式支持其牵头承担省级重点研发计划项目；对承接国家重大科研项目的，按规定给予相应补助。支持各类创新平台载体向新型研发机构开放共享科研仪器设备、数据资料等科技资源。鼓励高校、科研机构与新型研发机构开展协同创新和研究生联合招生、培养。

（四）激发创新活力。赋予符合条件的省级新型研发机构相应级别职称评审权。支持高校、科研机构科研人员到省级新型研发机构兼职开展研发和成果转化，获得的职务科技成果转化现金奖励不计入本单位绩效工资总量。按规定带项目或成果离岗到省级新型研发机构工作，返回原单位时工龄连续计算，待遇和聘任岗位等级不降低。省级新型研发机构聘用的海外高端人才可不受年龄、学历和工作经历限制。各地应为当地新型研发机构高层次人才提供停居留、落户、医疗、社会保险、人才安居、子女入学等方面的便利，形成政策叠加效应。

（五）扩大基金支持。各类政府基金优先支持新型研发机构成果转移转化产业化或孵化的科技型企业创新发展。省创新引领基金设立子基金或通过已设基金采取市场化方式投资新型研发机构创新创业项目。省级新型研发机构项目纳入省创新引领基金项目库。

（六）强化要素保障。新型研发机构自建科研用地，由市、县（市、区）优先安排土地利用计划指标，对符合条件的优先列入省重大产业项目、省市县长项目，优先保障用地需求；对符合划拨用地目录的，可采用划拨方式供地。在符合规划的前提下，鼓励企业利用自有存量工业用地或厂房举办科研机构，经批准后可暂保留其工业用地用途，但应按规定缴纳国有土地收益金。对购置、租用办公场地的研发总部，有条件的市、县（市、区）可按规定给予购置、租房、装修补助。

六、保障措施

（一）加强组织领导。省科技厅统筹指导全省新型研发机构建设工作，省级有关单位和市、县（市、区）政府要积极引进国内外一流高校、科研机构、企业或高层次人才团队，大力推进新型研发机构建设，协调解决发展过程中遇到的问题。发挥相关地方和部门优势，统筹布局、汇聚资源，指导推动有优势、有条件的科研力量参与新型研发机构建设。

（二）加强绩效管理。建立优胜劣汰、有序进出的动态管理机制。省科技厅以3年为周期，委托第三方专业机构对省级新型研发机构开展绩效评价，按照不超过10%的比例确定绩效评价优秀等级，给予相应政策支持；绩效评价等级为不合格的，第一年给予警告并限期整改，整改未通过或连续2年不合格的予以退出。各地政府负责本级新型研发机构的绩效评价和管理。

（三）加强诚信建设。按照"谁举办、谁负责"的原则，落实新型研发机构科研诚信建设主体责任，进一步加强科研诚信建设。对严重违背科研诚信、科研伦理要求的坚决予以退出，由科技部门记入科研失信记录，3年内不得再次申报，并按规定视情追回责任单位和责任人所获利益。

本意见自2020年9月1日起施行。

浙江省人民政府办公厅

关于印发《宁波市产业技术研究院建设专项行动计划》的通知

甬自创办〔2019〕6号

各有关单位：

为贯彻落实市委、市政府"六争攻坚、三年攀高"的决策部署，高质量建设我市产业技术研究院，引领支撑"246"产业集群发展，现将《宁波市产业技术研究院建设专项行动计划》印发给你们，请认真贯彻执行。

附件：宁波市产业技术研究院建设专项行动计划

宁波市推进国家自主创新示范区建设工作领导小组办公室

2019年11月14日

宁波市产业技术研究院建设专项行动计划

根据《关于推进科技争投　高质量建设国家自主创新示范区的实施意见》（甬党发〔2018〕52号）、《关于加快产业技术研究院发展改革的若干意见》（甬党改〔2019〕6号）等精神，为高质量建设产业技术研究院（以下简称"研究院"）引领支撑"246"产业集群发展，特制定本行动计划。

一、发展目标

围绕我市重点产业创新发展需求，以关键技术研发与产业化应用为目的，整合创新资源，创新体制机制，建设提升一批"能级平台高端、方向定位准确、产出成果丰富、人才集聚高效、体制机制灵活、产业支撑有力"的产业技术研究院。到2022年，累计全市研究院达到80家，引进高端创新人才（团队）超过300个，攻克关键核心技术200项，研制战略性产品100个，孵化培育高新技术苗子企业超过100家。

二、重点任务

（一）推进存量研究院做大做强

1. 支持研究院建设高能级平台

聚焦"246"产业集群发展，在新材料、新能源、生物技术、智能装备等领域，依托研究院建设甬江实验室。积极对接国家相关部委，在海洋新材料、新能源汽车、工业互联网等领域，争创国家重点实验室、国家创新中心等国家级创新平台。到2022年，建设甬江实验室4家，争创国家级创新平台3家。（牵头单位：市科技局；配合单位：市发改委、市经信局）

2. 推动研究院开展重大研发和转化项目

鼓励研究院立足功能定位，面向"246"产业集群和未来产业，开展关键技术攻关、应用技术集成、战略产品研制等技术创新，承担市级以上重大科技创新任务。鼓励研究院主动谋划重大科研任务，试行以定向委托方式予以支持。到2022年，每家研究院每年至少承担2项省级以上项目，2018年以后引进建设的研究院至少承担1项国家重大项目。（牵头单位：市科技局；配合单位：市发改委、市经信局）

3. 推动研究院孵育科技型企业

聚焦细分领域，推动研究院建设专业化众创空间、孵化器；引导研究院和我市众创空间、孵化器、加速器合作，推进"孵化—加速—招商—基金"一体化发展。到2022年，全市依托研究院建设的专业化众创空间、科技企业孵化器达到20家，其中省级以上达到5家。鼓励研究院建立全方位完善的"拎包入住"创业孵化条件，以自建、合作方式，建立与研究院孵化配套的产业园。鼓励研究院联合市天使投资引导基金、市创业投资引导基金等，设立科创孵化基金、成果转化基金。到2022年，研究院每年孵化企业数量达到100家。（牵头单位：市科技局；配合单位：市发改委、市经信局、市财政局、市金融办、市银保监局）

4. 推进研究院集聚创新人才

优化研究院人才结构，加快引进国内外院士、知名科学家等顶尖人才，高端创新人才（团队）以及复合型经验管理人才等。到2022年，新引进院士等顶尖人才超过10个，累计引进高端创新人才（团队）超过300个。鼓励研究院建立完善特色研究生院，推动研究院积极争取母校在甬硕士、博士招生名额，开展人才培养和培训，探索开展全日制学历教育。引导建立博士后科研工作站、博士后创新实践基地，完善基于研究院的校企联合培养模式。到

2022年，培养硕博士超过3000名。[牵头单位：市委人才办；配合单位：市教育局、市人力社保局、市科技局、区县（市）人民政府、开发园区管委会]

（二）新引进建设一批研究院

5.增强研究院引进的针对性和前瞻性

围绕"246"产业集群，开展关键核心技术与企业技术难题梳理，明确重点领域研究院布局需求，为研究院引进建设提供方向。绘制研究院资源地图，精准引进与宁波产业匹配性高、排名全国乃至全球前三位的研究院，做好研究院"补缺"工作，形成每个"246"产业集群产业都有研究院支撑的局面。在半导体、储能材料、先进能源、海洋药物等细分领域，主动对接中国科学院、中国工程院及北京大学等"国家队"，引进建设北京大学宁波海洋药物研究院等高水平研究院。到2022年，新增高水平研究院10家。[牵头单位：市科技局；配合单位：区县（市）人民政府、开发园区管委会]

6.布局建设一批设计类研究院

面向文体、纺织服装、智能家电等领域，依托产业创新服务综合体，引进培育设计类研究院，推动企业与高校院所联合建设一批创意设计中心。到2022年，新增设计类研究院5家。[牵头单位：市经信局、市科技局；配合单位：区县（市）人民政府、开发园区管委会]

7.引导支持龙头企业牵头建设研究院

面向汽车制造、新材料、智能制造等领域，支持行业龙头企业联合外部投资机构等创新资源，牵头组建一批面向产业关键共性技术研发与孵化的研究院。按照"企业牵头、校企联动"模式，鼓励企业与高校院所共建研究院，开展产业关键共性技术研发。引导行业龙头企业加快向平台化转型，推动内部研发部门法人化运作。到2022年，由行业龙头企业牵头建设的研究院累计达到20家。[牵头单位：市科技局；配合单位：区县（市）人民政府、开发园区管委会]

（三）增强研究院服务供给能力

8.推进建设研究院集聚区

按照统筹共享的发展思路，在创新资源丰富的区域，谋划建设研究院集聚区，布局实验室、中试场地（中试生产线与孵化器）、重大科研基础设施、研究院以及人才公寓、生活配套设施等，形成"科研、办公、孵化、生活"一体的全生态集聚区。到2022年，力争集聚区完成各功能板块重点楼宇建设，形成全生态服务，打造研究院集群效应。（牵头单位：甬江科创大走廊指挥部；配合单位：市科技局、市发改委、市经信局、市自然资源规划局、市住建局）

9. 推进中间试验平台建设

在研究院集聚区核心区块，谋划建设极端环境材料研究联合装置、中试试验场地与检验检测平台等重大科研基础设施。推动建设科技文献资源平台、数据中心等公共科技服务平台。在前湾新区，面向汽车制造产业，建设智能驾驶、汽车碰撞等公共试验平台。到 2022 年，力争布局建设科研基础设施 4 个。（牵头单位：市发改委；配合单位：市科技局、市经信局、市自然资源规划局、市住建局）

10. 推进仪器设备开放共享

开展仪器设备资源库建设，摸清研究院科研仪器设备资源家底，推动开展仪器设备登记备案、入库管理，明确全市仪器设备资源分布情况，依托线上科研仪器设备共享服务平台定期面向全市发布。优化升级宁波市大型仪器网，进一步优化对接服务与实时跟踪服务，推进二手仪器租赁对接，提高科研仪器设备使用效率。完善仪器设备共享机制，强化按服务绩效为导向的支持机制，提高科研仪器设备拥有单位开放科研仪器设备的积极性。力争到 2022 年，研究院购买平台仪器设备实现登记入库全覆盖，仪器设备共享次数达到 10 万次。（牵头单位：市科技局；配合单位：市委改革办、市发改委、市经信局、市财政局、市教育局、市人力社保局）

11. 推动研究院与企业双向对接

梳理"246 产业集群"卡脖子技术、企业技术难题、研究院研究领域、研究院科技成果供给"四张清单"。依托宁波科技大市场，开辟线上"研究院"专栏，定期面向研究院与企业发布更新"四张清单"。组织线下"产业技术研究院"专场科技成果推介会、企业技术需求对接会等双向对接活动，每年举办 30 次以上科技成果推介会、企业需求对接会。力争到 2022 年，促成技术成果对接超过 500 项。（牵头单位：市科技局；配合单位：市经信局）

（四）推进研究院体制创新

12. 实施研究院分类管理

根据研究院"研发＋转化""研发＋转化＋孵化""转化＋孵化"等功能定位、发展重点、引进建设时间等，对研究院实施分类管理，巩固和发展特色优势，做强一批特色鲜明、队伍规模适度、创新实力较强的研究院。（牵头单位：市科技局；配合单位：市委改革办、市财政局）

13. 开展研究院高效运营模式试点

围绕研究院发展规律和科技创新活动特点，按照"成熟一个、实施一个"和"试点先行、标杆引领"的原则，择优选择有条件、有积极性的研究院，推动研究院开展集"研发、转化、孵化、招商、基金"功能于一体的建设运行模式试点，构建从"研发—成果转移转化—中试—产业化"的科技创新链条。（牵头单位：市科技局；配合单位：市委人才办、市发改委、市经信局、市财政局、市教育局、市人力社保局、市金融办）

14. 开展研究院政策试点

根据国家科技"三评"改革精神，落实宁波"科技新政46条"改革举措，实施科技成果所有权激励、科研经费管理改革、科研人员评聘、扩大科技人员人财物自主支配权、科技成果评价等政策试点，充分激发科研工作者积极性和主动性。立足需求，择优选择一批条件相对成熟的产业技术研究院，以"一事一议"方式给予科技政策支持，建立体制机制改革"政策特区"。总结试点研究院实践中的经验，形成可复制、可推广的政策举措。（牵头单位：市科技局；配合单位：市委人才办、市财政局、市审计局、市人力社保局）

三、保障措施

15. 建立联席会议制度及科技创新与产业应用联盟。在宁波市推进国家自主创新示范区建设领导小组下，由分管副市长牵头，联合市科技局、市经信局、市发改委、市人力社保局、市自然资源规划局、市财政局、市金融办等建立研究院联席会议制度，协商解决研究院在落地建设、竣工投产、项目推进及运行发展中遇到的重大问题，形成市级相关部门齐心协力推进研究院建设发展的合力。联席会议办公室设在市科技局。聚焦细分领域，引导研究院、高校院所、风险投资机构、技术转移服务机构、行业（企业）协会等单位联合组建科技创新与产业应用联盟，形成基于共同创新目标任务的产学研合作机制。

16. 强化要素支撑保障。对研究院科研建设发展项目，依法优先安排建设用地，市有关部门优先审批。对研究院引进的人才（团队），及时兑现高层次人才引进优惠政策，支持申报国家、省、市相关人才计划。多渠道帮助引进人才解决配偶就业、申报人才公寓等问题，建立分层分类人才子女入学协调解决机制。面向研究院组织开展研发管理制度、科技成果对接、科技计划项目申报等培训，提高研究院管理服务能力。

17. 强化考核与监测评价。建立健全以产出绩效为目标导向的研究院绩效考核机制，实施研究院分类评价制度，按研究院功能定位、建设进度等因素，制订研究院考核评价指标体系。委托第三方机构组织开展研究院绩效评价，对标对表研究院共建合作协议，发布研究院建设发展绩效"榜单"，强化考核评价结果运用，将运行绩效作为支持研究院建设发展的重要依据，以成效倒逼研究院发展，对运行绩效没有实现预期目标的，将不再列入宁波市产业技术研究院建设发展计划名单。

关于印发《宁波市产业技术研究院建设与发展管理办法（试行）》的通知

甬自创办〔2019〕7号

各有关单位：

为贯彻落实市委、市政府"六争攻坚、三年攀高"的决策部署，高标准、高质量推进我市产业技术研究院建设，促进科技创新资源合理配置，提升研究院研发、孵化与产业带动能力，现将《宁波市产业技术研究院建设与发展管理办法（试行）》印发给你们，请认真贯彻执行。

附件：宁波市产业技术研究院建设与发展管理办法（试行）

宁波市推进国家自主创新示范区建设工作领导小组办公室

2019年11月14日

宁波市产业技术研究院建设与发展管理办法（试行）

第一章　总　则

第一条　根据《关于促进新型研发机构发展的指导意见》（国科发政〔2019〕313号）、《关于推进科技争投　高质量建设国家自主创新示范区的实施意见》（甬党发〔2018〕52号）等精神，为高标准、高质量推进宁波市产业技术研究院（以下简称"研究院"）建设，促进科技创新资源合理配置，加大重大创新成果供给，提升研究院研发、孵化与产业带动能力，特制订本办法。

第二条　本办法所称研究院是指围绕我市重点产业创新发展需求，以关键技术研发与产业化应用为目的，主要从事技术研发创新、科技成果转化和科技企业孵化，投资主体多元化、管理制度现代化、运行机制市场化的独立法人机构，可依法注册为科技类民办非企业单位（社会服务机构）、事业单位和企业。

对于符合宁波市"246"产业集群及未来产业方向、集聚高端创新资源的研究院将纳入市级层面支持范围。

第三条 研究院要遵循政府引导、市场运作、需求导向、分类管理的发展原则，坚持"谁举办、谁负责，谁设立、谁撤销"，发挥市场在科技资源配置中的决定性作用，强化重大创新平台的主动布局，赋予研究院充分的发展自主权，培育研究院集"研发、转化、孵化、招商、基金"于一体的功能模式，形成以产出绩效为导向的评价机制，推动研究院发展。

第二章　工作职责

第四条 市级层面统筹管理研究院的引进建设、指导督查工作，综合评估研究院产业领域匹配性、区域创新集聚度等方面。市科技局负责市级研究院的引进、建设运行指导工作；其他市级部门配合做好引进研究院行业引进评价、落地建设、经费保障、招生招聘、政策享受等相关工作。

强化区县（市）人民政府、开发园区管委会积极性，积极承建与本地区产业发展相匹配的研究院，解决区域内研究院落地选址、基础建设、人才公寓及相关配套服务等方面。

研究院要围绕产业技术发展需求，立足市情，面向长三角以及全国，开展相关技术研发、转化与产业化，积极推动引进依托方的科技成果到宁波产业化，推动科技资源向宁波集聚，形成研究院可持续发展模式。

第五条 由分管市领导牵头，市委人才办、市委改革办、市发改委、市经信局、市教育局、市科技局、市财政局、市人力社保局、市自然资源规划局、市住建局、市金融办、市服务业局等市级相关部门及有关区县（市）人民政府或开发园区管委会等多部门联合建立联席会议制度，定期举行会议，研究解决引进建设发展中的重大问题。联席会议办公室设在市科技局。

第六条 研究院建设主体有高校院所、企业和高层次人才（团队）。

1.高校院所牵头建设的研究院。建设主体应当为国外知名高校院所、国内双一流高校、"国家队"大院大所等高水平创新主体，可由高校院所联合行业龙头企业、投资机构组建，形成"多元化投入"模式。

2.企业牵头建设的研究院。建设主体一般为行业龙头且研发能力居行业前列的高科技企业，可由企业自建或与国内外知名高校院所合作建设。

3.高层次人才（团队）牵头建设的研究院。建设主体应当为国内外院士等顶尖人才（团队），核心技术应具备自主知识产权，技术水平应当达到国际一流、国内领先水平或属于填补国内研究领域技术空白。

第七条　研究院应当在技术研发创新、科技成果转化、科技企业孵化、人才引进与培养等一个或多个方面具有鲜明的引领性作用，建立高效的管理运营体制机制。

1. 技术研发创新功能。研究院应当持续加大研发投入力度、引进培育研发人才团队、布局建设产业共性技术平台，面向我市重点发展产业，开展产业共性技术和关键技术攻关，积极对接本土本地企业，开展联合攻关，实现产业关键核心技术突破。2018 年以来新引进建设的研究院在建设期满后，应当至少建成 1 个省级及以上科研平台，申请发明专利 40 件（含PCT），至少参与 1 项国际、国家、行业标准制（修）订，至少承担 2 项省级科研重点项目，拥有 1 项重大科技创新成果。

2. 科技成果转化功能。研究院应当积极开展技术交易、技术咨询和技术服务，精准对接产业需求，加速科技成果转移与转化，促进科技成果在宁波产业化。2018 年以来新引进建设的研究院在建设期满后，应当至少在宁波转化或者引进 7 个产业化项目。

3. 科技企业孵化功能。发挥研究院对产业的规划、指导和支撑带动作用，采取多种方式向上下游企业推广产业化研究成果和最新工艺技术，孵化培育高科技企业。2018 年以来新引进建设的研究院在建设期满后，应当至少引进或孵化 10 家高科技企业。

4. 人才引进与培养功能。研究院应当聚焦产业发展与技术研发需要，引进和培养专业人才，打造一支具备较强的技术与产品研发、成果转化与技术孵化、经营管理与服务能力的复合型人才队伍。2018 年以来新引进建设的研究院在建设期满后，应当至少引进集聚由顶尖人才领衔的 60 人科研队伍。

5. 高效的管理运营体制机制。研究院应当推动实现市场化运营、专业化管理，形成集"研发、转化、孵化、招商、基金"等功能于一体的建设运行模式。

第三章　引进建设管理

第八条　项目信息筛选由市级相关部门、区县（市）人民政府、开发园区管委会依据项目情况自主开展，包括项目初选、报备管理两个环节。

1. 项目初选。市级相关部门、区县（市）、开发园区招商部门根据项目的产业方向、落户选址、人才团队、技术平台、企业孵化计划等要素，邀请相关科技专家、行业专家、财务专家和投资专家等，对项目信息进行初步筛选研究。

2. 报备管理。初选通过后，确定下一步跟踪推进的意见，分为重点跟踪推进项目、储备项目两类。被列为重点跟踪推进项目的，应由项目拟落户地科技管理部门按要求填报《宁波市拟引进产业技术研究院首次报备表》，并按季度向市科技局报告进展情况。暂时不适合落地的研究院，列入储备项目库，关注项目动态信息，适时调整项目筛选意见。

第九条　对于市级重点跟踪推进的研究院，经报备后，市科技局将积极指导项目拟落户地政府组织开展考察论证，包括组建考察小组、开展实地考察、形成考察结论三个环节。

1.组建考察小组。项目考察小组成员包括市级相关行业部门、拟落户地政府分管领导及其科技管理部门负责人等。根据项目需求，必要时可邀请相关科技专家、投资专家等参与考察。

2.开展实地考察。项目考察小组赴项目来源方开展实地考察，对接项目来源方代表。由项目考察小组主导、项目来源方配合，编制项目可行性报告。

3.形成考察结论。结合前期考察工作与项目可行性报告，项目考察小组形成考察结论，并征求我市研究院所属行业的市级主管部门意见。若项目可行，进入洽谈环节。

第十条　对于进入市级项目洽谈环节的，市科技局组织开展组建洽谈小组、双方权责协商，形成初步合作协议。

1.组建洽谈小组。原则上为项目考察小组人员。

2.双方权责协商。项目洽谈小组与项目来源方就研究院建设定位、运行机制、合作内容、预期目标、双方责任与义务等进行沟通洽谈，形成初步合作协议，提出资金预算需求。

第十一条　项目审议决策包括市科技局内部审议、征求联席会议成员意见、合法性审查、市政府常务会议审议四个环节。

1.市科技局内部审议。市科技局商讨审议初步合作协议。

2.征求联席会议成员意见。发函或者召开会议征求相关部门意见，修改完善合作协议。

3.合法性审查。修改完善的合作协议，报市政府办公厅进行合法性审查，进一步修改完善。

4.市政府常务会议审议。报送市分管领导研究决策，对经市分管领导同意的，报市政府常务会议审议。经市政府常务会议审议通过，项目决策程序完善，进入项目签约落地流程。

第十二条　研究院项目签约落地包括项目签约、项目落地两个环节。

1.项目签约。经市政府常务会审议通过后，完成项目审议决策整体流程，市科技局与对方沟通确定正式签约协议，约定签约时间，组织签约双方进行签约。

2.项目落地。由市科技局协助落地区县（市）人民政府或开发园区管委会负责办理项目注册、场所落实及相关服务工作。

研究院签约落地后，列入宁波市产业技术研究院建设发展计划名单。

第十三条　对于列入宁波市产业技术研究院建设发展计划名单的研究院，将按照签署的共建合作协议推进研究院建设，建设期一般不超过 5 年。在建设期满后，市科技局组织有关管理、技术等方面专家进行验收。参与验收的研究院应提供以下材料：

1. 市场监管部门核发的《企业法人营业执照》复印件；或民政部门发给的《民办非企业单位登记证书》复印件；或机构编制部门颁发的《事业单位法人证书》复印件；

2. 产业技术研究院年度运行情况及建设成效；

3. 产业技术研究院年度经费预算及决算报告；

4. 其他有关材料。

对于验收未通过的，或者未达到合同约定要求，停止拨付相关经费，并进行记录，向社会公开。

第四章　运行监督管理

第十四条　强化研究院分类分级管理，建立信息披露和报告、创新管理服务、监督管理、绩效管理等动态管理机制。

1. 强化分类分级管理。实施研究院分类分级管理，明确市、县两级对研究院建设运行管理职责。根据目标导向，建立研究院建设运行全流程的绩效评价机制。强化绩效结果的应用，将研究院绩效与研究院经费支持结合起来，按建设运行成效拨付财政支持经费。

2. 建立信息披露和进展报告制度。研究院实行信息披露，重大事项向社会公开。涉及国家机密、商业机密的信息以及法律法规规定的其他不予公开的信息除外。

对于 2018 年以来引进建设，尚未通过验收的研究院要实施月度、年度进展情况报告制度，对于建成已投入运行的研究院要实施年度进展情况报告制度。月度主要报告：投资情况、基础建设情况（包括科研基建）、科技人才引育情况、项目实施与成果产出情况，以及建设推进过程中遇到的困难与拟采取的解决办法。年度主要报告：总体建设运行情况，创新平台建设、人才引进与培育、科技成果产出与转化、企业孵化、运行管理机制等情况。

3. 创新科技服务管理。聚焦细分领域，引导研究院、高校院所、风投机构、服务机构、行业协会、企业协会等单位成立市科技创新与产业应用联盟。提高引进总部机构对研究院的支持力度，加快顶尖人才、高端创新人才（团队）及复合型管理人才的引进，争取总部机构在研究院建立重点实验室分中心、创新中心分部，共同承担省级以上科技创新任务。强化院企信息沟通对接，依托宁波科技大市场，定期举办科技成果推介会、企业需求对接会。建立在线即时交流沟通社群，加强研究院创新服务培训，组织开展科技项目申报、人才招聘、资本对接等活动。

4. 监督管理。研究院应配合统计调查，按规定向市科技局、各区县（市）科技局、开发园区管委会科技管理部门提交发展规划、年度工作报告、年度财务审计报告等，争取尽快纳入研发活动统计范畴。

加强重大事项报告，研究院发生名称变更、股权结构变更、重大人员变动、发展重点方向调整等重大事项的，应在1个月内以书面形式向所在地区县（市）科技局、开发园区管委会科技管理部门报告。所在地科技管理部门在收到报告后，10天内报送市科技局。

配合中期检查。在协议实施中期，应组织评审队伍对研究院建设进展和取得成效进行中期检查。对未达到建设预定目标的研究院，视建设发展实际情况，应采取督促警告、限期整改、延迟下拨后续资金或终止补助等措施。

资金使用违法违规处罚。强化研究院诚信建设，研究院应对财政资金的使用负责。对存在违法违规行为的，将依法解除合作协议，追究理事长、院长（所长、主任）等相关人员的法律责任，纳入信用记录，向社会公开。

第十五条　市科技局委托具备相应资质、在国内有一定影响力的第三方服务机构组织开展研究院绩效评估，根据研究院成立时间、功能定位等差异，制定分类考核评价指标体系。对标对表研究院共建合作协议，建立健全以产出绩效为导向的绩效评价机制，加强评价结果运用。

第五章　政策支持

第十六条　对特别重大的新建研究院，根据不同行业领域和具体实际，以"一事一议"方式给予建设支持，主要包括开办费、运营费、平台建设费、项目研发经费等补助。研究院完成签约、注册等程序后，启动建设运行，给予首期开办经费。建设运行过程中，对标对表研究院共建合作协议，根据进展绩效和绩效评价结果，给予支持，对于未按进度实现预期目标的，将延长经费拨付周期。

对研究院成果转化、企业孵化等开展绩效评价，对评估优秀的研究院，将给予一定额度的经费支持。如合作协议中已有该支持条款，不再另行安排补助资金。

第十七条　试行"产业出题、政府命题、院所接题"的项目实施机制，以定向委托的方式支持研究院实施重大科技项目。鼓励研究院积极申报重大科技专项，优先推荐申报国家、省重大科技项目。

第十八条　选择有条件、有积极性的研究院，推动研究院开展集"研发、转化、孵化、招商、基金"等功能于一体的建设运行模式试点。

第十九条　选择一批条件相对成熟的产业技术研究院，实施科技成果所有权激励、科研经费管理改革、科研人员评聘、扩大科技人员人财物自主支配权、科技成果评价等政策试点。

第六章　附　则

第二十条　本办法由市科技局负责解释。本办法自公布之日起 30 日后实施，有效期至 2022 年 12 月 31 日。

宁波市科学技术局关于印发《宁波市产业技术研究院绩效管理办法（试行）》的通知

甬科合〔2019〕105 号

各区县（市）科技局、"四区二岛"科技管理部门，各产业技术研究院：

为了高站位、高标准、高质量推进产业技术研究院建设，加速研究院科技成果产出，根据《关于加快产业技术研究院发展改革的若干意见》（甬党改〔2019〕6 号）等规定，我们制定了《宁波市产业技术研究院绩效管理办法（试行）》。现将该《办法》印发给你们，请遵照执行。

附件：宁波市产业技术研究院绩效管理办法（试行）

宁波市科学技术局

2019 年 11 月 13 日

宁波市产业技术研究院绩效管理办法（试行）

第一章 总 则

第一条 为高站位、高标准、高质量推进宁波市产业技术研究院（以下简称"研究院"）建设，促进科技创新资源高效科学配置和共享应用，加速研究院科技成果产出，提升研究院产业带动能力，特制订本办法。

第二条 本办法所称研究院是指围绕我市产业发展需求，以产业化应用为导向，整合政府、企业、高校、科研院所等多方资源，建立高效的管理运营体制机制，拥有技术研发创新、科技成果转化、科技企业孵化、人才引进与培养等功能，具备较高技术研发、公共服务和产业培育能力的创新平台。

第二章 绩效管理原则

第三条 坚持"政府引导、市场为主"的原则。充分发挥市场在科技资源配置中的决定性作用，政府层面着力破除体制机制障碍，营造良好政策环境。

第四条 坚持"分类评价、客观公正"的原则。绩效评价应由具备相应研究能力的第三方服务机构组织相关专家进行，应当根据研究院成立时间、功能定位等差异，制定分类考核评价指标体系。

第五条 坚持"绩效导向、引领发展"的原则。建立健全以产出绩效为目标导向的研究院绩效评价机制，强化考核评价结果运用，将运行绩效作为支持研究院建设发展的重要依据，以成效倒逼研究院发展成长。

第三章 建设发展导向

第六条 研发创新功能导向。研究院应当持续加大研发投入、引进培育研发人才团队、布局建设产业共性技术平台，重点面向我市"246"万千亿级产业集群和未来产业，开展产业共性技术和关键技术的攻关，积极对接本地企业开展联合攻关，实现产业关键共性技术突破，打造产业发展创新链。

第七条 科技成果转化功能导向。研究院应当积极开展技术交易、技术转让、技术咨询、检验检测等服务，精准对接产业需求，加快科技成果转移转化，提高产业带动能力。

第八条 科技企业孵化功能导向。发挥研究院对产业的规划、指导和支撑带动作用，研究院应当配置中试转化场地、专业化众创空间、孵化器、加速器等，采取多种方式向上下游推广产业化研究成果和最新工艺技术，孵化培育高科技企业，培育产业集群。

第九条 人才引进培养功能导向。研究院应当聚焦技术研发需要与产业发展需要，引进培养专业技术人才以及技术经理人、企业管理人才等管理人才，打造一支具备较强的技术与产品研发、产业化与技术孵化、经营管理与服务能力的复合型人才队伍，为创新创业提供专业化、精准化服务。

第十条 高效的管理运营体制机制导向。研究院应当推动实现市场化运营、专业化管理，探索形成集"研发、转化、孵化、招商、基金"等功能于一体的建设运行模式。

第四章 绩效评价

第十一条 绩效评价方式。根据研究院成立时间、功能定位，组织开展分类评价，将研究院划分为"初建期（2017年1月1日及以后成立的）""成长期（2017年1月1日之前成立）"

两个阶段进行评价，每两年评价一次。

第十二条　绩效评价内容。对于初建期研究院的评价侧重其建设进度，主要聚焦科研团队建设、基础设施保障条件等创新资源集聚、科研活动实施，以及体制机制建设情况。对于成长期的研究院，绩效评价主要聚焦核心技术攻关、科研成果转化、企业孵化培育等运营成效，高端创新资源集聚及可持续发展机制建设等方面。具体评价指标见附件。

第十三条　绩效评价流程。市科技局选择国内在科技评价方面有实力的第三方机构具体开展绩效评价工作。第三方机构通过组织专家审阅研究绩效资料、听取汇报、实地考察等流程，对研究院体制机制建设、资源集聚、运营成效、建设特色亮点等情况进行评价，形成研究院绩效评价报告。

第十四条　绩效评价结果发布。市科技局审核研究院绩效评价报告，提交产业技术研究院推进建设联席会议审议，发布研究院发展绩效"榜单"，将考核评价结果作为支持研究院建设发展的重要依据。

第五章　绩效评价结果应用

第十五条　根据绩效"榜单"排名情况，对于绩效评价优秀、良好的研究院，认定为标杆型研究院和示范型研究院。

第十六条　对于认定为标杆型、示范型的研究院，支持优先申报国家级、省级、市级创新平台，并以定向委托的方式支持研究院实施重大科技项目。

第十七条　对于认定为标杆型、示范型的研究院，给予试点科技政策支持，包括科研成果所有权激励改革、科研经费负面清单、赋予科研人员更大的人财物自主支配权和技术路线决定权、"科技三评"改革、科研经费"包干制"等政策试点。

第六章　附　则

第十八条　本办法由市科技局负责解释。

第十九条　本办法自印发之日起试行，有效期至 2022 年 12 月 31 日。

安徽省

关于印发《安徽省新型研发机构认定管理与绩效评价办法》通知

皖科政〔2020〕22 号

各市科技局，广德市科技局、宿松县科经局：

为支持我省新型研发机构的建设发展，规范新型研发机构的管理和运行，加快构建更加高效的科研体系，有力支撑创新型省份建设，我厅制定了《安徽省新型研发机构认定管理与绩效评价办法》。

现印发给你们，请认真贯彻执行。

安徽省科技厅

2020 年 9 月 1 日

安徽省新型研发机构认定管理与绩效评价办法

第一章　总　则

第一条　为贯彻落实科技部《关于促进新型研发机构发展的指导意见》（国科发政〔2019〕313 号），依据《安徽省贯彻落实〈国家创新驱动发展战略纲要〉实施方案》和《安徽省人民政府支持科技创新若干政策》（皖政〔2017〕52 号）等文件精神，进一步引导和规范安徽省新型研发机构的建设与发展，制定本办法。

第二条　安徽省新型研发机构是指在安徽省内注册设立并运营，聚焦科技创新需求，主要从事科学研究、技术创新和研发服务，投资主体多元化、管理制度现代化、运行机制市场化、用人机制灵活的独立法人机构，可依法注册为科技类民办非企业单位（社会服务机构）、事业单位和企业。

第三条　新型研发机构是全省科技创新体系的重要组成部分，主要功能是：面向全省战略性新兴产业集聚发展和传统产业改造升级的重点领域，开展基础研究、应用基础研究、产业共性关键技术研发、科技成果转移转化以及研发服务等活动。

第四条　发展新型研发机构，坚持"谁举办、谁负责，谁设立、谁撤销"。举办单位（业务主管单位、出资人）应当为新型研发机构管理运行、研发创新提供保障，引导新型研发机构聚焦科学研究、技术创新和研发服务。

第五条　省科技厅负责指导推动全省新型研发机构建设发展，组织开展安徽省新型研发机构的申报、认定、定期评估、绩效评价和动态管理，制订并发布有关政策文件。各省辖市、省直管县科技管理部门是新型研发机构建设的服务管理主体和监督主体，负责本辖区内新型研发机构的引进、培育、组建、认定、日常管理和监督等工作，并采取政策措施支持本辖区内新型研发机构建设运行。

第二章　认定与评价

第六条　申报安徽省新型研发机构须符合以下条件：

1. 具备独立法人资格。申报单位须是在安徽省内注册，具有独立法人资格的组织或机构，具有一定的经济实力和相对稳定的资金来源，主要办公和科研场所设在安徽省，注册后运营 2 年以上。

2. 拥有多元化的投资主体。由单一主体所持有的财政资金举办，且主要收入来源为长期稳定财政资金投入的研发机构，原则上不予受理。

3. 具有以下研发条件。

（1）研发人员占职工总数比例原则上不低于 40%，且不少于 20 人。

（2）上年度研究开发经费支出占当年收入总额比例原则上不低于 30%。

（3）具备进行研究、开发和试验所需科研仪器、设备和固定场地。

4. 实行灵活开放的体制机制。

（1）管理制度健全。具有现代化的管理体制，拥有明确的人事、薪酬、行政和经费等内部管理制度。

（2）运行机制高效。包括市场化的决策机制、高效率的成果转化机制等。

（3）引人机制灵活。包括市场化的薪酬机制、企业化的收益分配机制、开放型的引人和用人机制等。

5. 拥有明确的业务发展方向。

符合国家和地方经济发展需求，以开展产业技术研发活动为主，具有明确的研发方向和清晰的发展战略，在前沿技术研究、工程技术开发、科技成果转化、创业与孵化育成等方面有鲜明特色。

6. 具有相对稳定的收入来源。

主要包括出资方投入，技术开发、技术转让、技术服务、技术咨询收入，政府购买服务收入以及承接科研项目获得的经费等。主营业务收入主要来自科技创新活动，技术开发、技术转让、技术服务、技术咨询、政府购买技术性服务收入和技术股权投资收益占年收入总额的比例原则上不低于60%。

第七条 新型研发机构应全面加强党的建设。根据《中国共产党章程》规定，设立党的组织，充分发挥党组织在新型研发机构中的战斗堡垒作用，强化政治引领，切实保证党的领导贯彻落实到位。

第八条 安徽省新型研发机构申报认定程序如下：

1. 自评申报。省科技厅发布申报通知，对照本办法和申报通知，自评符合申报条件的单位登录安徽省科技管理信息系统，在规定时间内完成申报表填报及有关证明材料上传。

2. 审核推荐。申报单位所在市或省直管县科技管理部门负责对申报材料进行审核并对审核通过的提出推荐意见，省科技厅根据审核意见受理申报。纸质申报材料及审核意见须按要求打印并加盖单位公章，由审核单位送交指定业务受理窗口。

3. 形式审查。省科技厅委托第三方服务机构对申报材料的完整性和规范性进行形式审查，符合要求的进入评审论证环节。

4. 评审论证。评审论证包括网络评审、会议评审、现场考察等多种形式。省科技厅按照有关规定，提出评审标准和要求，委托第三方组织专家进行评审论证，根据评审论证意见视情选择部分申报单位进行现场考察。

5. 结果公示。省科技厅主管处室根据专家评审论证意见及现场考察情况，提出认定意见并提请厅会议研究通过后，在省科技厅网站上进行公示。

6. 发布名录。省科技厅对公示无异议的申报机构，按年度统一发文公布安徽省新型研发机构名录，授予"安徽省新型研发机构"称号。

第九条 申报认定安徽省新型研发机构的单位须提交以下材料：

1. 安徽省新型研发机构申报表（附件1）；

2. 经具有资质的中介机构出具的上一年度财务会计报告（包括会计报表、会计报表附注和财务情况说明书）及上一年度研究开发费用情况表，并附研究开发活动说明材料；

3. 机构章程和管理制度（包括人才引培、薪酬激励、成果转化、科研项目管理、研发经费核算等）；

4. 近两年承担的市级以上政府和企业科技计划项目、自主立项研发项目、合作及委托研发项目等清单（包括项目名称、项目下达部门、编号、合作或委托单位、金额、起止时间）、立项证明或合同复印件等；

5. 近两年科技成果产出和转化清单（包括成果名称、成果形式、成果登记时间、转化方式、转化收入及技术交易合同等相关证明材料）或创业与孵化育成企业清单（包括服务、创办、孵化企业等材料）以及设立创业风险投资基金，开展产学研协同创新等证明材料；

6. 其他相关证明材料。

第十条　省科技厅委托第三方中介机构对安徽省新型研发机构进行绩效评价。对新认定的，在认定后的第二年，对照绩效评价指标体系，进行评价。评价结果为合格及以上的继续保留 2 年安徽省新型研发机构称号，此后每 2 年评价一次。参与绩效评价的安徽省新型研发机构，须对照绩效评价指标体系（附件 2），登录安徽省科技管理信息系统，填写上两个自然年度的各项指标数据，并提交相关证明材料。不参与评价或评价结果为不合格的，取消安徽省新型研发机构称号。

评价得分 60 分以下的为不合格，60 ～ 70 分的为合格，70 ～ 85 分的为良好，85 分以上的为优秀。

第三章　支持措施

第十一条　符合条件的安徽省新型研发机构，可适用以下政策措施。

1. 根据绩效评价结果，省科技厅视情择优给予经费后补助，支持其开展研发活动、招引人才团队、建设创新平台、提升产业创新服务能力等。

2. 可按照要求申报国家及省级科技重大专项、国家重点研发计划等有关政府科技项目、科技创新基地和人才计划。

3. 按照《中华人民共和国促进科技成果转化法》等规定，通过股权出售、股权奖励、股票期权、项目收益分红、岗位分红等方式，激励科技人员开展科技成果转化。

4. 企业类新型研发机构可按照国家规定享受税前加计扣除政策，并可申请认定高新技术企业，享受相应税收优惠。

5. 对省委省政府重点扶持的机构，采取"一事一议"的方式，单独组织申报认定。

第四章　管理与责任

第十二条　安徽省新型研发机构应当实行信息披露制度，通过公开渠道面向社会公开重大事项、年度报告等。发生名称变更、投资主体变更、重大人员变动等重大事项变化的，应在事后 3 个月内以书面形式向省科技厅报告，进行资格核实后，维持有效期不变。如不提出申请或资格核实不通过的，取消安徽省新型研发机构称号。

第十三条　安徽省新型研发机构应在每年 3 月份前按照要求填写上年度研发和经营活动基本信息，并向省科技厅提交上一年度工作总结报告（包括机构的建设进展情况、科技创新数据指标及下年度建设计划等）。

第十四条　安徽省新型研发机构应按要求参加科技统计，如实填报 R&D 经费支出情况。获得财政专项资金资助的新型研发机构，须遵守财政、财务规章制度和财经纪律，自觉接受监督检查。专项资金实行专账核算、专款专用，并纳入研发投入统计。对未按要求参加科技统计、严格财政资金管理的新型研发机构，取消其安徽省新型研发机构称号。

第十五条　建立安徽省新型研发机构监督问责机制。申报单位应加强科研诚信和科研伦理建设，如实填写安徽省新型研发机构申报、评价材料和提交相关证明材料，对于弄虚作假的行为，一经查实， 3 年内不得申报认定，并纳入科研诚信严重失信行为数据库。已通过认定的机构在有效期内如有失信或违法行为，将取消安徽省新型研发机构称号，追回财政支持资金，并依法依规追究责任。

对发生违反科技计划、资金等管理规定，违背科研伦理、学风作风、科研诚信等行为的安徽省新型研发机构，省科技厅将移交有关单位依法依规追究责任。

第十六条　各市、省直管县科技局在认定、绩效评价过程中，存在把关不严等未履职尽责的，在全省科技系统予以通报批评；各级评审专家、评审工作人员等在评审过程中存在徇私舞弊、有违公平公正等行为的，按照有关规定追究相应责任。

第五章　附　则

第十七条　各市、省直管县科技局可参照本办法制定相关实施细则，开展本级新型研发机构认定管理与绩效评价等工作。

第十八条　本办法由省科技厅负责解释，自发布之日起施行，原《安徽省新型研发机构认定管理与绩效评价办法（试行）》同时废止。

福建省

福建省人民政府办公厅关于鼓励社会资本建设和发展新型研发机构若干措施的通知

闽政办〔2016〕145号

各市、县（区）人民政府，平潭综合实验区管委会，省人民政府各部门、各直属机构，各大企业，各高等院校：

为深入贯彻全国科技创新大会精神和《中共福建省委福建省人民政府关于实施创新驱动发展战略建设创新型省份的决定》，鼓励支持社会资本参与建设和发展我省新型研发机构，提出如下措施：

一、机构类型

鼓励企业、高等院校、科研院所、产学研用创新联盟、行业协会、商会和投资机构等以产学研合作形式，在闽创办具有独立法人资格的新型研发机构。鼓励各级政府采取"院地合作""校地合作""政企合作"等形式，与国内外知名院校和大型企业在闽共建新型研发机构。

新型研发机构主要包括以下形式：

（一）企业类。主要从事技术研发、成果转化、技术服务、科技企业孵化等活动并在工商注册的新型研发机构。

（二）民办非企业类。在民政部门登记注册的新型研发机构。

（三）事业类。机构编制部门审批设立事业单位性质的新型研发机构。

二、申请条件

（一）在福建投资设立的，主要从事科学研究、技术研发、成果转化、创新创业与孵化育成，具备承担国家、省、市技术攻关项目能力，具有独立法人资格的科研实体；拥有一定的经济实力和较稳定的资金来源，主要办公和科研场所设在福建。

（二）具备进行研究、开发和试验所需要的仪器、装备和固定场地等基础设施，办公和科研场所不少于 150 平方米；拥有必要的测试、分析手段和工艺设备，且用于研究开发的仪器设备原值不低于 150 万元。

（三）具有稳定的研发经费来源，年度研究开发经费支出不低于年收入总额的 10%，其中企业类的不低于 6%。

（四）具有稳定的研发队伍，常驻研发人员占职工总人数比例达到 20% 以上，博士学位或高级职称以上人员占研发人员的 5% 以上。

（五）具有面向企业服务、围绕市场配置资源的新型管理体制和运行机制，建立现代科研机构管理制度、科研项目管理制度、科研经费财务会计核算制度。

三、支持措施

（一）新型研发机构独立或联合申报国家和省、市科技计划项目、产业开发专项、技术改造项目，同等条件下予以优先推荐或优先立项支持。新型研发机构同一年度申报相关省级科技计划项目数量不予限制。企业类新型研发机构优先进入"科技小巨人领军企业培育发展库"培育，并享受相关扶持政策。优先支持企业类新型研发机构申报高新技术企业、创新型企业、知识产权优势企业。

责任单位：省科技厅、发改委、经信委、财政厅、教育厅、国税局、地税局

（二）对新型研发机构建设发展项目用地，在年度用地计划指标中给予优先安排，及时审批。对为工业生产配套的新型研发机构项目用地，执行工业用地政策。

符合国家和省有关规定的非营利性科研机构自用的房产、土地，免征房产税、城镇土地使用税。按照房产税、城镇土地使用税条例、细则及相关规定，属于重点扶持产业方向且符合困难减免税有关规定的，可向主管税务机关提出减免税申请，经核准，可给予减税或免税。

责任单位：省国土厅、住建厅、国税局、地税局，各设区市人民政府、平潭综合实验区管委会

（三）加大对新型研发机构财政支持力度，省和设区市财政对初创期新型研发机构每年度按非财政资金购入科研仪器、设备和软件购置经费 25% 的比例，给予最高不超过 500 万元的后补助。初创期一般为五年。

对于评价命名时已过初创期的新型研发机构，按照竞争择优原则，省和设区市财政对发展效益较好的研发机构，按近 5 年非财政资金购入科研仪器、设备和软件购置经费 25% 的比例，一次性给予最高不超过 1000 万元的后补助。

以上后补助资金由省和设区市财政各按 50% 承担，省级所需经费纳入年度预算安排。

责任单位：省财政厅、科技厅，各设区市人民政府、平潭综合实验区管委会

（四）新型研发机构每引进国家和省高端人才的，分别给予 10 万～300 万元的补助；确认为省引进高层次人才（A、B、C 三类）的，分别给予用人单位 25 万～200 万元的安家补助，并纳入设区市（平潭综合实验区）或省直、中直单位引进高层次人才计划给予相关政策支持。聘任国际公认的三大世界最新排名均在前 100 名大学的博士毕业生的，一次性给予用人单位每人 40 万元补助。

责任单位：省人才办、人社厅、科技厅、教育厅，各设区市人民政府、平潭综合实验区管委会

（五）对符合条件的新型研发机构进口科研用仪器设备免征进口关税和进口环节增值税、消费税。对新型研发机构已享受进口免税的科研设施仪器，在符合监管条件的前提下，准予在本单位内用于其他单位的科技开发、科学研究和教学活动。

责任单位：省财政厅、福州海关、厦门海关

（六）支持新型研发机构产品加入国家节能产品、环境标志产品等政府采购清单，享受相应优惠政策。对新型研发机构研发的经认定并且签订采购使用协议的福建省首台（套）重大技术装备，属于国内首台（套）的按不超过市场销售价格 60%、属于省内首台（套）的按不超过市场销售价格 30% 对生产企业给予补助，用于生产企业研发费用补助和用户风险补偿，最高补助金额不超过 500 万元。

责任单位：省经信委、财政厅

（七）对创业投资机构投资新型研发机构的，省财政和所在地市、县（区）财政分别给予单个创业投资项目最高不超过项目实际投资额 10% 和 15% 比例的风险补助，省财政单个创业投资项目风险补助金额最高不超过 200 万元。市、县（区）财政单个创业投资项目风险补助限额自行确定。

责任单位：省财政厅、发改委，各设区市人民政府、平潭综合实验区管委会

（八）新型研发机构组建的国家重点实验室、工程实验室、工程（技术）研究中心、企业技术中心等国家级或省级科技研发创新平台，按照省政府关于加快高水平科技研发创新平台建设发展的六条措施予以奖励。

省级创新券专项资金优先支持新型研发机构购买科技创新服务，每年单个机构最高补助 20 万元。

新型研发机构获得国家检验检测资质的，省财政资金一次性奖励 50 万元，用于购置和

修缮检验检测仪器设备。

责任单位：省科技厅、发改委、经信委、财政厅、教育厅、质监局

（九）新型研发机构的科技成果转化参照《福建省人民政府关于进一步促进科技成果转移转化的若干规定》有关政策执行。新型研发机构科研人员参与职称评审与岗位考核时，发明专利转化应用情况可折算论文指标，技术转让成交额可折算纵向课题指标。

责任单位：省财政厅、科技厅、人社厅、国资委、机关管理局

（十）鼓励高校、科研院所科研人员在征得所在单位同意后，可带项目和成果、保留基本待遇，离岗创办新型研发机构，或到新型研发机构工作。离岗创新创业期限以3年为一期，最多不超过两期。返回原单位时接续计算工龄，待遇和聘任岗位等级不降低。

责任单位：省人社厅、教育厅、科技厅

四、监督管理

（一）新型研发机构申报遵循自愿原则。省级科技行政部门组织开展新型研发机构的评价工作。经评价公布的新型研发机构享受本文规定的各项扶持措施。

（二）新型研发机构应每年向省级科技行政部门报告机构发展、科技创新活动和科技成果转化等情况。省级科技行政部门每三年对新型研发机构进行一次绩效测评，主要评估人才集聚、创新产出、技术辐射、成果转化效益以及自主发展能力等情况。测评不合格的，取消"省级新型研发机构"资格，不再享受相应政策扶持。

各地、各有关部门要结合实际，按照职责分工，加强指导，优化服务，确保各项措施落实到位。本措施自印发之日起施行。

福建省人民政府办公厅

2016 年 8 月 29 日

（此件主动公开）

厦门市人民政府关于印发加快创新驱动发展若干措施的通知

厦府〔2019〕144 号

各区人民政府，市直各委、办、局，各开发区管委会：

现将《厦门市加快创新驱动发展的若干措施》印发给你们，请认真组织实施。

厦门市人民政府

2019 年 5 月 13 日

（此件主动公开）

厦门市加快创新驱动发展的若干措施

为深入贯彻习近平新时代中国特色社会主义思想和党的十九大精神，实施创新驱动发展战略，全力打造"高素质的创新创业之城"，全面加快福厦泉国家自主创新示范区厦门片区建设，根据《福建省人民政府关于进一步推进创新驱动发展七条措施的通知》精神，进一步加大政策扶持力度，健全创新机制，以高质量科技供给不断增强经济创新力和竞争力，推动我市产业高质量发展。提出如下措施：

（一）激励企业加大研发投入。深入实施"普惠与重点"相结合的企业研发费用补助政策，引导企业加大研发投入，增强市场核心竞争力。根据企业年度享受税前加计扣除政策的研发费用数额，按照基础补助和增量补助相结合的方式予以扶持。其中，基础部分按 10%、增量部分按 12% 补助。对主营业务收入 20 亿元及以上、且年度研发经费投入在 5000 万元及以上的大型企业，补助最高限额为 800 万元；其他企业最高限额为 250 万元。（责任单位：市科技局、市财政局）

（二）鼓励行业领军企业承担国家级创新项目。支持行业领军企业（位居全国行业前三）牵头承担实施国家重大科技专项和重点研发计划项目，根据《福建省人民政府关于进一步推进创新驱动发展七条措施的通知》（闽政〔2018〕19 号）的规定，按企业所获得国家实际资助额 1：1 的比例给予配套奖励。配套奖励资金扣除省级奖励，其余部分由市和项目所在区按现行财政体制分担，国家资助金额以及省、市、区配套资金之和不超过项目总投入。（责任单位：市科技局、市财政局，各区政府、火炬管委会）

（三）鼓励建设高水平创新载体。对经确认的省、市级重点实验室，依托民营企业建设的，给予一次性 200 万元资助；依托高校、科研院所、医疗机构和其他法人单位建设的，给予一次性 100 万元资助。经绩效考核评估优良的省市级重点实验室，分别给予 50 万元、20 万元奖励。对新获批建设的与厦门产业紧密结合的国家重点实验室、国家技术创新中心、国家工程研究中心、国家临床医学研究中心，给予一次性 1000 万元资助；经国家考核评估优秀的，给予一次性 200 万元奖励。同一级别的多种类型研发机构，按就高不重复原则享受相关财政资助资金。（责任单位：市科技局、市发改委、市财政局）

（四）鼓励创办新型研发机构。围绕生物医药、物联网、大数据、集成电路、人工智能、新材料和新能源等重点领域，国内外高校、科研院所、企事业单位和社会团体等各类创新主体在厦建设市场化运作、具有独立法人资格新型研发机构的，给予一次性 100 万元初创期建设经费补助；经确认为重大研发机构的，一次性补足至 500 万元。给予研发机构非财政资金新购入科研仪器、设备和软件的购置经费 50% 后补助，5 年内新型研发机构最高 3000 万元、重大研发机构最高 5000 万元（非独立法人的最高 2000 万元）。其中，重大研发机构仪器设备等补助超出 3000 万元部分，市区按照现行财政体制分担。

新型研发机构每成功孵化一家国家级高新技术企业，给予 20 万元奖励。重大研发机构每两年进行一次评估，根据评估结果给予最高不超过 500 万元的绩效奖励。初始投入额达 1 亿元以上的特别重大研发机构，可按"一事一议"方式予以扶持。

（责任单位：市科技局、市财政局、市发改委、市工信局，各区政府、火炬管委会）

（五）支持建设福建省实验室。按照省政府部署，积极争取在能源与环境材料、生物医药、海洋科学、集成电路等我市具有比较优势的领域和产业建设福建省实验室。按照国家、省实验室建设要求，在实验室用地、用房、基础设施、人才引进和成果转化等方面予以政策和资源支持。经批准建设的省实验室，以"院（校）地合作模式"建设的，市财政提供省实验室建设总投入的 50% 经费；以"院（校）企合作模式"建设的，市财政提供省实验室建设总投入的 30% 经费。省实验室运行经费由市政府商参建单位共同投入，省、市财政每年提供不少于 5000 万元的运行经费并列入年度财政预算，连续支持 5 年。（责任单位：市科技局、市财政局、市发改委、市工信局、市教育局）

（六）鼓励建设科技企业孵化器。对新认定的省、市级科技企业孵化器给予 100 万元一次性奖励（省级与市级不重复奖励），国家级科技企业孵化器补足至 300 万元。新建设或改扩建科技企业孵化器、专业化科技企业孵化器内配套建设的公共技术服务平台，按《厦门市促进科技企业孵化器发展实施办法》（厦科联〔2017〕59 号）给予一次性补贴。鼓励科技企业孵化器培育高新技术企业，对在孵或当年毕业企业获得国家高新技术企业认定，按照每家 20 万元的标准给予孵化器一次性奖励。（责任单位：市科技局、市财政局）

（七）大力培育高新技术企业。健全"科技型中小微企业—市级高新技术企业—国家级高新技术企业—科技小巨人领军企业"的"全周期"梯次培育体系。对备案为市级高新技术企业且之前未认定为国家级高新技术企业的，给予一次性 5 万元奖励；对认定为国家级高新技术企业（含重新认定）的，给予一次性 10 万元奖励；对认定为市级科技小巨人领军企业的，给予一次性 20 万元奖励。本条款所述奖励每家企业可分别享受一次，同一年度市级高新技术企业奖励和国家级高新技术奖励可同时享受，科技小巨人领军企业奖励按拨付当年度"就高、不重复"原则享受。（责任单位：市科技局、市财政局）

（八）推动建立科技金融体系。按照"政府引导、市场运作、风险共担"的原则，积极打造为科技型中小微企业服务的专业融资增信平台。与担保公司、保险公司和银行签订合作协议，单户企业最高可获得 2000 万元的科技担保贷款和 300 万元的科技保证保险贷款。设立总额 4000 万元的科技担保贷款、科技保证保险贷款风险补偿金，承担贷款本金损失的 40%。市财政安排专项经费，对科技担保贷款的实缴利息给予总额 20% 的补贴，对科技保证保险贷款的实缴利息给予总额 30% 的补贴。同时，积极指导设立科技金融专营机构，要求机构专建、产品专创、流程专设、审批专派、资源专配、考核专列、人员专管、风险专控等一系列专项政策，确保科技金融专营机构能够专业、专注地开展科技型中小微企业投融资业务。积极探索通过中小企业债券、税收信用贷款、投贷联动、银保联动等方式解决科技型中小微企业融资难题。积极培育和推动科技型中小企业登陆资本市场，拓宽直接融资渠道。

壮大科技成果转化与产业化基金、科技创业种子暨天使投资基金规模，鼓励、引导各类市场化股权投资机构投资我市科技型中小微企业，给予开办、经营、投资多方面奖励，提供风险补助，以及企业、个人方面税收优惠。

加强科技保险对创新保障力度，拓展科技保险种类，提高企业保险意识。对科技型企业投保相关科技保险给予保费 40% 比例补贴，每家企业每年补贴最高 30 万元。

（责任单位：市科技局、市金融监管局、市财政局、厦门银保监局，火炬管委会）

（九）鼓励开展知识产权运营。支持创新主体开展知识产权导航、分析评议、布局、风险预警、运营和综合管理等活动，每年选择本市重点发展产业中的一至两个重点领域开展以上活动，每个项目安排最高30万元的资金支持；"双创"基地、产业联盟、特色园区和高校院所（含新型研发机构）等开展知识产权运营活动成效显著的，分别给予最高20万元至100万元不等的一次性奖励；对完成培育高价值专利组合或专利池的牵头单位，根据培育成效按单个培育项目给予最高300万元奖励。鼓励企业运用综合专利、商标、版权等知识产权多样化组合策略，全方位、立体化覆盖产品、技术、工业设计等的知识产权。鼓励企业通过"标准必要专利"主导或参与建立国际标准、国家标准、行业标准。（责任单位：市市场监管局、市财政局）

厦门市科学技术局　厦门市财政局关于印发
新型研发机构管理办法的通知

厦科联〔2019〕15号

各相关单位：

　　进一步加快新型研发机构建设和发展，推动我市产学研用合作和优秀科研成果在我市转化，根据《福建省人民政府关于鼓励社会资本建设和发展新型研发机构若干措施的通知》（闽政办〔2016〕145号）、《厦门市人民政府关于印发加快创新驱动发展的若干措施》（厦府〔2019〕144号）等文件精神，经市政府研究同意，现将《厦门市新型研发机构管理办法》印发你们，请遵照执行。

厦门市科学技术局

厦门市财政局

2019年7月10日

（此件主动公开）

厦门市新型研发机构管理办法

第一章　总　则

　　第一条　为贯彻落实《福建省人民政府关于鼓励社会资本建设和发展新型研发机构若干措施的通知》《厦门市人民政府关于印发加快创新驱动发展的若干措施》等文件精神，进一步加快新型研发机构建设和发展，推动我市产学研用合作和优秀科研成果在我市转化，特制定本办法。

　　第二条　国内外知名高校、科研院所、企事业单位和社会团体等各类主体在厦设立新型研发机构适用本办法。

第三条 新型研发机构是指发起主体多元化、建设模式国际化、运行机制市场化、管理制度现代化，具有可持续发展能力，产学研协同创新的组织。

第四条 新型研发机构应符合厦门市"双千亿"工作方向，围绕生物医药、物联网、大数据、集成电路、人工智能、新材料和新能源等重点领域，开展技术研发、成果转化、技术服务、科技企业孵化等活动的科研实体，主要功能包括：

（一）开展技术研发。开展前沿技术工程化开发、关键共性技术、支柱产业核心技术的研发，解决产业发展中的技术瓶颈；

（二）孵化科技企业。以技术成果为纽带，联合产业基金和社会资本，积极开展科技型企业的孵化和育成；

（三）转化科技成果。构建专业化技术转移体系，完善成果转化体制机制，开展技术服务，加快推动科技成果向市场转化；

（四）集聚高端人才。吸引高端人才和团队在我市创新创业，培养和造就高层次的科学家、科技领军人才和创新创业人才。

第五条 新型研发机构不包括主要从事生产制造、计算机编程、教学教育、检验检测、园区管理等活动的机构或单位。

第六条 市科技部门负责我市新型研发机构的认定、政策兑现、服务和管理。

第二章 申报条件

第七条 新型研发机构应具备以下条件：

（一）在厦取得营业执照或法人证书的独立法人机构，并稳定运营1年以上。

（二）拥有进行研究、开发和试验所需要的仪器、装备和固定场地等基础设施，在厦办公和科研场所不少于200平方米。拥有必要的测试、分析手段和工艺设备，且用于研究开发的仪器设备原值不低于200万元。

（三）能够正常运营，具有稳定的研发经费来源，年度研究开发经费投入（不含厦门本地财政扶持资金）达200万元以上，且占年收入总额的30%以上。

（四）具有稳定的研发队伍，常驻研发人员不少于10人，研发人员占职工总人数比例达到40%以上。

（五）年度合同研发、科技服务和股权投资收益占年收入总额的30%以上。

第八条 进一步满足以下条件的新型研发机构，可申请认定为厦门市重大研发机构：

（一）在厦办公和科研场所面积不少于1000平方米，用于研究开发的仪器设备（含软件开发工具）原值不少于 1000 万元；

（二）年度研究开发经费（不含厦门本地财政扶持资金）投入达 500 万元以上，且占年收入总额的 30% 以上；

（三）常驻研发人员不少于 20 人，研发人员占职工总人数比例达到 40% 以上；

（四）具有核心研发团队和核心技术，已孵化和引进 2 家以上科技型企业，或合同研发、科技服务收入达到 200 万元以上。

第九条　重大研发机构的投资主体为央企、国内行业龙头企业、知名跨国公司等大型企业；或国家级科研机构、国家"双一流"建设高校，且与厦门市人民政府或市科技部门签订合作协议的，可将申报条件适当放宽至非独立法人机构。

第三章　扶持政策

第十条　经认定的新型研发机构，可享受以下扶持措施：

（一）初创期建设经费补助。首次认定的新型研发机构，给予一次性 100 万元建设经费补助。

（二）新购科研仪器设备补助。给予首次认定的新型研发机构以非财政资金购入科研仪器、设备和软件购置经费 50% 的后补助，补助总额最高 3000 万元。新型研发机构可申请认定前购置仪器设备一次性补助，或选择认定后按年度连续补助，但总补助期限不超过 5 年。

（三）创办企业补助。对新型研发机构利用自身科研成果在厦创办或参股的企业被认定为国家级高新技术企业的，每认定 1 家给予研发机构 20 万元奖励。

第十一条　经认定为重大研发机构的，进一步享受以下政策：

（一）增加初创期建设经费补助。新型研发机构自认定起 5 年内升级为重大研发机构的，建设经费可予以补足至 500 万元。

（二）提升新购科研仪器设备补助。给予非独立法人的研发机构 5 年内补助总额最高 2000 万元，独立法人的最高补助额提升至 5000 万元，仪器设备补助超出 3000 万元部分，按市、区财政体制分担。

（三）绩效考核奖励。对重大研发机构、"一事一议"方式扶持的特别重大研发机构，定期开展绩效考核，根据考核结果给予最高 500 万元（含研发机构创办企业补助）的绩效奖励，每家机构至多可获 2 次奖励。

（四）科技项目支持。鼓励其牵头组织联合攻关、搭建公共科技平台、实施重大产业化项目、申报高校院所产学研项目等。

第十二条　同一研发机构已享受省级新型研发机构科研仪器设备补助和我市企业研发经费补助的，按"就高不重复"原则，享受本办法的新购科研仪器设备补助。

第四章　认定管理

第十三条　新型研发机构认定需提交以下材料：

（一）厦门市新型研发机构申请书；

（二）申报单位成立章程及管理制度；

（三）研发场所证明；

（四）非厦门本地财政资金购置的研发仪器设备清单；

（五）有资质的中介机构出具的总收入、主营业务收入、研发经费投入（不含厦门本地财政扶持资金）专项审计报告或鉴证报告，并附研究开发活动明细表；

（六）研发机构人员清单；

（七）引进和孵化企业的资料。

第十四条　市科技部门每年开展 1 次新型研发机构认定和政策兑现工作，按以下程序进行：

（一）发布申报通知，明确申报条件、提交材料、受理时间、受理地址、联系方式；

（二）受理申报和形式审查，确认申报材料完整性；

（三）专家现场考评，自受理之日起 15 个工作日内，组织财务专家和行业专家组成的专家组进行现场核查，核实提交材料真实性，提出明确考评意见；

（四）结果公示，根据专家组考评意见，对符合条件的研发机构予以公示，公示期不少于 5 个工作日，对有异议的研发机构，市科技部门应调查核实；

（五）发文公布当年度我市新型研发机构名单；

（六）政策兑现，新型研发机构填写兑现政策申请表，经核实后按规定予以补助。

第十五条　新型研发机构实行动态管理，通过认定的新型研发机构自发文之日起有效期 5 年，有效期满前应申请重新认定，有效期内方可享受相关扶持政策。

第五章　绩效考核

第十六条　市科技部门将委托专业机构对重大、特别重大研发机构每 2 年考核 1 次，主要考核其研发条件、创新能力、人才团队建设、成果转化效益、运行管理能力、孵化高新技术企业情况等方面，考核办法由市科技部门另行制定。

第十七条　考核结果分为优秀、良好和不合格 3 个等级：

（一）考核优秀的研发机构，按其评估期内的扣除科研仪器设备购置费后的研发经费投入额，按 50% 比例给予奖励，最高不超过 500 万元；

（二）考核良好的研发机构，按其评估期内的扣除科研仪器设备购置费后的研发经费投入额，按 30% 比例给予奖励，最高不超过 500 万元；

（三）考核不合格的研发机构，取消其新型研发机构资格，2 年内不得重新申请认定。重新认定的新型研发机构不再享受初创期建设经费补助和新购仪器设备补助。

第六章　监督管理

第十八条　申报单位应如实填写申请材料，对于弄虚作假的行为，一经查实，3 年内不得重新申请认定。已通过认定的机构在有效期内如有失信或违法行为，将撤销其资格，并追回补助资金。

第十九条　新型研发机构发生名称变更、股权结构变更、重大人员变动等事项的，应在变更后 1 个月内以书面形式向市科技部门报告，进行资格核实，有效期不变，如未提出申请或资格核实不通过的，取消其新型研发机构资格。

第二十条　新型研发机构未按规定参与考核的，取消其新型研发机构资格。

第二十一条　对违规出具专项审计报告或鉴证报告的事务所，限制其 3 年内不得参与厦门市新型研发机构认定相关事务。

第七章　附　则

第二十二条　本办法由市科技部门负责解释，自颁布之日起实施，有效期 5 年。

江西省

江西省人民政府办公厅关于印发加快新型研发机构发展办法的通知

赣府厅发〔2018〕19 号

各市、县（区）人民政府，省政府各部门：

《加快新型研发机构发展办法》已经省政府同意，现印发给你们，请认真贯彻落实。

2018 年 6 月 6 日

（此件主动公开）

加快新型研发机构发展办法

为深入实施创新驱动发展战略，加快培育发展新经济，鼓励引导我省新型研发机构健康有序发展，充分发挥其在创新发展中的生力军作用，制定如下办法：

一、本办法所指的新型研发机构是指在我省按规定登记、审批，从事自然科学研究与开发以及技术转移转化、衍生孵化、科技服务等活动，采用多元化投资，按照营利性和非营利性规则运作，无行政级别、无固定编制，研发经费稳定、自负盈亏的独立法人和其他组织。

二、新型研发机构主要类型：

（一）研发企业类。由个人、企业和其他社会组织以多种形式创办，主要从事科研开发、成果转化、技术服务、科技企业孵化等活动并经工商注册的企业法人。科技协同创新体为研发企业类新型研发机构的主要类型。

（二）不核定机构编制事业单位类。引进国内外知名高等学校和科研院所与地方政府及各类产业园区、开发区等合作共建，由机构编制部门按照有关规定办理。

（三）社会服务机构类。从事自然科学研究、技术开发、技术转移转化、技术咨询服务等活动，在民政部门登记注册的社会组织法人。

（四）以市场机制配置资源的其他类型研发机构。

三、支持新型研发机构围绕我省重点发展产业和地方优势特色产业，开展关键和共性技术研究开发和成果转化，承接国家重大科技基础设施和重大科学装置落户江西，支撑产业技术创新与转型升级。

四、新型研发机构申报遵循自愿原则。省科技行政主管部门负责省新型研发机构的核定、管理、服务和监督（具体细则另行制定），组织开展新型研发机构的评审、评估、绩效考核等工作。各设区市科技行政主管部门负责本区域省新型研发机构的申报和初审。

五、省科技行政主管部门会同相关部门加强对新型研发机构的发展规划和引导服务，及时帮助解决新型研发机构发展中的问题。鼓励各地政府和省直相关部门出台优惠政策培育新型研发机构。支持各地政府采取"一院一策、一事一议"等方式择优扶持新型研发机构建设。

六、新型研发机构采用引导资金资助与后补助相结合的资助方式。在省级财政科技专项中统筹安排资金，实行竞争性分配，对新型研发机构列入年度科技计划的项目予以支持。将新型研发机构纳入省科技创新平台载体后补助范围，视绩效评估结果对新型研发机构进行后补助支持。

七、鼓励新型研发机构重点围绕我省及地方优势特色产业，面向海内外引进中高端研发人才和团队，优化配置创新资源，自主评聘职称，并与国有科研院所、高等院校同等享受相应的人才激励政策。

八、省科技行政主管部门加快制定科技创新券管理办法。支持新型研发机构以科技创新券的方式使用国有科研院所、高等学校科技创新资源，并利用科技创新券为企业等市场主体提供创新服务。

九、支持新型研发机构独立或联合申报国家和省、市、县级科技计划、成果转化、技术改造、人才团队等项目。支持企业类新型研发机构申报高新技术企业。鼓励新型研发机构申报组建国家和省及市重点实验室、工程研究中心、技术创新中心、制造业创新中心、院士工作站、博士后工作站、海智工作站等研发平台。

十、对符合国家科技创新进口税收政策的新型研发机构进口科研用仪器设备按规定免征进口关税和进口环节增值税、消费税，具体名单由省科技行政主管部门报南昌海关备案。支持新型研发机构扩大先进技术、重要装备和关键零部件进口，按规定享受进口贴息项目支持。

十一、建立完善科技金融风险补偿、贴息等配套机制，鼓励各类金融机构为新型研发机构提供知识产权质押贷款、股权质押贷款、科技企业贷款、科技保险等科技金融服务；支持发展各类科技投资机构，鼓励社会资本投资新型研发机构；通过风险补偿、后补助、创投引导等方式，运用市场机制，引导风险投资机构投资新型研发机构。

江西省新型研发机构认定管理办法

第一章 总 则

第一条 为贯彻落实《中共江西省委江西省人民政府关于印发〈江西省创新驱动发展纲要〉的通知》（赣发〔2017〕21号）、《江西省人民政府办公厅关于印发加快新型研发机构发展办法的通知》（赣府厅发〔2018〕19号）要求，规范新型研发机构管理，促进新型研发机构健康发展，为建设创新型省份提供有力支持，制定本办法。

第二条 本办法所称新型研发机构是指在赣按规定登记、审批，从事自然科学研究与开发以及技术转移转化、衍生孵化、科技服务等活动，采用多元化投资，按照营利性和非营利性规则运作，无行政级别、无固定编制，研发经费稳定，自负盈亏的独立法人和其他组织。

第三条 省科技厅负责研究组织开展省新型研发机构的申报、认定、管理和监测评价等工作。

第四条 各设区市（含省直管试点县、市，赣江新区管委会）科技管理部门负责本地区新型研发机构的培育、申请和日常管理工作。

第二章 申 报

第五条 申报省新型研发机构须符合以下条件：

（一）具有独立法人资格。申报单位须以独立法人名称进行申报，可以是企业、事业、民办非企业单位等独立法人和其他组织，注册地和主要办公场所设在江西，注册运营1年以上。

（二）业务发展方向明确。符合国家和地方经济发展需求，以研发活动为主，具有明确的研发方向和清晰的发展战略，在前沿技术研究、工程技术开发、科技成果转化、创业与孵化育成等方面有鲜明特色。

（三）灵活开放的体制机制。

1.健全的管理制度。具有现代的管理体制，建立了明确的人事、薪酬、行政和经费等内部管理制度。

2.高效的运行机制。包括多元化的投入机制、市场化的决策机制、高效率的成果转化机制等。

3.灵活的人事制度。包括市场化的薪酬机制、企业化的收益分配机制、开放型的引才和用才机制等。

（四）具备以下研发条件。

1. 研发经费稳定，上年度研发经费支出占年收入总额比例不低于30%。

2. 在职研发人员占在职员工总数比例不低于30%。

3. 具备进行研究、开发和试验所需的科研仪器、设备和固定场地。

第六条　省新型研发机构申报程序：

（一）指南发布。省科技厅定期发布申报指南，启动新型研发机构申报认定工作。

（二）网上申报。符合条件的单位，登录江西省科技业务综合系统，在规定时间内填写《江西省新型研发机构申请表》，上传相关附件材料。

（三）主管部门推荐。各设区市（含省直管试点县、市，赣江新区管委会）科技管理部门对申报单位的基本条件、材料的真实性和规范性进行审核，提出推荐意见，汇总后报送省科技厅。

（四）形式审查。省科技厅对申报材料进行复核，符合要求的进入评审论证环节。

（五）评审论证。省科技厅按遴选细则（具体细则另行制定）组织专家对申报材料进行评审，并结合实地考察论证提出意见。

（六）名单公示。省科技厅根据评审论证意见，提出拟认定名单报厅务会审议后，在其官网上进行公示，公示无异议后向社会公布。

第七条　申请认定省新型研发机构的单位须提交（上传）以下材料：

（一）省新型研发机构申请表（含机构代码、人员基本情况、真实性承诺）

（二）管理制度材料

1. 申报单位章程；

2. 合作协议（合作共建单位须提供）；

3. 运行制度：包括人才引培、薪酬激励、成果转化、科研项目管理、研发经费核算等制度。

（三）运营情况材料

1. 最近一个年度的工作报告；

2. 上一年度财务报表；

3. 单价10万元（含）以上的科研仪器设备，单价1万元（含）以上的基础软件、系统软件清单。

（四）研发情况材料

1. 经具有资质的中介机构鉴证的上一个会计年度研究开发费用情况表；

2. 成立以来立项的国家、省级科研项目清单；

3. 成立以来科技成果转化项目清单和孵化育成科技型企业清单。

第八条　对我省产业发展急需和地方政府重大投入、重点关注的研发机构，可单独组织论证，采取"一事一议"方式进行评价。

第三章　管　理

第九条　通过认定的省新型研发机构，授予江西省新型研发机构称号，自颁发资格之日起有效期为 3 年。从获得新型研发机构资格认定年度起的 3 个自然年，机构可以享受新型研发机构相关政策扶持。

第十条　新型研发机构应每年按照要求填写上年度研发和经营活动基本信息，向省科技厅提交上一年度工作总结报告，报告包括建设进展情况、主要数据指标及下年度建设计划等内容。新型研发机构应按规定和要求参加科技统计，如实填报 R&D 经费支出情况，对未按要求参加科技统计的新型研发机构，取消其新型研发机构资格。

第十一条　申报单位应当如实填写申请材料，对于弄虚作假的行为，一经查实，取消其申请资格，且 3 年内不得再次申请认定，并纳入社会征信体系黑名单。已通过认定的机构有效期内如有失信或违法行为，将撤销资格，并追缴其自发生上述行为起已享受的资金支持和政策优惠。

第十二条　省科技厅对通过认定满 3 年的新型研发机构进行绩效评价，评估合格的单位继续保持新型研发机构资格；对不参与绩效评价或绩效评价不合格的单位，取消其新型研发机构资格。同时根据绩效评价结果，择优给予经费支持（细则另行制定），支持其开展研发活动、引进人才团队、建设创新平台、提升产业创新服务能力等。

第十三条　新型研发机构发生名称变更、投资主体变更、重大人员变动等重大事项变化的，应在事后 3 个月内以书面形式向省科技厅报告，进行资格核实，有效期不变。如不提出申请或资格核实不通过的，取消其新型研发机构资格。

第四章　附　则

第十四条　各设区市（含省直管试点县、市，赣江新区管委会）科技管理部门可根据本办法制定本地区实施细则。

第十五条　本办法由省科技厅负责解释，自发布之日起施行。

山东省

关于印发《山东省新型研发机构管理暂行办法》的通知

鲁科字〔2019〕7号

各市科技局，各有关单位：

为加强新型研发机构建设，进一步完善全省科技创新体系，省科技厅制定了《山东省新型研发机构管理暂行办法》，现印发给你们，请认真贯彻执行。

山东省科学技术厅

2019年1月29日

（此件公开发布）

山东省新型研发机构管理暂行办法

第一章　总　则

第一条　为深入贯彻落实《中共山东省委山东省人民政府关于深化科技体制改革加快创新发展的实施意见》、《中共山东省委山东省人民政府关于推进新旧动能转换重大工程的实施意见》和《山东省人民政府关于印发支持实体经济高质量发展的若干政策的通知》等文件精神，加强新型研发机构建设，进一步完善全省科技创新体系，为全省新旧动能转换提供支撑，特制定本办法。

第二条　本办法所称新型研发机构主要是指投资主体多元化、组建方式多样化、运行机制市场化，具有可持续发展的能力，产学研协同创新的独立法人组织。新型研发机构以开展产业技术研发为核心功能，兼具应用基础研究、技术转移转化、科技企业孵化培育、产业投融资及高端人才集聚培养等功能。一般应冠以工研院、科研院（所）、研发中心等名称。

第三条 省科技厅负责研究制定新型研发机构发展规划和扶持政策，组织开展新型研发机构的申报、备案和动态管理等工作。设区市科技局负责本地区新型研发机构的培育、指导和日常管理等工作。

第二章 备案条件与程序

第四条 新型研发机构实行备案制管理。以独立法人名义提出备案申请，各市科技局按照程序推荐，省科技厅审核确认。符合备案条件的，予以备案。

第五条 新型研发机构申请备案应符合以下条件：

（一）具备独立法人资格。须在山东省内注册，可由政府部门、产业园区、高校、科研院所、企业及社会组织等主体自建或联合建设，主要办公和科研场所设在山东。具有一定的资产规模和相对稳定的资金来源，注册后运营1年以上。

（二）具有稳定的研发人员和研发投入。常驻研发人员占职工总数比例不低于30%，上年度研究开发经费支出占年收入总额比例不低于30%，具备开展研究、开发和试验所需的科研设施、科研仪器以及固定场地。

（三）具有灵活开放的体制机制。具有灵活的人才激励机制、开放的引人和用人机制。具有现代化的管理体制，拥有明确的人事、薪酬和经费管理等内部管理制度。建立市场化的决策机制和高效率的科技成果转化机制等。

（四）具有明确业务发展方向。围绕国家和我省经济发展需求，具有明确的发展方向和战略规划，在前沿技术研究、产业关键共性技术研究、科技成果转化、科技企业孵化培育、高端人才集聚等方面具有鲜明特色与成效。

（五）近两年来，未出现违法违规行为或严重失信行为。

第六条 新型研发机构备案程序。

1. 发布通知。省科技厅发布组织申报山东省新型研发机构的通知，申请单位登录山东省科技云平台，填写《山东省新型研发机构备案申请表》。

2. 各市推荐。各市科技局对申请表进行初审，对材料的完整性与规范性进行审核并提出推荐意见。通过初审后，申请单位在线打印纸质材料，并由市科技局汇总后报省科技厅。

3. 备案审查。省科技厅组织专家或委托第三方机构对申报材料进行审查，并结合实地考察论证提出综合审查意见。

4. 结果公示。省科技厅根据综合审查意见，提出备案意见，对通过备案的新型研发机构进行公示。无异议后，省科技厅发布新型研发机构备案名单。

第三章　运　行

第七条　新型研发机构应开展科技研发活动。结合经济社会发展需求和科技发展趋势，围绕十强产业重点技术领域的前瞻性技术、关键共性技术、地方支柱产业和战略新兴产业核心技术等开展科技研发活动，增强源头创新供给能力，为实施创新驱动发展和新旧动能转换提供科技支撑。

第八条　新型研发机构应促进科技成果转移转化。积极贯彻落实国家和我省的科技成果转移转化政策，完善体制机制，建立符合科技创新规律和市场经济规律的科技成果转移转化体系，开展科技成果转移转化服务，促进科技成果资本化、产业化。

第九条　新型研发机构应孵化培育科技型企业。打造高水平科技创新策源地，发挥高层次人才集聚、金融资本密集优势，开放共享科研设施与仪器资源，完善科技企业孵化培育功能，辐射带动一批科技型企业共同发展。

第十条　新型研发机构应加强高端人才集聚和培养。建立符合科技创新规律及人才成长规律的创新机制，以多种方式吸引海内外高端人才及团队参与合作，培养造就高水平创新人才团队。

第四章　管理与评估

第十一条　通过备案的新型研发机构，授予"山东省新型研发机构"牌匾，自颁发资格之日起有效期为3年。从获得新型研发机构备案资格年度起的3个自然年内，可享受与新型研发机构有关的政策扶持。

第十二条　对新型研发机构实行动态管理，在3年资格期满前，省科技厅委托第三方机构对备案的新型研发机构进行综合评估。评估通过的继续获得3年新型研发机构备案资格；评估不通过的，资格到期自动失效。

第十三条　山东省新型研发机构实行年度报告制度，年度报告作为绩效评估的重要内容。新型研发机构应在每年1月31日前撰写上年度工作总结报告，经市科技局审核后网上提交。新型研发机构如发生名称变更、投资主体变更、重大人事变动等重大事项，应在事后3个月内以书面形式向省科技厅报告，进行资格核实后，维持有效期不变。如不提出申请或资格核实不通过的，取消其新型研发机构资格。

第五章　扶持措施

第十四条　对备案新型研发机构，根据评估绩效择优给予后补助支持。对我省"十强"

产业发展支撑强的备案新型研发机构，可采取"一事一议"给予支持。

第十五条 备案新型研发机构在承担省市各级财政科技计划、人才引进、创新载体建设、科技成果转化收入分配等方面，可同时享受面向高校、科研院所、企业的资格待遇和扶持政策。

第六章 附 则

第十六条 本办法由省科技厅负责解释。

第十七条 本办法自 2019 年 1 月 29 日起施行，有效期至 2021 年 1 月 28 日。

青岛市科学技术局关于青岛市产业技术研究院建设试点工作的指导意见

青科基字〔2015〕4号

各区市科技局、各有关单位：

为建立健全产业技术支撑体系，促进科技与经济紧密结合，根据市委、市政府《关于大力实施创新驱动发展战略的意见》的总体部署，现结合我市实际，就开展产业技术研究院建设试点工作提出如下意见。

一、宗旨定位

产业技术研究院（以下简称"产研院"）以集聚创新资源、培育发展新兴产业、支撑传统产业转型升级为宗旨，以产业应用技术研究开发为重点，以服务企业创新、引领产业发展为根本，组织开展产业技术研究和集成攻关，创新体制机制，着力先行先试，建成需求牵引、多元共建、体系开放、水平一流的新型研发组织，逐步建立满足我市十条千亿级产业链和战略性新兴产业发展需求的产业技术支撑体系，为我市建设创新之城、创业之都、创客之岛提供科技支撑和保障。

二、建设原则

1. 明确定位、突出重点。围绕我市产业发展需求，盘活存量、引进增量，重点依托高校、院所、引进高端研发机构或新型研发组织建设产研院，充分发挥重点实验室、工程技术研究中心等创新平台作用，明确产研院行业共性及关键技术研发、技术服务、成果转化、企业孵化和人才培养"五位一体"的功能定位。

2. 政府引导、市场化运作。以政府为引导，建立多元化投入、企业化管理、市场化运行、开放式发展的运行机制，坚持技术创新的市场导向机制，实现研究开发与产业化同步发展的有机融合。

3. 协同创新、多方共赢。整合政、产、学、研、资、用各方创新要素和创新资源，开展协同创新，将产研院打造为产学研合作交流平台。积极探索和创新利益协调机制、成果共享转化机制，促进技术、人才等创新要素向企业流动，实现多方共赢。

4.统筹兼顾、分步实施。兼顾地方产业发展需要与未来前沿技术发展趋势，加强顶层设计，统筹部署、试点先行、协调发展，采取"成熟一个启动一个"的模式，分步实施，稳步推进。

三、主要任务

（一）共性及关键技术开发

发挥产研院创新源头作用，牵头组建智库联合基金，围绕产业发展需求，开展行业共性、关键技术和前瞻性技术研究，突破制约产业发展的技术瓶颈，取得一批具有自主知识产权的创新成果，引领产业发展。

（二）企业技术创新支撑服务

强化科技支撑服务，开展共性技术应用示范，以"合同科研"等方式为企业，特别是广大中小企业提供技术支撑；推动科技资源集聚共享，为企业提供大型仪器设备与数据共享、检测分析、科技评价、技术交易、知识产权等研发与中介服务，带动企业技术升级和产业结构调整。

（三）新兴产业孵化育成

打造创业载体和众创空间，鼓励科技人员创办企业，为创客提供公共服务平台，完善科技成果转移转化机制，加快科技成果工程化开发。探索利用产研院有形或无形资产进行资本化运作，通过技术转让、技术入股等多种方式，吸引智库基金、天使投资基金等社会资本，共同孵化科技型企业，育成新兴产业。

（四）高端要素集中集聚

建设高水平科技交流与合作平台，汇集一批高层次研发团队和高端创新资源，引进一批国内外先进技术，培育一批高水平创客，建立开放、流动、联合的工作机制，与国内外高校、院所、企业等各类创新载体广泛开展合作交流，联合开展协同创新，将产研院建设成为行业智库和枢纽。

（五）体制机制改革创新

依托单位应将产研院作为本单位科技体制改革的"试验田"，给予产研院"特区政策"，鼓励产研院先行先试，容缺容错。产研院要创新体制机制，探索非法人研究单元、民办非企业、企业法人或事业法人等多种模式，探索与依托单位实行"一所两制"，实行高效、灵活的管理运行机制。要在科研组织、成果转化、人才引进、创新创业、绩效考评等方面，大胆改革，勇于探索和实践。要形成能进能出的人才引进新模式，探索"固定岗"与"流动岗"相结合的人员管理模式；探索建立合理完善的利益分配机制，通过股权激励、成果收益分成以及其他激励方式，鼓励科技人员创业、兼职兼薪，激发人员的积极性和创造性，建设新型研发组织。

四、组织管理

（一）组织模式

产研院试点采取定向组织与自愿申请相结合的方式，由市科技局牵头，围绕产业发展需求，选择行业内龙头单位作为依托单位，整合行业内优质资源，共同建设。

市科技局委托青岛市科技研发服务中心行使协调服务职能，具体承担产研院试点的遴选、业务指导、绩效考评、科研资助以及重大项目组织、产业技术发展研究等工作。各区市科技行政主管部门协助做好辖区内产研院试点的建设指导和协调服务工作。

（二）基本条件

产研院试点重点从符合以下条件的单位中遴选：

1. 所属领域是重点产业。产研院试点主要从我市重点发展的产业中进行选择，产业市场较大并具有较强的研发需求。

2. 依托单位具有良好的研究基础。产研院试点重点依托高校、院所的重点实验室、工程技术研究中心等非法人研究机构，或依托引进的高端研发机构及各类新型研发组织等独立法人研发机构建设。依托单位需有良好的研发和产学研合作基础，具有行业内领先的研发实力，具有较强的行业辐射和带动能力。依托单位体制机制灵活，在人员、经费、场地方面能够给予产研院重点支持，在激励政策、绩效考评等方面给予产研院充分自主权。

3. 建设方案和规划科学合理。具体包括：产研院管理机构和决策机制、主要研发方向和研发单元设置、人员配备和人才发展计划、经费筹措管理和监督机制、科技成果转化机制、知识产权权益归属与收益分配管理等。

4. 带头人具有行业背景和组织能力。产研院试点负责人需具有深厚的行业背景和研发、组织能力，在行业内具有一定的号召力和影响力，认同产研院建设理念，富有创新激情。

（三）运行管理

加强顶层设计，引入竞争机制，对试点单位采取动态管理，实行定期考核制度，对绩效考核不合格的予以淘汰，遴选新的试点，形成有进有出的动态管理机制。

五、保障措施

（一）加强组织领导

产研院建设接受青岛市科技创新委员会（以下简称"市科技创新委"）的监督与指导，产研院建设过程中遇到的困难和问题，提交市科技创新委研究，市科技创新委办公室负责协调、督促各成员单位落实会议确定的有关事项等。

（二）完善政策支撑体系

研究制定支持和规范产研院发展的政策措施，整合现有科技计划，设立产业技术研究院建设专项资金，支持产研院试点开展共性关键技术研发、公益性技术服务、人才引进和科研条件建设等。市创新创业人才、千帆等计划优先向产研院试点倾斜，促进体制机制创新和资源配置的有机结合。

（三）发挥产研院智库作用

充分发挥产研院在本行业和本领域中的重要作用，优先支持产研院试点单位牵头建设市公共研发服务平台、组建科学研究智库联合基金、组织实施本领域市自主创新重大专项等。以政府购买服务等方式委托其开展行业研究、重大项目咨询论证、科技项目组织、绩效评估等工作。发挥大型仪器、科技文献等科技基础条件平台作用，为产研院提供跟踪服务、专业服务和个性服务。

（四）创新投入方式

建立"多方参建投资＋政府财政资金＋其他社会资金"的多元化投入机制。政府财政资金应充分发挥社会公益作用，支持产研院科研条件建设、人才引进和自主研发等，为产研院发展创造良好环境；产学研参建资金应发挥市场应用导向作用，支持产研院开展行业带动性强的共性关键技术研发；同时，通过引入智库联合基金、天使投资基金、产业投资基金等社会资本，促进产研院科研成果快速转化与产业化，培育孵化科技型企业和新兴产业。

（五）鼓励先行先试

鼓励现有各级重点实验室、工程技术研究中心等创新平台建设产研院，先行先试，开展体制机制探索和管理模式创新。各高校、院所、新型研发组织等单位要大力支持本单位产研院建设，把产研院作为本单位学科特区或科技体制改革"试验田"，各种政策向产研院倾斜。市产研院试点将重点从已经开展产研院实践的单位中遴选。

青岛市科学技术局

2015 年 8 月 10 日

内蒙古自治区

关于印发《内蒙古自治区新型科技研究开发机构认定办法》的通知

内新科发〔2017〕1 号

各盟行政公署、市人民政府，自治区新型科技研究开发机构建设领导小组各成员单位：

为贯彻落实创新驱动发展战略，深化科技体制改革，加强和规范自治区新型科技研究开发机构建设与管理，经自治区人民政府同意，现将《内蒙古自治区新型科技研究开发机构认定办法》印发给你们，请各地各部门结合实际认真贯彻执行。附件：内蒙古自治区新型科技研究开发机构认定办法。

自治区新型科技研究开发机构建设领导小组

2017 年 11 月 27 日

内蒙古自治区新型科技研究开发机构认定办法

第一章 总 则

第一条 为贯彻落实创新驱动发展战略，深化科技体制改革，加强和规范自治区新型科技研究开发机构建设与管理，充分发挥其在引进培养科技人才，消化吸收科研成果，引领带动产业升级，提高科技支撑能力等方面的作用，根据《内蒙古自治区党委自治区人民政府关于实施科技重大专项的决定》、《内蒙古自治区新型科技研究开发机构建设领导小组关于规范新型科技研究开发机构的意见》等文件精神，特制订本办法。

第二条 本办法所称新型科技研究开发机构（以下简称"新型研发机构"），是具有独立法人资格的产学研合作组织。新型研发机构以突破我区经济社会发展中的重大关键共性技术和产业应用技术、加快高新技术成果转化应用、增强产业核心竞争力、提高自主创新能力为目标，主要围绕产业或行业关键技术、共性技术和引领产业发展的前沿技术，提出解决方案，制定技术发展路线图并推动实施；组织技术攻关、推动科技成果转化、加速产业化，促进新兴产业形成，提升行业整体技术水平。通过政府支持和引导，整合企业、高校、科研机构的各种创新资源和创新要素，开展协同、开放创新和区内外科技合作与交流，提升新型科技研究开发平台的层次和水平，引进和培养高层次人才和团队，带动我区创新创业人才队伍建设，形成科学探索、人才培养、综合研发、产业创新的产学研一体化的创新格局，形成政产学研资用协同创新机制。新型研发机构以成果示范带动、服务行业、支持地区产业发展来体现其公益性质。

第二章　管理部门及职责

第三条　自治区成立"新型科技研究开发机构建设领导小组"（以下简称"领导小组"），负责全区新型研发机构的统筹规划、认定、指导；领导小组办公室设在自治区科技厅，负责全区新型研发机构的监督和业务指导。

第四条　各盟市政府、自治区各相关部门为新型研发机构的推荐单位，负责向领导小组推荐，并支持其开展工作。

第五条　各盟市科技局、国家高新区管委会为新型研发机构的归口指导单位，负责本地区内新型研发机构的培育和日常服务工作。

第三章　条件与标准

第六条　新型研发机构的发起单位应具备以下条件：

（一）在内蒙古自治区境内设立，具有独立法人资格的企业、民办非企业、事业单位等。

（二）具有健全的财务管理制度和相关管理制度。

（三）制定了新型研发机构科学完备的组建方案、章程和发展规划。

（四）有完备的科研团队和国内外较强的技术依托机构。

（五）发起单位如是企业，应为自治区行业龙头企业，能够发挥行业引领示范作用。有较强的经济实力和较好的经济效益，有相应的经费保障能力，能够落实新型研发机构建设配套经费，并能够长期支持其研究开发工作。

（六）研究开发方向须围绕地区优势特色产业、高新技术产业和战略性新兴产业，符合自治区重点支持的产业发展方向和布局，以促进地区科技进步和经济发展为目标。

（七）发起单位及其主要负责人近三年没有因违法、违规行为受到有关部门的处理处罚。

（八）具备法律、法规、政策要求的其他条件。

第四章　申报与认定

第七条　新型研发机构按照盟市规划建设与发起单位自主申报相结合的原则，统筹兼顾，分步实施，成熟一个，启动一个，并实施动态管理。

第八条　新型研发机构的发起单位，按照相关要求，提出申请及新型研发机构组建方案、章程和三年发展规划，报所在盟（市）行署（政府）相关部门审核，审核后由盟（市）行署（政府）推荐上报领导小组审定，经领导小组同意后，由领导小组办公室发布认定批复文件，纳入自治区新型科技研究开发机构系列运行。

第五章　运行管理

第九条　新型研发机构实行理事会（董事会）领导下的院长负责制和专家咨询委员会辅助制。

民办非企业和事业法人单位，实行理事会领导下的院长负责制。理事会是新型研发机构的决策机构，负责确定新型研发机构的研发方向、发展战略、运行管理等重大问题。理事会由牵头单位、合作单位负责人组成，发起单位的法人或由其指派相关负责人可以任新型研发机构法定代表人。

企业法人单位，实行董事会领导下的院长负责制。董事会是企业化运作的新型研发机构的决策机构，负责确定新型研发机构的研发方向、发展战略、运行管理等重大问题，发起企业法人或由其指派相关负责人可以任新型研发机构法定代表人。

专家咨询委员会由区内外高层次管理、技术、经济和财务专家组成，对理事会（董事会）制定的研发方向、重大发展战略、项目执行等提出意见和建议。

新型研发机构主要负责人由理事会（董事会）任免，在研究开发、技术转让、生产经营、机构设置、人员聘用、经费使用和收益分配等方面拥有相对独立的自主权。

第十条　鼓励新型研发机构大胆探索开放、竞争、流动的管理体制和运行机制。新型研发机构逐步建立联合开发、优势互补、成果共享、风险共担的产学研用合作机制；建立面向前沿科技的开放机制；建立可持续发展的市场引导机制；建立开放、流动的人才使用机制；建立高效的成果产出机制；建立合理的考核评价机制。

第十一条　新型研发机构实行预备制，预备期一年。原则上，按照先建设、后支持的方式推动新型研发机构发展。拟建新型研发机构可自行组建，并在适当时间向领导小组办公室申请新型研发机构预备资格，经审核通过，择优确认其预备资格。在稳定运行 1 年以上、开展了相应的研究开发工作，项目进展顺利、具备相应科研条件的基础上，方可按照程序申请正式成为自治区新型科技研究开发机构。如申请自治区科技重大专项，须在盟市配套、自筹配套经费到位后，方可申报。在此基础上，领导小组组织成员单位、专家进行现场考查，根据考查评估情况，确定支持方式及金额等。

第十二条 已认定的新型研发机构要严格执行经领导小组审定的组建方案。如发生主要负责人、资金构成等重大变化，由盟（市）行署（政府）、自治区级主管单位提出调整建议报领导小组办公室备案。

第十三条 鼓励新型研发机构申报、承担自治区科技重大专项。盟市配套项目经费应不低于自治区科技重大专项资金，发起企业自筹资金应不低于自治区科技重大专项资助资金的 2 倍，自治区和盟市投入部分不占股份、不参与分成。发起企业投资部分用于基础设施建设的经费原则上不能超过其出资额的 60%、用于项目研发的经费应高于其出资额的 40%。

第十四条 新型研发机构在自愿的基础上，可以以发起单位名义，注资到自治区科技协同创新基金中，享受基金各项权益。

第十五条 拟申报自治区科技重大专项的新型研发机构，按照《内蒙古自治区党委自治区人民政府关于实施科技重大专项的决定》《内蒙古自治区科技重大专项资金管理暂行办法》及科技计划项目管理的其他要求，准备相关材料，并由盟（市）行署（政府）推荐上报。

第十六条 新型研发机构在实施科技重大专项时，鼓励面向国内外公开招标，通过招标引进国内外先进的科研团队参与重大专项攻关。新型研发机构要加强与区内外高等院校和科研院所的合作，集中优势力量，共同攻关。

第十七条 新型研发机构要准确把握重点产业技术需求，依据技术需求凝练重大项目，项目选择要侧重于解决关键共性技术、产业应用技术及成果转化技术。新型研发机构在实施重大专项过程中所取得的研究成果要向本地区和整个行业辐射。在成果转化、产业化以及向其他地区进行技术服务、转让、开发、咨询活动中取得的利润由发起企业提出分配方案，利润要作为再投入，逐年累积追加，原则上安排不低于 50% 的利润用于研发再投入，以实现新型研发机构的自我发展；可以安排 40% 的利润奖励研发团队，10% 的利润奖励院长和其他管理人员，不受国有企业工资总额以及事业单位绩效工资总额限制。

第十八条 新型研发机构获得的财政经费，必须专款专用，任何部门、单位和个人均不得以任何形式截留、挪用或挤占。经费实行单独核算，同时接受相关审计与监督。

第十九条 按照《内蒙古自治区科技重大专项资金管理暂行办法》，切实加强对新型研发机构承担自治区科技重大专项的资金监管和过程管理。专项及资金由自治区科技厅、财政厅按照职责权限分工协作共同管理。自治区科技厅、财政厅负责研究专项资金年度支持重点，发布年度专项资金申报指南，组织项目申报、评审、中期检查、验收等工作。

第六章　支持与激励

第二十条　领导小组择优给予新型研发机构科技重大专项立项支持，主要支持其开展行业关键共性技术研究、产业应用技术研究和成果转化等；支持新型研发机构组建或参与产业技术创新战略联盟，协同开展产业技术集成创新；帮助、指导新型研发机构派生、孵化的企业申请高新技术企业认定。

第二十一条　各级政府要切实关注新型研发机构建设中存在的困难，营造有利于新型研发机构发展的环境，完善配套政策，在土地、税收、办公场所、人才引进、技术评定、职称晋升等方面给予新型研发机构倾斜支持。

第二十二条　对新型研发机构的科研建设发展项目，依法优先安排建设用地，自治区、盟市有关部门优先审批。符合国家和自治区有关规定的非营利性科研机构自用的房产、土地，免征房产税、城镇土地使用税。属于自治区人民政府重点扶持且纳税确有困难的新型研发机构，按税收政策相关规定，经核准定期减免税房产税和城镇土地使用税。

第二十三条　对符合条件的新型研发机构进口科研用仪器设备免征进口关税和进口环节增值税、消费税；未能享受以上税收优惠的，自治区财政行政管理部门根据上年度进口科研用仪器设备金额给予一定比例的经费支持。

第七章　评价与复核

第二十四条　新型研发机构管理实行年度工作报告、重大事项报告、年度绩效考核和综合绩效考核制度。自治区财政厅会同科技厅对新型研发机构承担科技重大专项资金使用情况进行监督检查和绩效评价。

第二十五条　新型研发机构应于每年12月底前，向领导小组办公室报告项目年度实施情况和资金年度预算执行情况，经审查后，以此作为继续支持的依据。

第二十六条　新型研发机构实施动态管理，领导小组办公室组织有关管理、技术、经济和财务专家对通过认定的新型研发机构每3年进行一次复核，复核合格的单位继续认定为自治区新型科技研究开发机构；对复核为不合格的，限期一年进行整改，对整改后仍不符合要求的，取消其自治区新型科技研究开发机构资格。对于违反相关法律规定的，依法追究其法律责任。

第八章　附　则

第二十七条　本办法自 2017 年 12 月 1 日起实施，由自治区新型科技研究开发机构建设领导小组负责解释。

湖北省

湖北省新型研发机构备案管理实施方案

（2019 年 12 月 30 日）

为贯彻落实科技部《关于促进新型研发机构发展的指导意见》（国科发政〔2019〕313号）、《中共湖北省委、湖北省人民政府关于加强科技创新引领高质量发展的若干意见》（鄂发〔2018〕28号）文件精神，引导和推动湖北省新型研发机构建设发展，完善创新体系建设，特制定本实施方案。

一、指导思想

坚持以习近平新时代中国特色社会主义思想为指导，大力实施创新驱动发展战略，围绕"一芯两带三区"区域和产业发展战略布局，坚持问题导向、需求导向、效果导向，以应用开发研究、产业共性关键技术研发和科技成果转化协同创新为重点，着力打通应用基础研究与产业化之间的通道，着力破除制约创新驱动高质量发展的体制机制瓶颈，加快建设一批投资主体多元化、管理制度现代化、运行机制市场化、产学研金政相结合、公共性与盈利性兼顾的新型研发机构，提升产业核心竞争力，为我省高质量发展提供强有力的科技创新支撑。

二、主要目标

加快布局建设一批新型研发机构，到2022年，全省建成新型研发机构500家以上，力争实现全省规模以上工业企业研发机构覆盖率达到50%，突破一批产业关键技术，转化一批重大科技创新成果，聚集一批科技领军人才和创新创业人才，形成科技创新成果与地方产业对接、科教资源向现实生产力转化的高质量发展新态势。

三、功能定位与重点任务

新型研发机构是我省科技创新平台的重要组成部分，分为 A、B、C、D 四类；A 类为产业技术研究院，B类为产业创新联合体，C类为专业型研究所（公司），D类为企校联合创新中心。

（一）产业技术研究院。应由市（州）政府为主体，高校、科研机构作为依托单位，整合行业内优质资源，共同组建的独立法人机构，主要开展产业共性技术研究、中试熟化、企业技术研发服务、科技成果转化、科技企业孵化和股权投资等创新创业活动。

（二）产业创新联合体。应由行业龙头企业，联合院士等优秀科学家及其团队共同组建的独立法人实体。主要以自主创新为基础，以产品创新为导向，围绕产业链打造创新链，开展基础研究、前沿技术、关键核心技术、共性技术的研发创新，重点解决产业"卡脖子"技术问题，推动理论成果向技术研发与应用，向产品化、商品化、市场化延伸。

（三）专业型研究所（公司）。应以国家级、省级科技创新平台或境外高水平研发平台为基础，由骨干科研人员以股权为纽带，吸引政府资金、投资基金和社会资本等参股，共同组建民营或混合所有制的独立法人公司，主要开展企业技术研发服务、促进科技成果转化、推动先进技术成果产业化应用等创新创业活动。

（四）企校联合创新中心。应以企业为主体，联合高校、科研机构组建。企校联合创新中心服务于企业研发创新需求，重点开展重大技术研发，积极开展科学仪器开放共享和高级工程技术人才培养，鼓励开展对外技术服务。企校联合创新中心设在企业内部，也可以是独立法人实体。

四、备案条件

（一）产业技术研究院

1. 所涉产业应是市州优势特色产业，省内产业规模原则上不低于 100 亿元。

2. 所在地政府主导，有相应的实质性经费投入。

3. 参与组建的企业应为产业内大型龙头骨干企业，具备较强技术创新能力和实施条件。

4. 参与组建的高校、科研机构具有相关技术领域较强的研发能力和基础。

（二）产业创新联合体

1. 所涉产业应聚焦集成电路、地球空间信息、新一代信息技术、智能制造、汽车、数字、生物、康养、新能源与新材料、航天航空等十大重点产业领域。

2. 依托的企业应当是行业龙头企业或细分领域"隐形冠军"企业。

3. 科学家应当是拥有重大科研成果的院士或优秀科学家，其带领的科研团队结构合理，长期专注的研发领域与企业产品研发紧密相关。

4. 企业与科学家及其团队已有良好的合作基础，协议确定投入到科学家团队的建设资金不少于 500 万元。

5. 联合体要有明确的组织架构，有科学合理的章程，有激励和利益共享机制、风险共担的合作机制，有健全的决策、经营、财务、人事、项目等管理制度和技术转让、知识产权保护制度。

6. 联合体建设应对上下游企业有较强技术支撑和引领带动作用，能够促进区域产业集群发展、创新发展，创造良好的经济社会效益。

（三）专业型研究所（公司）

1. 依托单位应为湖北省内注册的民营或混合所有制的独立法人公司。

2. 依托国家级、省级科技创新平台，或境外知名高校、科研机构，知名跨国公司等高水平研发平台，具有稳定的科研成果与收入来源。

3. 具有行业知名科学家及高水平的研发队伍，人才团队拥有核心技术，研发人员占员工总数的比例不低于 60%。

4. 人才团队以货币形式出资，持有 50% 以上股份。

5. 具备开展研究、开发和试验所需要的仪器、设备和固定场地等基础设施。

6. 主营业务收入应以技术合同开发、科技服务和股权投资收益为主。

7. 孵化和引进 2 家以上科技型企业，或技术合同开发、科技服务收入达到 200 万元以上。

8. 年度研究开发经费支出占年收入总额比例不低于 30%。

（四）企校联合创新中心

1. 企业在湖北省内注册，属于独立法人资格的规上企业。

2. 企业和高校、科研机构具有 3 年以上合作经历或者签订了长期稳定的合作协议，组织机构健全和规章制度完善。

3. 具有结构合理的研发队伍。研发人员不少于 20 人，其中高校、科研机构的研发人员不少于 20%。

4. 具有良好的技术研发试验条件。高校、科研机构应为企校联合创新中心提供必要的检测、分析、测试手段和相对集中的设施场所。

5. 企业投入的研发经费，在企校联合创新中心成立后的三年内不少于 100 万元。

五、保障措施

（一）备案程序。省科技厅发布新型研发机构备案的申报通知，明确需提交的文件材料、工作流程和其他相关要求。符合条件的申报单位，按规定向省科技厅提交纸质申报材料和电子文档，省科技厅对申报材料的真实性和合规性进行形式审查，符合要求的，组织专家进行审核论证。省科技厅根据专家审核论证意见，经审议通过后进行备案并在省科技厅网站上进行公示。公示期满，无异议或异议处理后下达正式备案通知。

（二）绩效考核。针对新型研发机构的不同类别，建立相应的评价指标体系。引入第三方机构每年对机构年度发展情况进行绩效考核，重点考核新型研发机构科研实施条件建设、研究开发、成果转化、人才聚集和企业孵化等指标。建立新型研发机构动态管理机制，促进全省新型研发机构优胜劣汰、高质量发展。省科技厅根据新型研发机构绩效考核结果，择优给予经费后补助。对连续两年绩效考核结果不达标的，取消备案资格。

（三）制度保障。建立新型研发机构统计报告制度，定期开展统计调查，按规定向省科技厅提交发展规划、年度工作计划与总结、年度财务审计报告等。建立新型研发机构监督问责机制，对发生违反科技计划、资金等管理规定，违背科研伦理、学风作风、科研诚信等行为的新型研发机构，依法依规予以问责处理。

六、本实施方案自发布之日起施行

湖南省

关于印发《湖南省新型研发机构管理办法》的通知

湘科发〔2020〕67 号

各市州科技局，省直管试点县市科技行政主管部门，国家高新区管委会，中央驻湘高校和科研院所，省属本科院校，各有关单位：

促进新型研发机构发展，是深入实施创新驱动发展战略，提升国家创新体系整体效能的有力抓手；是加快创新型省份建设，推动湖南高质量发展的有效载体；是强化湖南产业技术核心竞争力，促进科技成果转化的重要举措。现将《湖南省新型研发机构管理办法》印发给你们，请认真组织实施，并做好相关工作：

一、坚持政治引领，强化政策引导保障

认真贯彻落实党的十九大和十九届二中、三中、四中全会精神，充分发挥党组织在新型研发机构发展中的战斗堡垒作用，自觉把新型研发机构发展工作放到创新型省份建设、提升创新整体效能中去谋划，为优化科研力量布局，强化产业技术供给，促进科技成果转移转化提供强劲动力。

二、聚集科技创新需求，注重激励约束并举

坚持问题导向和目标导向，坚持系统设计和分类指导，积极引导新型研发机构聚焦科学研究、技术创新和研发服务，建立激励机制和监督机制，加强科研诚信和科研伦理建设，建立分类评价体系，力争到 2025 年全省建成各类新型研发机构 400 家以上。

三、突出体制机制创新，调动社会各方参与

充分发挥市场机制在配置创新资源中的决定性作用，突出创新质量和贡献。加强政策宣传力度，组织和强化培育工作。积极调动社会各方建设积极性，及时研究解决发展过程中的困难和问题。

文件施行期间，各单位在执行过程中发现的有关问题，请及时向省科技厅反映。

湖南省科学技术厅

2020 年 8 月 25 日

湖南省新型研发机构管理办法

第一条　为贯彻落实《关于促进新型研发机构发展的指导意见》（国科发政〔2019〕313 号）、《湖南创新型省份建设实施方案》（湘政发〔2018〕35 号）等文件精神，深入实施创新驱动发展战略，支持我省新型研发机构健康有序发展，提升我省产业核心竞争力，为湖南高质量发展提供强有力的科技创新支撑，特制定本办法。

第二条　新型研发机构是聚焦科技创新需求，主要从事科学研究、技术创新和研发服务，投资主体多元化、管理制度现代化、运行机制市场化、用人机制灵活的独立法人机构，可依法注册为科技类民办非企业单位（社会服务机构）、事业单位和企业。

第三条　省科技厅负责研究和起草新型研发机构发展规划和政策；组织开展新型研发机构的备案、评价和动态管理工作；统筹协调解决新型研发机构发展过程中遇到的重大问题。

各市州科技局负责辖区内新型研发机构的培育、推荐和日常监督服务等工作。

第四条　省级新型研发机构包括以下类型：

（一）产业技术协同创新类，指由县级以上政府牵头或支持，依托高校、科研机构等，整合优质资源共同组建的独立法人机构；开展产业共性技术研究、中试熟化、企业技术研发服务、科技成果转化、科技企业孵化和股权投资等创新创业活动。

（二）产业联合创新类，指由行业龙头企业，联合院士等优秀科学家及其团队共同组建的独立法人机构；主要以自主创新为基础，以产业链产品创新为导向，围绕产业链部署创新链，开展基础研究、前沿技术、关键核心技术、共性技术的研发创新，重点解决产业"卡脖子"技术问题，推动理论成果向技术研发与应用，向产品化、商品化、市场化延伸。

（三）企校联合创新类，指由企业、高校、科研院所等以市场化方式联合组建的独立法人机构；主要服务于企业研发创新需求，开展产学研协同创新，重点聚焦重大技术研发，积极开展科研仪器开放共享和高级工程技术人才培养，鼓励开展对外技术服务。

（四）专业研究开发类，指以国家级、省级科技创新平台或境外高水平研发平台为基础，由骨干科研人员以股权为纽带，吸引政府资金、投资基金和社会资本等参股，共同组建民营或混合所有制的独立法人机构；主要开展企业技术研发服务、促进科技成果转化、推动先进技术成果产业化应用等创新创业活动。

（五）其他类型。

第五条　申请备案的省级新型研发机构应具备以下条件：

（一）在湖南省注册的，主要开展基础研究、应用基础研究，产业共性关键技术研发，科技成果转移转化，以及研发服务等，具有独立法人资格的科研实体；

（二）具备进行研究、开发和试验所需要的仪器、装备和固定场地等基础设施，办公和科研场所不少于 150 平方米；拥有必要的测试、分析手段和工艺设备，且用于研究开发的仪器设备原值不低于 100 万元；

（三）具有稳定的研发经费来源，年度研究开发经费支出不低于年收入总额的 10%；

（四）具有稳定的研发队伍，研发人员不少于 20 人，其中高校、科研机构的研发人员不少于 20%；

（五）机构应有健全的决策、经营和管理制度，成熟的技术转让许可和知识产权管理规范，并具有持续的盈利能力和纳税能力；

（六）其他应当具备的条件。

第六条　申请备案需提交的材料：

（一）湖南省新型研发机构申请书；

（二）最近一个年度的工作报告；

（三）申报机构的统一社会信用代码；

（四）申报机构的成立章程；

（五）申报机构的管理制度（包括人才引培、薪酬激励、成果转化、科研项目管理、研发经费核算等）；

（六）上一年度财务报表；

（七）经具有资质的中介机构鉴证的上一个会计年度研究开发费用情况表或出具专项审计报告；

（八）近 3 年（注册运营不足 3 年的提交从成立以来）立项的国家、省级科研项目清单（包括项目名称、合同金额、项目编号和资助单位情况等）；

（九）近3年（注册运营不足3年的提交从成立以来）科技成果转化项目清单，包括项目名称、转化方式、转化收入及相关证明材料；

（十）单价20万元以上科研仪器设备、基础软件清单，单价10万元以上的系统软件清单（包括设备名称、数量、型号、原价、购置年份等信息）；

（十一）研发人员（包括姓名、年龄、学历、专业、职称、工作岗位等信息）和全体职工人员清单；

（十二）其他必要的材料。

第七条　申请备案的程序：

（一）发布通知。省科技厅发布申报备案工作通知，实行常年申请，分批办理。

（二）机构申请。符合条件的机构登录湖南省科技管理信息系统公共服务平台提出申请，提交相关材料。

（三）审核推荐。各市州科技局按属地管理原则，负责审核推荐。

（四）资格核查。资格核查包括通讯（会议）评审、现场考察和组织论证等多种形式。省科技厅按照有关规定，提出资格核查标准和要求，委托第三方机构组织实施。

（五）结果公示。省科技厅根据资格核查意见，择优提出备案意见并对备案机构进行公示。

（六）公告。公示无异议的新型研发机构名单由省科技厅发文予以公告，有效期3年。

对省委省政府决定重点支持的机构或我省产业发展急需的机构，省科技厅可根据需要按照"一事一议"的原则，单独组织咨询论证，公示后予以公告备案。

第八条　新型研发机构的日常管理：

（一）新型研发机构应在每年3月底前，向省科技厅提交上一年度工作报告；内容包括上年度从事科学研究、技术创新、研发服务和成果转化等活动的基本信息，机构发展建设进展情况、主要数据指标及下年度重点计划等。

（二）新型研发机构发生名称变更、投资主体变更、重大人员变动等重大事项变化的，应在2个月内以书面形式向省科技厅报告并经核查同意。如不提出申请、未按期提出申请，或核查不通过的，可取消其湖南省新型研发机构备案资格。

（三）获得财政专项资金资助的新型研发机构须遵守财政、财务规章制度和财经纪律，自觉接受监督检查；确保相关经费规范使用，并将其纳入研发投入统计。

第九条　申请备案机构对申报材料的客观性、真实性、完整性负责；存在弄虚作假行为的，一经查实，相关责任主体纳入科研诚信失信行为处理。

第十条　省科技厅对新型研发机构实行动态管理；对有下列情况之一的，可视其情节，取消湖南省新型研发机构备案资格并予以公告：

（一）重大事项变更导致不符合申请备案条件的；

（二）提供虚假材料和数据的；

（三）逾期未报送年度工作报告等重要材料的；

（四）绩效评价结果为不合格且整改不到位的；

（五）因严重失信行为被纳入社会信用"黑名单"的；

（六）因严重违法行为受到刑事、行政处罚的；

（七）其他应予取消称号的。

被取消湖南省新型研发机构资格的，自取消之日起，3 年内不得再次申请省级新型研发机构备案。

第十一条　有效期满后，省科技厅对湖南省新型研发机构开展绩效评价。建立分类评价体系，科学合理设置评价指标，突出创新质量和贡献，注重发挥用户评价作用。采取机构自评、专家咨询及重点抽查复核等形式，委托第三方机构组织实施。评价结论分为优秀、良好、合格和不合格，评价结论为合格以上的保留湖南省新型研发机构资格；评价结论不合格的，给予半年整改期，整改期后再次评价不合格的，备案资格自动失效，同时取消湖南省新型研发机构资格。

第十二条　湖南省新型研发机构可获得以下措施支持发展：

（一）新型研发机构可按照要求申报国家和省级科技重大专项、重点研发计划、自然科学基金等各类政府科技项目、科技创新基地和人才计划。

（二）省科技厅联合省财政厅，通过中央引导地方科技发展专项资金、省级财政科技经费，支持新型研发机构的建设运行。

（三）进一步完善和落实知识产权转化为股权、期权的激励政策，促进新型研发机构加快科研成果转化，对新型研发机构的科研成果在省内转化、产业化的，按有关规定给予奖励。

（四）支持新型研发机构开展研发创新活动，对机构上年度非财政经费支持的研发经费投入，符合相关条件的，给予研发经费奖补。

（五）对符合条件的民办非企业发起设立的新型研发机构进口科教用品可按规定享受支持科技创新进口税收政策。

（六）对加盟本省科研仪器开放共享平台并对外提供开放共享服务的新型研发机构，符合相关条件的，给予开放共享服务后补助资金。

（七）对开展技术交易和技术转移服务的新型研发机构，按照上一年度技术交易和技术转移服务交易额的一定比例给予后补助支持。

（八）新型研发机构可以按规定享受相应的研发费用税前加计扣除政策。

（九）依照有关规定可享受的其他优惠政策。

第十三条　本办法自 2020 年 8 月 25 日起施行，有效期 5 年。

广东省

广东省科学技术厅等十部门关于支持新型研发机构
发展的试行办法

第一条　为贯彻落实《中共广东省委广东省人民政府关于全面深化科技体制改革加快创新驱动发展的决定》（粤发〔2014〕12号）、《广东省人民政府关于加快科技创新的若干政策意见》（粤府〔2015〕1号），支持新型研发机构发展，制定本办法。

第二条　本办法所称的新型研发机构，是指投资主体多元化，建设模式国际化，运行机制市场化，管理制度现代化，创新创业与孵化育成相结合，产学研紧密结合的独立法人组织。新型研发机构是广东省区域创新体系的重要组成部分，是加快创新驱动发展的重要生力军。

第三条　新型研发机构应建立健全由产学研等多方主体共同参与的理事会制度和与之相适应的管理制度，实行管投分离、独立运作，发挥市场配置资源的决定性作用。

第四条　省级科技行政部门负责制定全省新型研发机构的总体发展规划、评价标准、评审程序，委托第三方科技中介机构组织专家开展新型研发机构的评审、论证、评价等工作。

第五条　鼓励引导各级政府、企业与省内外高等院校、科研机构、企业和社会团体以产学研合作形式在广东创办新型研发机构，鼓励大型骨干企业组建企业研究院等新型研发机构，在能力建设、研发投入、人才引进、科研仪器设备配套等方面给予支持，省大型科学仪器设施协作网向新型研发机构开放。

第六条　省、市、区多级联动，择优扶持新创建的新型研发机构建设和发展，鼓励各级政府设立专项资金扶持新型研发机构发展。新型研发机构在申报、承担各级财政科技计划项目时，可享受科研事业单位同等资格待遇。

第七条　新型研发机构科研人员参与职称评审与岗位考核时，发明专利转化应用情况可折算论文指标，技术转让成交额可折算纵向课题指标。

第八条　新型研发机构聘用本科以上专业技术人员、管理人员及海外留学人员，符合条件的可享受国家规定的以及省和所在地市有关引进人才（海外高层次人才）的优惠政策。

第九条　对新型研发机构的科研建设发展项目，可依法优先安排建设用地，省市有关部门优先审批。符合国家和省有关规定的非营利性科研机构自用的房产、土地，免征房产税、城镇土地使用税。按照房产税、城镇土地使用税条例、细则及相关规定，属于省政府重点扶持且纳税确有困难的新型研发机构，可向主管税务机关申请，经批准，可酌情给予减税或免税照顾。省政府重点扶持的新型研发机构的名单由省科技厅报省政府确定后，在每年9月底前提供给省级地税行政部门按照规定办理。

第十条　新型研发机构的科技成果转化参照《广东省人民政府关于加快创新驱动发展的若干意见》有关政策执行，进一步完善和落实知识产权转化为股权、期权的激励政策，促进新型研发机构加快科研成果转化。

第十一条　对符合条件的新型研发机构进口科研用仪器设备免征进口关税和进口环节增值税、消费税，具体名单由省级科技行政部门报海关广东分署备案；未能享受以上税收优惠的，省级财政行政部门根据上年度进口科研用仪器设备金额给予一定比例的经费支持。

第十二条　支持新型研发机构开展研发创新活动，对上年度非财政经费支持的研发经费支出额度给予不超过20%的补助，单个机构补助不超过1000万元。已享受其他各级财政研发费用补助的机构不再重复补助。

第十三条　本办法由省级科技行政部门会同有关部门负责解释。

第十四条　本办法自2015年6月1日起施行，有效期3年，有关政策法律依据发生变化或有效期满，根据实施情况依法评估修订。

广东省科学技术厅关于印发《广东省科学技术厅关于新型研发机构管理的暂行办法》的通知

粤科产学研字〔2017〕69 号

各地级以上市人民政府，顺德区人民政府，省政府各有关部门、直属机构，各有关单位：

为贯彻落实《中共广东省委 广东省人民政府关于全面深化科技体制改革加快创新驱动发展的决定》（粤发〔2014〕12 号）、《广东省人民政府关于加快科技创新的若干政策意见》（粤府〔2015〕1 号）和《关于支持新型研发机构发展的试行办法》（粤科产学研字〔2015〕69 号）等文件及全省新型研发机构现场会精神，扶持和培育广东省新型研发机构（以下简称"新型研发机构"），规范新型研发机构的管理，促进新型研发机构的健康发展，为建设国家科技产业创新中心提供有力支撑，我厅制定了《广东省科学技术厅关于新型研发机构管理的暂行办法》，经省人民政府同意，现印发给你们，请认真执行。实施过程中遇到的问题，请径向省科技厅反映。

附件：广东省科学技术厅关于新型研发机构管理的暂行办法

省科技厅

2017 年 6 月 5 日

新型研发机构管理的暂行办法

第一章　总　则

第一条　为贯彻落实《中共广东省委广东省人民政府关于全面深化科技体制改革加快创新驱动发展的决定》（粤发〔2014〕12 号）、《广东省人民政府关于加快科技创新的若干政策意见》（粤府〔2015〕1 号）和《关于支持新型研发机构发展的试行办法》（粤科产学研字〔2015〕69 号）等文件精神，扶持和培育广东省新型研发机构（以下简称"新型研发机构"），规范新型研发机构的管理，促进新型研发机构的健康发展，为完善我省区域创新体系和实施创新驱动发展战略提供有力支撑，制定本办法。

第二条　省级科技管理部门负责研究和起草新型研发机构发展规划和政策；组织开展新型研发机构的申报、评审、管理和监测评估；统筹协调解决新型研发机构发展过程中遇到的重大问题。

第三条　各地级以上市科技管理部门负责本地区新型研发机构的培育、申请和日常管理工作。

第二章　申报与认定

第四条　新型研发机构一般是指投资主体多元化、建设模式国际化、运行机制市场化、管理制度现代化，具有可持续发展能力，产学研协同创新的独立法人组织。新型研发机构须自主经营、独立核算、面向市场，在科技研发与成果转化、创新创业与孵化育成、人才培养与团队引进等方面特色鲜明，其主要功能包括：

一、开展科技研发。围绕我省重点发展领域的前沿技术、战略性新兴产业关键共性技术、地方支柱产业核心技术等开展研发，解决产业发展中的技术瓶颈，为全省乃至全国创新驱动发展提供支撑。

二、科技成果转化。积极贯彻落实国家和省关于科技成果转化政策，完善成果转化体制机制，构建专业化技术转移体系，加快推动科技成果向市场转化，并结合全省产业发展需求，积极开展各类科技技术服务。

三、科技企业孵化育成。以技术成果为纽带，联合多方资金和团队，积极开展科技型企业的孵化与育成，为地方经济和科技创新发展提供支撑。

四、高端人才集聚和培养。吸引重点发展领域高端人才及团队落户广东，培养和造就具有世界水平的科学家、科技领军人才和创业人才服务地方经济发展。

第五条　申请认定为新型研发机构的单位须具备以下基本条件：

一、具备独立法人资格。申报单位须以独立法人名称进行申报，可以是企业、事业和社团单位等法人组织或机构。

二、在粤注册和运营。注册地在广东，主要办公和科研场所设在广东，具有一定的资产规模和相对稳定的资金来源，注册后运营 1 年以上。

三、具备以下研发条件。

（一）上年度研究开发经费支出占年收入总额比例不低于 30%。

（二）在职研发人员占在职员工总数比例不低于30%。

（三）具备进行研究、开发和试验所需的科研仪器、设备和固定场地。

四、具备灵活开放的体制机制。

（一）管理制度健全。具有现代的管理体制，拥有明确的人事、薪酬、行政和经费等内部管理制度。

（二）运行机制高效。包括多元化的投入机制、市场化的决策机制、高效率的成果转化机制等。

（三）引人机制灵活。包括市场化的薪酬机制、企业化的收益分配机制、开放型的引人和用人机制等。

五、业务发展方向明确。符合国家和地方经济发展需求，以研发活动为主，具有明确的研发方向和清晰的发展战略，在前沿技术研究、工程技术开发、科技成果转化、创业与孵化育成等方面有鲜明特色。

主要从事生产制造、教学教育、检验检测、园区管理等活动的单位申请原则上不予受理。

第六条 新型研发机构申报认定程序。

1.申报受理。符合申请条件的单位根据每年申报指南，登录广东省科技业务管理阳光政务平台，在规定时间内完成申请书填写、上传有关证明材料和提交申请。

2.主管部门推荐。申报书由各地市科技管理部门（或省直部门）审核后，提交到省级科技管理部门。申报受理后，纸质申报材料须按要求打印并加盖单位公章，送交指定业务受理窗口。

3.形式审查。省科技主管部门委托第三方服务机构对申报材料进行形式审查，符合要求的进入评审论证环节。

4.评审论证。评审论证包括网上评审、书面评价、现场考核和组织论证等多种形式。省级科技管理部门按照有关规定，提出评审标准和要求，委托第三方服务机构组织评审论证。第三方服务机构根据实际情况选择适合的评审方式对申报单位进行评价。

5.结果公示。省级科技管理部门根据评审论证意见，提出认定意见并对认定机构进行公示。

6.报请审批。通过评审和公示的新型研发机构名单由省级科技管理部门报省政府批准后正式发布。

第七条 对省委省政府重点扶持的机构或我省产业发展急需的机构，可单独组织论证，采取"一事一议"方式进行评价。

第八条　申请认定新型研发机构的单位须提交以下材料：

1. 广东省新型研发机构申请表；

2. 最近一个年度的工作报告；

3. 申报单位的统一社会信用代码证；

4. 申报单位的成立章程；

5. 申报单位的管理制度（包括人才引培、薪酬激励、成果转化、科研项目管理、研发经费核算等）；

6. 上一年度财务报表；

7. 经具有资质的中介机构鉴证的上一个会计年度研究开发费用情况表；

8. 近 3 年立项的国家、省级科研项目清单（包括项目名称、合同金额、项目编号和资助单位情况等）；

9. 近 3 年科技成果转化项目清单，包括项目名称、转化方式、转化收入及相关证明材料；

10. 单价万元以上的科研仪器设备、基础软件、系统软件清单（包括设备名称、数量、原值总价、购置年份等信息）；

11. 其他必要的材料。

第三章　管理与评估

第九条　通过认定的新型研发机构，授予广东省新型研发机构牌匾，自颁发资格之日起有效期为 3 年。从获得新型研发机构资格认定年度起的 3 个自然年，机构有资格享受与新型研发机构有关的政策扶持。

第十条　省级科技管理部门委托第三方中介机构对机构进行动态评估。在新型研发机构资格期满前，比照认定条件对机构进行评估，评估通过的继续获得 3 年新型研发机构资格；评估不通过的，资格到期自动失效。

第十一条　申报单位应当如实填写申请材料，对于弄虚作假的行为，一经查实，3 年内不得申请认定，并纳入社会征信体系黑名单。已通过认定的机构有效期内如有失信或违法行为，将撤销资格，并追缴其自发生上述行为起已享受的资金支持和政策优惠。

第十二条　新型研发机构发生名称变更、投资主体变更、重大人员变动等重大事项变化的，应在事后 3 个月内以书面形式向省级科技管理部门报告，进行资格核实，有效期不变。如不提出申请或资格核实不通过的，取消其新型研发机构资格。

第十三条　新型研发机构应在每年 3 月份前按照要求填写上年度研发和经营活动基本信息，向省级科技管理部门提交上一年度工作总结报告。汇报机构的建设进展情况、主要数据指标及下年度建设计划等。

第四章　权利与义务

第十四条　通过评审的新型研发机构可享受《广东省人民政府关于加快科技创新的若干政策意见》（粤府〔2015〕1 号）和《关于支持新型研发机构发展的试行办法》（粤科产学研字〔2015〕69 号）等文件规定的政策优惠，可申报新型研发机构省相关扶持资金项目。

第十五条　新型研发机构应严格遵守本办法，配合做好管理和监督，按要求参加科技统计，如实填报 R&D 经费支出情况。对未参加科技统计的新型研发机构，将取消其新型研发机构资格。对获得新型研发机构省相关扶持资金项目支持的项目，应按照省有关经费管理规定使用。

第五章　附　则

第十六条　本办法适用于经省政府认定的新型研发机构。

第十七条　本办法由省级科技管理部门负责解释。

第十八条　本办法自 2017 年 6 月 6 日起执行，有效期三年。

深圳市财政委员会、深圳市科技创新委员会关于印发
《关于加强新型科研机构使用市科技研发资金人员相关经费管理的意见
（试行）》的通知

深财规〔2014〕7号

各有关单位：

为促进我市新型科研机构发展，规范市科技研发资金管理，提高财政科研投入资金绩效，根据深圳市财政委员会、深圳市科技创新委员会联合印发的《深圳市科技研发资金管理办法》（深财科〔2012〕168号）和《关于规范市财政科技研发资金管理的通知》（深财科〔2013〕87号），结合我市科技创新活动的实际情况，我们制定了《关于加强新型科研机构使用市科技研发资金人员相关经费管理的意见（试行）》，并已经市政府审批同意。现予以印发，请遵照执行。

深圳市财政委员会
深圳市科技创新委员会
2014年5月8日

关于加强新型科研机构使用市科技研发资金人员相关经费管理的意见
（试行）

为促进我市新型科研机构发展，规范市科技研发资金管理，提高财政科研投入资金绩效，根据深圳市财政委员会、深圳市科技创新委员会联合印发的《深圳市科技研发资金管理办法》（深财科〔2012〕168号）和《关于规范市财政科技研发资金管理的通知》（深财科〔2013〕87号），结合我市科技创新活动的实际情况，现就加强新型科研机构市科技研发资金

中人员相关经费管理提出以下意见：

一、新型科研机构定义

本意见所称新型科研机构，是指在深圳市合法注册登记，以承担科学研究、技术开发等公益社会服务为主要业务或职责的科技类民办非企业单位或除国家机关外的其他组织利用国有资产举办的，不实行编制或员额管理，不纳入财政预算管理的事业单位。

二、人员相关经费开支范围

新型科研机构获得的市科技研发资金，可开支以下人员相关经费：

（一）人员绩效支出

是指在项目单位承担科研人员工资性支出的基础上，对于建立了较完善的科研绩效评价和激励机制的单位，根据科研人员在立项项目上的绩效考核实绩给予的资助。

（二）劳务费

是指在项目研究开发过程中支付给项目组成员中没有工资性收入的相关人员（如在校研究生）和项目组临时聘用人员等的劳务性费用。

（三）专家咨询费

是指在项目研究开发过程中支付给临时聘请的咨询专家的费用。专家咨询费不得支付给参与本项目、与项目管理有关的工作人员。专家咨询费资助标准应按国家和我市有关规定执行。

（四）差旅费和国际合作交流费中的个人补助部分

是指在项目人员因项目任务需要出差或参加国际合作交流活动时，项目单位属事业单位的，按照我市事业单位有关财务规定给予个人的出差补助或因公临时出国（出境）补助；项目单位属科技类民办非企业单位的新型科研机构的，应参照我市事业单位有关财务规定给予个人的出差补助或因公临时出国（出境）补助。

（五）其他经市政府批准开支的人员相关经费

三、人员相关经费管理要求

（一）保障科研人员合理待遇

科研人员是单位科技创新能力的核心，市科技研发资金鼓励新型科研机构加大人力投入，完善科研人员管理制度，保障科研人员的工资福利，建立基于绩效目标的科研激励机制。对无法保障科研人员合理工资福利待遇的新型科研机构不予资助。

新型科研机构可在市科技研发资金资助金额上使用自筹资金叠加支出人员相关经费。

（二）完善科研经费管理制度

新型科研机构应专设科研项目管理机构，配备固定科研项目和经费管理人员。制定和完善科研经费财务管理制度和科研人员相关经费管理制度。

新型科研机构科研项目和经费管理制度报市科技部门审核、财政部门备案后，可放宽间接费用及其中人员绩效支出的支持比例。

新型科研机构支付给在职直接从事研发活动人员的货币化工资（薪金），以及按规定为在职直接从事研发活动人员缴纳的基本养老保险费、基本医疗保险费、失业保险费、工伤保险费、生育保险费和住房公积金，确需列入项目经费预算的，应作为单位自筹人员费编入预算。

（三）加强科研资金执行监管

相关经费应严格执行专项资金银行监管制度。相关经费应按国家有关规定独立核算、建立台账。市财政部门、科技部门不定期抽查。

（四）建立诚信档案

对新型科研机构建立诚信档案。经抽查发现有违反经费管理规定的机构，根据情节取消放宽绩效支出比例，并严格按《深圳市科技研发资金管理办法》（深财科〔2012〕168 号）严肃处理。

四、人员相关经费支出标准

（一）加强对新型科研机构人员的稳定支持

为加强对新型科研机构人员的稳定支持，对符合第三条第（二）项的新型科研机构，其承担的市科技研发资金基础研究类项目可按 40% 的比例在市科技研发资金资助金额中开支人员绩效支出，其他项目可按 30% 的比例开支人员绩效支出，并可相应调整项目间接经费预算。

（二）规范绩效支出和劳务费开支标准

新型科研机构获得的市科技研发资金用于人员绩效支出、劳务费的，每月资助标准最高不超过上年度全市在岗职工月平均工资的 3 倍。根据《关于鼓励科研项目单位吸纳和稳定高校毕业生就业的若干意见》（国科发财〔2009〕97 号），市科技研发资金项目单位聘用应届高校毕业生、在校研究生参与研究，其劳务性费用和有关社会保险费补助可按规定从项目经费预算中的"劳务费"科目列支。

（三）规范专家咨询费开支标准

新型科研机构使用市科技研发资金开支专家咨询费的，资助标准最高额参照下表：

咨询专家	咨询方式	标准（元）	
具有或相当于高级专业技术职称的人员	会议咨询	1200（人/天）（第1、2天）	800（人/天）（第3天以后）
	通讯咨询（网上单独评审）	100（人/个项目或课题）	
其他人员	会议咨询	800（人/天）（第1、2天）	600（人/天）（第3天以后）
	通讯咨询（网上单独评审）	80（人/个项目或课题）	

五、效力

本《意见》自发布之日起实施，有效期两年。

对于符合条件的新型科研机构，其市科技研发资金人员相关经费管理与《深圳市科技研发资金管理办法》（深财科〔2012〕168号）、《关于规范市财政科技研发资金管理的通知》（深财科〔2013〕87号）有不一致之处，以本《意见》为准。

海南省

中共海南省委海南省人民政府关于加快科技创新的实施意见

琼发〔2017〕12 号

为深入贯彻落实全国科技创新大会精神，主动适应经济发展新常态，坚持把创新作为引领发展的第一动力，补齐科技创新短板，着力解决我省科技创新能力薄弱、科技创新体制不顺和机制不灵活、科技创新人才缺乏、科技与产业结合不紧密，特别是科技创新的氛围不浓厚、企业作为创新主体的作用尚未有效发挥等突出问题，根据中共中央、国务院《关于深化体制机制改革加快实施创新驱动发展战略的若干意见》（中发〔2015〕8 号）等文件精神，结合海南实际，提出如下实施意见。

一、指导思想和总体目标

（一）指导思想。全面贯彻党的十八大和十八届三中、四中、五中、六中全会精神，深入学习贯彻习近平总书记系列重要讲话精神和治国理政新理念新思想新战略，牢固树立创新、协调、绿色、开放、共享的发展理念，全面落实中央关于深化科技体制机制改革、加快实施创新驱动发展的决策部署，立足省情，加快实施创新驱动发展战略，着力推进供给侧结构性改革，培育壮大以现代服务业为主的 12 个重点产业，提高经济发展质量和效益，为全面建设国际旅游岛、全面建成小康社会提供有力的科技支撑。

（二）总体目标。到"十三五"期末，全省研究与试验发展经费占地区生产总值的比重达到 1.5% 以上，与经济社会发展相适应的区域科技创新体系进一步完善，企业技术创新主体地位明显增强，科技创新和成果转化应用能力显著提高，科技基础条件明显加强，科技创新资源和服务平台共享机制基本形成，科技人才队伍得到较快发展，全民科学素质明显提升。在重点领域和重点产业的关键共性技术取得突破，自主创新能力显著增强，战略性新兴产业和高新技术产业快速发展，科技支撑和引领经济社会发展的作用更加显著，基本形成以企业为主体、市场为导向、产学研相结合的技术创新体系。

二、加强科技创新的统筹协调

（三）加强科技创新驱动发展战略的顶层设计。强化顶层设计，搭建公开统一的省科技计划管理平台，建立省科技计划管理厅际联席会议制度，成立战略咨询与综合评审委员会，优化形成符合我省实际、与国家五大科技计划衔接的省级科技计划体系。改革科技创新战略规划和资源配置体制机制，深化产学研合作，加强科技创新统筹协调，加快建立健全各主体、各方面、各环节有机互动、协同高效的科技创新体系。

（四）建立以产业创新为重点的科技创新新机制。着力围绕产业链部署创新链、围绕创新链完善资金链，聚焦全省经济社会发展战略目标，整合和优化创新资源要素配置，形成科技创新合力。围绕加快培育深海、航天、医疗健康、新能源、新材料、互联网、热带特色高效农业和现代旅游等产业，组织实施一批重大科技计划项目，突破一批具有引领和带动作用的核心关键技术，形成一批有竞争力的新产品、新企业、新业态，争取在深海、航天和热带高效农业等领域成为领跑全国的创新高地。

三、强化企业技术创新主体地位

（五）培育发展高新技术企业。开展科技型企业认定工作，重点支持具有一定规模和良好成长性的科技型企业开展技术创新活动，建立高新技术企业培育库，培育期3年。每年根据入库企业年度研发实际投入和培育期内企业规模的成长，给予不超过50万元的研发资金补贴，用于企业技术攻关、新产品研发和标准研制，提高企业自主创新能力。

（六）积极引进高新技术企业。引进一批符合我省产业需求的高新技术企业，培育壮大我省高新技术企业队伍，促进我省高新技术产业快速发展。对整体迁入我省的高新技术企业，在其高新技术企业资格有效期内完成迁移的，根据企业规模和企业所在行业等情况，给予不超过500万元的一次性研发资金补贴，用于企业开展技术创新活动。省外高新技术企业在我省设立的具有独立法人资格的企业，经所在园区或市县科技部门推荐、省科技厅审核，直接纳入高新技术企业培育库。

（七）鼓励企业开发具有自主知识产权的新产品。鼓励企业积极开展新技术、新产品的研发攻关、专利化和产业化应用，被认定为海南省高新技术产品的，一次性给予最高不超过20万元的研发资金补贴。鼓励各市县和科技园区给予相应的政策扶持。

（八）强化企业技术创新的制度保障。认真落实国家支持企业技术创新的研发费用加计扣除、高新技术企业所得税优惠、固定资产加速折旧、股权激励、技术入股、技术服务和转让等税收优惠及分红激励政策。对按规定可享受研发费用加计扣除所得税优惠政策企业的实际研发投入，企业所在市县（区）政府要按一定比例给予补助。把研发投入和技术创新能力作为政府支持企业技术创新的前提条件。鼓励有条件的企业牵头开展重大科技研发活动。

（九）加快创新创业载体建设。鼓励社会力量投资建设或管理运营创新创业载体，积极推动科技企业孵化器和众创空间的建设和发展。经认定的国家级科技企业孵化器一次性奖励200万元，省级科技企业孵化器一次性奖励100万元，省级众创空间一次性奖励30万元；对科技企业孵化器和众创空间实行年度考核、动态管理。根据考核结果，对科技企业孵化器和众创空间的运营给予一定资金补贴。

四、加快科技创新成果转化

（十）加强科技成果转化平台建设。支持国内外高等院校、科研院所、企业在我省建设技术转移转化中心、中试与转化基地、新型研发机构、产业技术创新战略联盟等科技成果转化平台。符合规定的，省科技部门给予立项支持。鼓励市县政府、高新园区、开发区为新型研发机构提供长期免费或低租金的办公、科研场所。经省科技部门认定为新型研发机构的，其专门科研用地可按程序以科教用地办理土地出让手续；经营性产业用地采取招标出让的，出让底价可以在参照工业用地基准地价及相应的土地用途修正系数进行价格评估后集体决策确定。

（十一）加强科技服务机构建设。加强科技评估、技术市场、标准服务、检验检测认证、创业孵化、知识产权、科技咨询、科技金融、科学普及等科技服务机构建设，积极探索以政府购买服务、"后补助"等方式支持公共科技服务发展，提升科技服务业对科技创新和产业发展的支撑能力。

（十二）强化知识产权创造和运用。通过国家知识产权管理体系认证机构审核认证的贯标企业一次性支持20万元；通过国家知识产权局审核准予备案的产业知识产权联盟，一次性支持30万元；经国家知识产权局确认的国家级知识产权示范企业、优势企业，分别一次性支持50万元、30万元。加强知识产权交易服务平台建设，经批准设立的知识产权运营公共服务平台，一次性支持100万元；支持知识产权质押融资，鼓励知识产权质押融资评估担保机构、商业银行和保险公司等机构开展知识产权质押融资服务工作，每年根据年度考核，给予一定补助。

五、加强科技创新平台建设

（十三）积极培育海南国家农业高新技术产业开发区。以现有国家农业科技园区为基础，培育海南国家农业高新技术产业开发区，集聚高等院校、科研院所、创新创业人才和高新技术企业入驻园区，实现产业链的融合，引领海南现代农业发展。

（十四）支持高新技术产业园区建设。从人才引进、住房优惠、科技创新奖励、招商资源配备、重大招商项目审批等方面出台专项优惠政策，积极支持海口国家高新技术产业开发区、海南生态软件园、博鳌乐城国际医疗旅游先行区等产业园区建设。开展省级高新技术产业开发区认定和管理工作。

（十五）加大力度引进科研机构。对国内外著名科研院所、大学在我省设立科研机构，给予大力支持。设立整建制科研机构，给予最高不超过2000万元的支持；设立分支机构，给予最高不超过500万元的支持。省财政、发展改革、科技等相关部门，采取一事一议的方式决定支持额度，省财政安排经费，支持科研机构完善科研条件和引进、培养人才等。

（十六）加强海洋科技创新载体建设。对从事海洋等领域科学技术研究的公益性科研机构用地，以划拨方式供应所需建设用地，保障岸线和用海需求。支持国家级深海等科研平台建设，争取海洋领域的国家重大科技专项落户海南，打造海洋科技创新新高地。

（十七）加强科普载体建设。着眼于科普可持续发展，聚焦科普设施、科普活动、科普内容开发、科技传播载体建设等，加快专业科技馆、虚拟科技馆等各类科普教育基地建设，提升科普公共服务能力。

六、鼓励科技人才创新创业

（十八）实施创新创业人才培养计划。加大推送本土人才进入国家高层次人才行列力度，制定入选国家级项目人才配套支持政策。依托重大科技项目、重点科研基地，培养科技创新创业领军人才。加大力度推进创业英才培养计划实施，完善支持政策，创新支持方式，对在我省重点发展的优势产业和领域做出突出贡献的创新创业型人才给予奖励。

（十九）加强高层次人才和团队的引进。围绕12个产业、6类产业园区和海洋等领域，实施高层次人才和科技创新团队引进计划，按照有关政策，对引进带项目、带资金的科技型创新创业领军人才，给予每人100万元的项目启动经费及其他相关补贴；对引进的院士等高层次人才，以及引进人才被认定为我省"百人专项"专家的，享受相关人才政策奖补待遇；对引进的科技创新团队，给予200万~500万元创业启动经费支持。对我省急需紧缺的特殊人才，开辟专门渠道，采取一事一议方式给予特殊支持；允许高等院校、科研院所设立一定比例流动岗位，吸引有创新创业经验的企业家和企业科技人才担任兼职教授或创业导师。完善柔性引才政策，简化手续，吸引国内外"候鸟"高端人才来琼交流服务。

（二十）落实人才配套政策。放宽引进人才落户限制，符合标准的高层次人才可在全省自由落户。进一步开展人才服务管理改革试点工作，积极扩大试点范围，解决人才在工作、生活、保险、住房、子女入学、配偶安置等方面的困难。出台引进高层次人才安居政策，通过提供免费人才公寓、公租房、共有产权房或发放住房补贴等方式多渠道解决人才居住需求，以居住成本优势增强对省外人才的吸引力。

（二十一）鼓励开展各类创新创业活动。鼓励社会力量围绕大众创业、万众创新组织开展各类活动，让大众创业、万众创新在全社会蔚然成风。通过举办中国创新创业大赛（海南赛区）暨海南省创新创业大赛等赛事活动，鼓励各行业、各市县举办各类创新创业竞赛活动，广泛聚集创新人才、创新团队在我省创新创业。

七、促进科技与金融结合

（二十二）创新财政科技投入方式与机制。继续加大财政资金对科技创新的投入，积极构建以政府投入为引导、企业投入为主体，财政资金与社会资金、股权融资与债权融资、直接融资与间接融资有机结合的科技投融资体系。综合运用无偿资助、政府性基金引导、风险补偿、贷款贴息以及后补助等多种方式，引导和带动社会资本参与科技创新。

（二十三）加大对科技创新的信贷支持。鼓励银行业金融机构先行先试，积极探索科技型中小企业贷款模式、产品和服务创新。建立科技型中小企业贷款风险补偿机制，形成政府、银行、企业以及中介机构多元参与的信贷风险分担机制。鼓励符合条件的银行业金融机构与创业投资、股权投资机构开展投贷联动，为科技型企业提供股权和债权相结合的融资服务。

（二十四）开展发放科技创新券试点。面向企业发放科技创新券，按一定比例支持企业向高校、科研院所等科技服务机构购买技术成果、专利技术、测试检测、科技咨询等科技创新服务，创新服务履行完毕后由企业或服务机构持科技创新券向科技部门兑现。通过科技创新券的发放，降低企业创新成本，促进产学研合作，激发大众创业、万众创新活力。

（二十五）加大科技型企业创业投资基金投入。支持设立科技成果转化投资基金，加大政策性资金投入力度，引导金融资本和民间资本支持科技成果的转移转化。鼓励各市县设立科技成果转化投资基金，或与社会投资机构共同出资设立基金，优先投入高新技术领域中小微企业。支持各园区、众创空间整合集聚创业者、创业导师、创投机构、民间组织等各类创新创业资源，围绕种子期、初创期科技型企业创新链资源整合，提供创业导师辅导、天使投资、创业投资等服务。

八、完善科技创新激励机制

（二十六）完善科技创新资源配置。整合科技资源，优化配置，稳定支持基础性、前沿性、公益性科学研究。加大各类科技计划向公共科研平台建设倾斜支持力度，提高公益性科研机构运行经费保障水平，支持科研机构软、硬件建设，改善科研机构科技创新条件。

（二十七）推进科技成果处置权和收益权改革。赋予高等院校、科研机构科技成果自主处置权。除涉及国家安全、国家利益和重大社会公共利益外，高等院校、科研机构可自主决定科技成果的实施、转让、对外投资和实施许可等科技成果转化事项，取得的科技成果1年内未实施转化的，成果研发团队或完成人拥有科技成果转化的优先处置权，可自行实施转化；科技成果转化收益全部留归单位自主分配，纳入单位预算，实行统一管理，处置收入不上缴国库。科技成果转化收益用于人员激励的支出部分，在本单位绩效工资总量中单列，不作为绩效工资总量基数。高等院校、科研机构转化职务科技成果，以股份或出资比例等股权形式给予个人奖励的，获奖人可暂不缴纳个人所得税，在转让其股权或获得分红时再缴纳。

（二十八）完善科技人员职称评审政策。突出用人单位在职称评审中的主导作用，逐步分级分批下放职称评审权。具备条件的省属本科高校、科研院所实行自主评审，强化事前事中事后监管。将专利创造、标准制定及成果转化作为职称评审的重要依据之一。

（二十九）改革完善科技奖励制度。修订科技进步奖励办法和科技成果转化奖励办法，优化奖励结构，制定激励约束并重、突出价值导向、公开公平公正的评价标准和方法。进一步完善科技奖励评审方式，引进省外专家或实行异地评审，增强评审的客观性和公正性。

（三十）推进科技资源开放共享。推进财政投入的大型科学仪器设备、科技文献、种质资源、科学数据等科技资源以非营利方式向企业和社会开放共享。对财政资金资助的科技项目和科研基础设施，建立统一的管理数据库和科技报告制度。引导和鼓励科研院所和高校的科研设施设备、科学数据、科技文献等科技资源向社会开放。建立以开放服务绩效为导向的科研平台运行评价体系和资源共享激励机制。

九、改进财政科研项目资金管理机制

（三十一）下放预算调剂权限。在项目总预算不变的情况下，将直接费用中的材料费、测试化验加工费、燃料动力费，以及出版、文献、信息传播、知识产权事务费和其他支出预算调剂权下放给项目承担单位。确需要调剂的，由项目承担单位据实核准，验收（结题）时报项目主管部门备案。简化预算编制科目，合并会议费、差旅费、国际合作与交流费科目，由科研人员结合科研活动实际需要编制预算并按规定统筹安排使用，其中不超过直接费用10%的，不需要提供预算测算依据。

（三十二）加大对科研人员的绩效激励力度。取消科研项目绩效支出比例限制。项目承担单位在统筹安排间接费用时，要处理好合理分摊间接成本和对科研人员激励的关系，绩效支出安排与科研人员在项目工作中的实际贡献挂钩。承担单位中的国有企事业单位从科研项目资金（含项目承担单位以市场委托方式取得的横向经费）中列支的编制内有工资性收入科研人员的绩效支出，在本单位绩效工资总量中单列，不作为绩效工资总量基数。

（三十三）劳务费开支不设比例限制。参与项目研究的研究生、博士后、访问学者以及项目聘用的研究人员、科研辅助人员等，均可开支劳务费。项目聘用人员的劳务费开支标准，参照当地科学研究和技术服务业从业人员平均工资水平，根据其在项目研究中承担的工作任务确定，其社会保险补助纳入劳务费科目列支。劳务费预算不设比例限制，由项目承担单位和科研人员据实编制。

（三十四）改进结转结余资金留用处理方式。项目实施期间，年度剩余资金可结转下一年度继续使用。项目完成任务目标并通过验收后，结余资金按规定留归项目承担单位使用，在2年内由项目承担单位统筹安排用于科研活动；2年后未使用完的，按规定收回。

十、强化科技创新保障

（三十五）加强组织领导。各级党委和政府要从全局高度，把加快实施创新驱动发展战略纳入重要议事日程，切实做好各项工作的推进和协调服务，强化科技管理能力建设，充分发挥各类创新主体的积极性，形成推进科技创新的强大合力，统筹推进全省科技体制改革和区域创新体系建设各项工作。

（三十六）加强财政支持和政策衔接。各级政府要加大对科技创新的投入，优先保障科技经费投入，规范财政科技投入口径，优化支出结构。省政府印发的《海南省鼓励和支持战略性新兴产业和高新技术产业发展的若干政策（暂行）》（琼府〔2011〕52号）、《海南省促进高新技术产业发展的若干规定》（琼府〔2012〕9号）等文件规定，与本意见不一致的，以本意见为准。各有关部门要做好政策衔接工作。

（三十七）落实职责任务。各有关部门要各司其职、协调配合，加强对科技创新工作的分类指导。科技、发展改革、工业和信息化、国有资产管理、财政、教育、人力资源和社会保障、工商、税务、金融等有关部门要结合实际，制定和完善配套办法及细化措施，抓好各项政策的落实，并加强对相关政策的绩效评估。科研院所、高校、企业、科技社团等有关单位，要主动承担和落实好科技改革发展的有关任务。

（三十八）强化考核监督。加强对科技创新的目标责任考核，将科技创新发展评价指标纳入我省经济社会发展绩效考核指标体系，作为各级党政领导班子和领导干部综合考核评价指标体系的组成部分。省委办公厅、省政府办公厅、省科技厅要加强对科技创新重点工作和重大项目的督查，确保各项决策部署落到实处。

四川省

四川省科学技术厅关于印发
《四川省产业技术研究院备案工作指引》的通知

川科财〔2018〕45号

各市（州）科技（知）局，有关单位：

　　为贯彻落实《中共四川省委关于全面创新改革驱动转型发展的决定》（川委发〔2015〕21号）、《中共四川省委关于全面推动高质量发展的决定》（川委发〔2018〕17号）精神，大力实施创新驱动发展战略，规范省级产业技术研究院的备案工作，推动省级产业技术研究院的建设发展，科技厅研究制定了《四川省产业技术研究院备案工作指引》。现印发你们，请遵照执行。

四川省产业技术研究院备案工作指引

第一章　总　则

　　第一条　为贯彻落实《中共四川省委关于全面创新改革驱动转型发展的决定》（川委发〔2015〕21号）、《中共四川省委关于全面推动高质量发展的决定》（川委发〔2018〕17号）精神，大力实施创新驱动发展战略，深化科技体制改革，促进科技和经济紧密结合，整合产学研资源，推动功能定位明确、运行机制灵活的省级产业技术研究院建设发展，制定本备案工作指引。

　　第二条　省级产业技术研究院（以下简称"省级产研院"）是为适应我省产业技术创新需求，产学研多方共投共建，集产业共性（关键）技术研发、成果转化、企业孵化、技术服务、人才培养于一体产学研用协同创新的新型研究机构。

第三条　省级产研院建设的主要目标。

（一）围绕地区产业发展战略，立足企业，服务行业，开展共性关键技术研发创新，提升地方产业核心竞争力。

（二）充分发挥市场引导作用，促进技术创新成果转化与产业化。

（三）依托省级产研院的创新要素和创新资源，助推科技型企业孵化成长，孕育、培养科技型企业。

（四）依托省级产研院的资源优势、技术优势、人才优势，面向全行业开展公共技术服务。

（五）建立人才培养基地，培养、凝聚行业优秀人才，构建技术创新团队，进行全方位、多样化的国际国内合作。

（六）开展体制机制创新，探索产学研互动的新模式和新业态，形成研发和产业紧密联系、相互促进的良性循环。

第二章　备案条件

第四条　申请备案为省级产研院应具备以下条件：

（一）在四川省内注册一年以上，具有独立企业或事业法人资格。

注册时间未满一年，但属于落实省委、省政府重大工作部署或我省特色行业领域急需建设的，可预先受理，一年建设期满复核合格后，给予确认。

（二）由我省产业龙头企业、基础条件较好的科研院所或高校牵头组建，共建单位一般不少于3家；具备较强技术创新能力，在本产业或技术领域内具有较大影响。

（三）拥有可自主支配的场地面积不低于400平方米，研究开发的仪器设备原值不低于300万元。

（四）拥有较高水平的科技创新人才团队，专职人员不少于10人，专业人员的年龄、职称结构合理。科技人员数占职工总数的比例不低于30%。

（五）具有多元化投入机制。研发费用总额占成本费用支出总额的比例不低于30%。

（六）建立联合开发、优势互补、成果共享、风险共担的产学研用合作机制，拥有产学研紧密结合的产业技术创新组织机构，具有可持续发展的市场化运行导向。

（七）聚焦产业带动性强的共性技术、关键技术的研发创新；能够有效促进技术创新成果转化与产业化，推动区域内新兴产业的集聚和发展；能够有效孵化、培育创新型企业；能够有效服务中小企业技术创新，提升产业整体技术水平。

（八）牵头承担国际、国家、省科技项目1项（含）以上，服务20家以上中小企业科技创新，有1项（含）以上科技成果转化或进入转化阶段，拥有自主知识产权成果不少于1项。

<h3 style="text-align:center">第三章　备案程序与备案材料</h3>

第五条　备案程序。

（一）发布通知。科技厅适时发布省级产研院备案申请通知。

（二）组织申请。符合备案条件的产研院，向注册地所在市（州）科技行政管理部门提出申请，并提交相关申请材料。申请材料经审核后，由市（州）科技行政管理部门以正式文件向科技厅推荐。

（三）初步审查。科技厅对产研院备案申请材料进行初审，符合申请条件形式审查要求的，进入初审合格名单。

（四）现场考察。科技厅参照科技计划项目专家聘请程序，组织技术及管理专家考察组，对初审合格的产研院进行现场考察，重点考察现有基础条件、研发条件、研发实力、人才团队等各方优势资源整合情况。根据现场考察结果，对申请单位提出建议意见。

（五）专家评估。现场考察后，组织专家考察组进行评估。主要对申请备案的产研院建设的重要性和必要性、对行业和产业发展的支撑作用、组织体制和运行机制的可行性和任务目标的合理性，以及牵头、共建单位在行业中的领军作用，建设定位是否清楚、运行状况和可持续发展能力等进行评估。评估结果为通过、暂缓通过、不通过。暂缓通过的半年内可再申请评估一次，评估结果为通过、不通过。

（六）备案。科技厅根据实地考察和专家评估意见，提出拟备案的产研院名单，报厅办公会审定后，在科技厅网上公示5个工作日。公示无异议的，科技厅备案。

第六条　申请备案的产研院应提供以下材料。

（一）申请单位请示。

（二）市（州）科技行政管理部门推荐意见。

（三）《四川省产业技术研究院备案申请表》。

（四）《申请备案的产业技术研究院运行情况报告》。

（五）企业营业执照或民办非企业登记证书或事业单位法人证书。

（六）产业技术研究院章程。

（七）上年度资产负债表。

（八）其他相关材料。包括：申报的科研成果、固定的科研场所、已有设施设备、科研人员、研发费用等证明材料。

第四章 监督管理

第七条 省级产研院纳入全省科技创新基地进行管理。科技厅对省级产研院建设工作进行业务指导、服务和支持。各市（州）科技行政管理部门对所在地区省级产研院进行业务指导和管理服务。

第八条 科技厅相关业务处室负责省级产研院的日常业务指导与管理服务，科研条件与财务处负责省级产研院的统筹规划与协调组织。

第九条 省级产研院应于每年 1 月 31 日前报送上年度省级产业技术研究院年度工作报告。连续两年未上报年度报告的，取消其省级产研院备案。

第十条 科技厅对省级产研院绩效每三年评价一次，评价方式为现场考察和材料评审相结合。评价结果为通过、暂缓通过、不通过；暂缓通过的一年内可再申请评价一次，评价结果为通过、不通过。评价不通过的取消其省级产研院备案。

第十一条 产研院对申请和绩效评价的材料真实性、准确性和完整性负责，以提供虚假材料等不正当手段通过省级产研院备案或绩效评价的，经查实后取消其省级产研院备案，三年内不再受理其省级产研院备案申请。已备案的省级产研院在四川省科技管理信息系统、四川省社会信用体系有严重失信行为记录或违法行为，取消其省级产研院备案。

第十二条 省级产研院更名、合并、撤销，经注册成立的管理部门（单位）同意后，由所在市（州）科技主管部门报科技厅备案。

第五章 附 则

第十三条 本备案工作指引由科技厅负责解释，自 2018 年 9 月 21 日起施行，有效期 5 年。原《四川省产业技术研究院认定方案（试行）》同时废止。

贵州省

关于公开征求《关于新型研发机构的支持标准及措施》
意见建议的通知

根据《中共贵州省委办公厅贵州省人民政府办公厅关于深化科研项目评审、人才评价、机构评估改革的若干意见》（黔党办发〔2020〕2 号）、《科技部关于促进新型研发机构发展的指导意见》（国科发政〔2019〕313 号），为加快推动我省新型研发机构发展，我厅起草了《关于新型研发机构的支持标准及措施》。为广泛听取社会公众意见，现将《关于新型研发机构的支持标准及措施（征求意见稿）》全文公布，欢迎有关单位和各界人士提出意见和建议。

2020 年 2 月 21 日

关于新型研发机构的支持标准及措施
（征求意见稿）

根据《中共贵州省委办公厅贵州省人民政府办公厅关于深化科研项目评审、人才评价、机构评估改革的若干意见》（黔党办发〔2020〕2 号）、《科技部关于促进新型研发机构发展的指导意见》（国科发政〔2019〕313 号），为加快推动我省新型研发机构发展，提出如下支持标准及措施。

一、新型研发机构应以投资主体多元化、管理制度现代化、组建方式多样化、运行机制市场化、用人机制灵活、创新创业与孵化育成相结合、产学研用紧密联系为特征显著区别于传统研发组织的独立法人机构。

二、新型研发机构原则上应为依法注册的企业。鼓励事业单位建设没有编制的新型研发机构、探索 GOCO（政府所有、合同运营）管理模式。

三、新型研发机构应主要围绕我省高质量发展需求，从事研究和试验发展，仅限于对新发现、新理论的研究，新技术、新产品、新工艺的研制研究与试验发展，包括基础研究、应用研究和试验发展。

四、新型研发机构应具备以下基本条件：

（一）具有独立法人资格，多元化的投资主体、健全的内控制度、规范的机构章程。注册地、主要办公和科研场所均在贵州省内。

（二）收入来源相对稳定，主要包括出资方投入，技术开发、技术转让、技术服务、技术咨询收入，政府购买服务收入以及承接科研项目获得的经费等。技术开发、技术转让、技术服务、技术咨询收入占总收入不低于50%。

（三）研发经费来源稳定。年度研究开发经费支出不低于年收入总额的40%。

（四）拥有一支人员结构合理、研发能力较强的人才团队。专职研发人员不低于10人，且占职工总数比例不低于40%，其中博士学位或高级职称以上高层次人才应占研发人员总数的1/3以上。

（五）具有一定的研发基础条件。拥有开展研发、试验、服务等所必需的仪器、装备和固定场地等基础设施。办公和科研场所不少于500平方米，用于研究开发的仪器设备原值不低于500万元。

（六）具有新颖的体制机制。拥有现代管理体制，具有明确的人才引培、薪酬激励、科研项目管理、科技成果转化等制度。

（七）具有明确业务发展方向。功能、目标边界定位清晰，在前沿技术研究、项目研发、科技成果产出和转化、服务企业、创新型人才集聚和培养、支撑产业发展等方面成效显著。

主要从事生产制造、教学培训、中介服务、园区和孵化器运营管理等活动，以及单纯从事检验检测活动的单位原则上不予受理。

五、对符合以上标准的新型研发机构，在承担省级财政科研项目、创新基地建设等方面，可同时享受面向科研院所、企业的资格待遇和扶持政策。

（一）企业类型的新型研发机构，可享受科研事业单位待遇，通过定向委托支持新型研发机构承担科研机构能力建设专项。

（二）事业单位类型的新型研发机构，可享受企业待遇，牵头承担相应的省级科技计划项目。

（三）通过创新券等方式，鼓励企业向新型研发机构购买研发创新服务。

（四）对我省十大千亿级工业产业和12大农业特色产业支撑强的新型研发机构，可采取

"一事一议"给予支持。

（五）鼓励科研事业单位骨干技术人员通过技术入股新型研发机构，或以技术股＋现金股方式与新型研发机构捆绑发展。

（六）享受国家有关新型研发机构的扶持政策。

云南省

云南省财政厅、云南省科学技术厅关于规范新型研发机构省级财政科技补助资金使用管理的通知

各新型研发机构：

为支持北京航空航天大学云南创新研究院、中国工程科技发展战略云南研究院、云南绿色食品国际合作研究中心等新型研发机构（以下简称新型研发机构）创新研发和运行保障，进一步规范省级财政科技补助资金的使用管理，结合《国务院办公厅关于抓好赋予科研机构和人员更大自主权有关文件贯彻落实的通知》（国办发〔2018〕127号）、《中共云南省委办公厅云南省人民政府办公厅关于进一步落实和完善省级财政科研项目资金管理等政策的实施意见》（云办发〔2017〕9号）、《云南省科技计划项目资金管理办法（试行）》（云财教〔2017〕367号）、《关于进一步抓好赋予科研机构和人员更大自主权有关文件贯彻落实工作的通知》（云财教〔2019〕48号）等文件精神，现将有关事项通知如下。

一、明确资金开支范围和要求

（一）资金开支范围。主要包括运行经费、科研平台建设、项目研发、成果转化和人才培养等5个方面。具体如下：

1.运行经费主要用于保障新型研发机构的日常运行，可用于劳务费、办公费、咨询费、培训费、水电费等商品和服务支出，不得超过补助资金总额的20%。

2.科研平台建设主要指用于研发平台、科技创新基地，以及科技创新公共服务平台建设等支出。

3.项目研发主要指用于基础研究、应用研究、技术研究与开发等支出。

4.成果转化主要指用于对科技成果所进行的后续试验、开发、应用、推广直至形成新技术、新工艺、新材料、新产品，发展新产业等支出。

5.人才培养主要指用于科技人才和团队的培训、交流、引进等支出。

（二）资金使用要求。运行经费、科研平台建设、项目研发、成果转化和人才培养支出参照《云南省科技计划项目资金管理办法（试行）》（云财教〔2017〕367号）、《关于进一步

抓好赋予科研机构和人员更大自主权有关文件贯彻落实工作的通知》（云财教〔2019〕48号）规定执行。新型研发机构获得的云南省科技计划项目资金不适用本通知。

二、加强预算绩效管理

（一）强化绩效导向。将绩效理念融入新型研发机构资金管理全过程，建立"预算编制有目标、预算执行有监控、预算完成有评价、评价结果有反馈、反馈结果有应用"的财政补助资金绩效管理机制。新型研发机构根据自身建设目标与规划，设定具体可量化、可考核的总体绩效目标和年度绩效目标（绩效目标表详见附件），并于每年9月前将下一年度绩效目标报送省科技厅、省财政厅。

（二）加强绩效运行监控。按照"谁支出、谁负责"的原则，新型研发机构要完善财政补助资金用款计划管理，对绩效目标实现程度和预算执行进度实行"双监控"，发现问题要分析原因并及时纠正，确保绩效目标如期实现。

（三）注重绩效评价和结果运用。新型研发机构每年对照事先确定的绩效目标开展自评，于每年3月将上一年度绩效自评报告报送省科技厅、省财政厅。省财政厅、省科技厅适时组织绩效再评价。绩效评价结果作为以后年度安排资金的重要依据。

三、健全资金监管措施

（一）加快预算执行。新型研发机构要建立健全预算执行管理机制，按照支出量化目标的原则，综合设定预算执行进度考核目标值。加强项目储备管理，扎实做好项目实施的多项前期工作，确保财政资金一旦下达就能使用，提高财政资金使用效益。

（二）优化资产管理，新型研发机构使用省级财政科技补助资金形成的大型科研仪器和科学数据按规定向社会开放共享。对使用率比较低、开放共享差的科研设施与仪器，省科技厅、省财政厅可按相关规定进行无偿划拨。

（三）加强监督管理。新型研发机构应加强内部控制制度建设，依法合规使用资金，强化法人主体责任，主动配合审计、财政、科技部门的监督检查，接受社会监督。

（四）建立报告制度。新型研发机构应建立动态报告制度，向省科技厅、省财政厅报告技术研发、项目进展、成果转化、人才培养、重要人事变更等情况。

陕西省

西安市科学技术局关于印发《西安市新型研发机构认定管理办法（试行）》的通知

市科发〔2020〕32号

各有关单位：

为贯彻落实《国家创新驱动发展战略纲要》和陕西省《实施创新驱动发展战略纲要》精神，加快新型研发机构建设，促进科技成果就地转化，依据科技部《关于促进新型研发机构发展的指导意见》（国科发政〔2019〕313号），市科技局研究制定了《西安市新型研发机构认定管理办法（试行）》，现予以印发执行。

西安市新型研发机构认定管理办法（试行）

第一章　总　则

第一条　为贯彻落实《国家创新驱动发展战略纲要》和陕西省《实施创新驱动发展战略纲要》精神，进一步壮大创新主体队伍，完善我市区域创新体系，加快推进新型研发机构建设，促进科技成果就地转化，努力形成各类创新主体优势互补、合作共赢的发展格局，依据科技部《关于促进新型研发机构发展的指导意见》（国科发政〔2019〕313号），制定本办法。

第二条　市科技局负责全市新型研发机构的统筹规划和管理考核，制定新型研发机构的扶持政策，组织开展新型研发机构的申报、评审、认定、管理和评价工作。

第二章　认定条件和程序

第三条　本办法所称的新型研发机构，主要是指围绕我市主导产业和新型产业规划布局，以科技成果转化为主要任务，多元化投资、市场化运行、现代化管理且具有可持续发展能力的独立法人组织。其主要功能为：

1. 开展技术研发。围绕西安产业需求，与国内外行业龙头企业合作或独立开展共性关键技术开发，建设合作攻关平台、技术服务平台以及科技成果中试熟化平台，解决产业发展中的技术瓶颈。

2. 孵培科技企业。以技术成果为纽带，联合企业、机构和产业基金、创投基金、社会资本与专业技术交易平台合作，积极开展科技型企业的孵化和育成。

3. 转化科技成果。构建专业化技术转移体系，完善成果转化体制机制，开展技术服务，加快推动科技成果向市场转化。

4. 引育高端人才。吸引院士、长江学者、国家特聘专家等国内外顶尖人才在我市创新创业，培养和造就一流的科学家、科技领军人才和创新创业人才。

第四条 申报新型研发机构认定条件：

1. 具备独立法人资格。申报单位必须是在我市辖区内注册运营的独立法人机构，主要办公及科研基地均在西安。

2. 机构应为多元投资的混合所有制机构，原则上人才团队持有 50% 以上股份，各投资方应主要以货币形式出资，如确需以无形资产作价入股的，其无形资产应确权，经第三方评估后将所有权转移至新型研发机构。

3. 依托国内知名高校院所、行业龙头企业国家级科研平台，或境外知名高校院所、知名跨国公司等高水平研发平台，具有稳定的科研成果来源。

4. 具有行业知名领军人才、骨干力量及高水平的研发队伍，人才团队拥有核心技术，成果具有产业化基础和市场化前景，研发人员占员工总数的比例不低于 30%，其中硕士、博士学位或高级职称人员应占研发人员的 35% 以上。

5. 具备满足开展研发的软硬件条件。拥有进行研究、开发和试验所需要的固定场地，拥有必要的测试、分析手段，工艺设备和软件平台。

6. 经费收入和支出稳定。主营业务收入应以合同开发、科技服务和股权投资收益为主。年度研究开发经费支出不低于年收入总额的 30%。孵化或引进 2 家以上科技型企业。

7. 工作评价体系及激励机制健全，形成需求导向型科技创新模式。

第五条 审核程序：

新型研发机构常年申报、适时评审、集中认定。（集中评审，年度发布认定结果）

1. 申报。常年接受申报，由申报单位按照本办法的要求填报材料，经主管部门审核盖章后，将申报材料报送市科技局。申报材料应同时以纸质（一式一份）和电子版形式报送，并准备相关证明材料供现场查验。

2. 评审。市科技局受理申报后，适时组织专家对申报材料进行评审，并会同相关部门进行现场考察。

3. 认定。根据现场考察和评审结果确定拟认定机构名单并向社会公示，公示期 5 个工作日。对公示期满无异议的申请单位，授予"西安市新型研发机构"牌子。

第三章　支持措施及绩效考核

第六条　对授牌的新型研发机构，自授牌之日起运行一年后，由市科技局组织对其运行情况进行绩效考核，对评价结果为优秀的机构，给予每家最高不超过 500 万元经费支持；考核结果为合格以上的，可参加下一年度考核，绩效考核不合格的，限期一年进行整改，整改后仍不符合要求的，撤销其新型研发机构资格。绩效考核内容包括：

1. 新型研发机构主营业务收支情况，科技研发、成果转让转化等科技服务收入占营业收入的比重，知识产权申请及授权等情况；

2. 新型研发机构在开展所属领域科技研发时的费用投入情况；

3. 新型研发机构孵化、引进科技型企业的数量，以及培育高新技术企业的数量；

4. 新型研发机构高层次人才引进与团队建设情况，其团队获得国家和陕西省科技奖励情况，引进专职高层次人才数量等情况；

5. 新型研发机构中试研发平台建设、产业战略研究、技术转移能力提升、国际科技合作交流等长期技术研发能力建设产生的支出等情况；

6. 其他关于体制机制创新、文化环境优化等方面相关情况。

第七条　鼓励新型研发机构引进高水平技术和管理人才加大高层次人才激励力度，对新型研发机构引进的高层次人才，按西安市引才相关政策落实待遇，同等条件下对引进的外国人才给予优先支持，优先推荐国家和陕西省各类人才计划。

第八条　鼓励新型研发机构牵头或联合申报国家、陕西省和西安市科技计划项目，同等条件下予以优先推荐或立项支持；鼓励新型研发机构开展国际交流合作，在西安举办国际组织的高水平学术研讨等活动。

第四章　日常管理

第九条　新型研发机构应全面加强党的建设。根据《中国共产党章程》规定，设立党的基层组织，充分发挥党组织在新型研发机构中的战斗堡垒作用，强化政治引领，切实保证党的领导贯彻落实到位。

第十条 新型研发机构实施年度报告制度。经认定授牌的新型研发机构，应在每年 12 月 31 日前向市科技局报告机构发展、科技创新和成果转化、科技企业孵化等情况的业绩绩效报告，并提交年度总结报告和下一年的年度工作计划。

第十一条 机构如发生包括但不限于名称变更、投资主体变更、重大人事变动、经营业务变化等重大事项的，应在发生后 3 个月内以书面形式向市科技局报告；超期不报或变更后已不符合本办法第四条所规定的新型研发机构条件的，撤销其新型研发机构资格。

第十二条 已授牌的新型研发机构，应自觉接受归口管理部门业务管理及相关部门监督。已通过认定的机构在有效期内如有失信或违法行为，按照国家有关规定依法追究相应责任并撤销其西安市新型研发机构资格。

第五章 附 则

第十三条 本办法由市科技局负责解释。

第十四条 本办法自 2020 年 1 月 1 日施行，有效期三年。

甘肃省

关于印发《甘肃省促进新型研发机构发展的指导办法（试行）》的通知

甘科计规〔2020〕2 号

各市（州）科技局，兰州新区科技发展局，有关单位：

为引导甘肃省新型研发机构健康有序发展，加快科技成果转化应用，省科技厅制定了《甘肃省促进新型研发机构发展的指导办法（试行）》，现予印发，请遵照执行。

甘肃省科技厅

2020 年 1 月 17 日

（此件主动公开）

甘肃省促进新型研发机构发展的指导办法（试行）

为深入贯彻落实《关于促进新型研发机构发展的指导意见》（国科发政〔2019〕313 号）、《关于建立科技成果转移转化直通机制的实施意见》（甘办发〔2018〕65 号），引导新型研发机构健康有序发展，加快科技成果转化应用，结合实际，制定本办法。

一、新型研发机构是聚焦科技创新需求，主要从事科学研究、技术创新和研发服务，投资主体多元化、管理制度现代化、运行机制市场化、用人机制灵活的独立法人机构，可依法注册为科技类民办非企业单位（社会服务机构）、事业单位和企业。甘肃省新型研发机构主要围绕全省经济社会及重点产业发展需求，以科技成果转化应用为目的，一般至少应具备以下功能之一。

（一）开展基础与应用基础研究。聚焦国家和全省战略需求，围绕基础前沿科学、前沿引领技术、现代工程技术、颠覆性技术，开展原创性研究和前沿交叉研究。

（二）开展产业共性技术研发与服务。结合全省十大生态产业发展需求，开展行业共性关键技术研发，提供公共技术服务，支撑重大产品研发和产业链创新。

（三）开展科技成果转化与科技企业孵化服务。以资源汇集和专业科技服务为特色，孵化培育科技型企业，加强人才引进和培养，加快推动科技成果转化为现实生产力，推进创新创业。

二、发展新型研发机构，坚持"谁举办、谁负责，谁设立、谁撤销"。举办单位（业务主管单位、出资人）应当为新型研发机构管理运行、研发创新提供保障，引导新型研发机构聚焦科学研究、技术创新和研发服务，避免功能定位泛化，防止向其他领域扩张。通过发展新型研发机构，进一步优化科研力量布局，强化产业技术供给，促进科技成果转移转化，推动科技创新和经济社会发展深度融合。

三、新型研发机构一般应符合以下条件。

（一）具有独立法人资格，内控制度健全完善。在甘肃省内注册和运营，主要办公和科研场所设在甘肃，拥有开展研发、试验、服务等所必需的条件和设施。

（二）具有明确的业务发展方向。围绕国家和我省经济社会发展需求，主要开展基础研究、应用基础研究，产业共性关键技术研发、科技成果转移转化，以及研发服务等。

（三）具有结构相对合理稳定、研发能力较强的人才团队。在职研发人员占在职员工总数比例不低于30%（且不少于15人），年度研究开发经费支出占年收入总额比例不低于20%。

（四）具有一定的资产规模和相对稳定的收入来源。主要包括出资方投入，技术开发、技术转让、技术服务、技术咨询收入，政府购买服务收入以及承接科研项目获得的经费等。

（五）具有灵活开放的体制机制。具有明确的人事、薪酬和经费等内部管理制度，多元化的投入机制、市场化的决策机制和高效率的成果转化机制，灵活的人才激励机制、开放的引人和用人机制。

四、鼓励设立科技类民办非企业单位（社会服务机构）性质的新型研发机构。科技类民办非企业经业务主管单位审查同意后，依法进行法人登记，运营所得利润主要用于机构管理运行、建设发展和研发创新等，出资方不得分红。符合条件的科技类民办非企业单位，依法享受职务科技成果转化个人所得税等税收优惠。

五、企业类新型研发机构应按照《中华人民共和国公司登记管理条例》进行登记管理。鼓励企业类新型研发机构运营所得利润不进行分红，主要用于机构管理运行、建设发展和研发创新等。企业类新型研发机构的研发费用可享受加计扣除政策，符合条件的可申请认定为高新技术企业，并享受相应税收优惠政策。

六、多元投资设立的新型研发机构，原则上应实行理事会、董事会（以下简称"理事会"）决策制和院长、所长、总经理（以下简称"院所长"）负责制，根据法律法规和出资方协议制定章程，依照章程管理运行。

（一）章程应明确理事会的职责、组成、产生机制，理事长和理事的产生、任职资格，主要经费来源和业务范围，主营业务收益管理以及政府支持的资源类收益分配机制等。

（二）理事会成员原则上应包括出资方、产业界、行业领域专家以及本机构代表等。理事会负责选定院所长，制定修改章程、审定发展规划、年度工作计划、财务预决算、薪酬分配等重大事项。

（三）法定代表人一般由院所长担任。院所长全面负责科研业务和日常管理工作，推动内控管理和监督，执行理事会决议，对理事会负责。

（四）建立咨询委员会，就机构发展战略、重大科学技术问题、科研诚信和科研伦理等开展咨询。

七、新型研发机构应全面加强党的建设。根据《中国共产党章程》规定，设立党的组织，充分发挥党组织在新型研发机构中的战斗堡垒作用，强化政治引领，切实保证党的领导贯彻落实到位。

八、对省委、省政府重点扶持的机构或我省产业发展急需的机构，可单独组织论证，采取"一事一议"方式进行评价。

九、对新型研发机构按绩效择优给予每家最高200万元补助，支持开展研发创新活动。

十、对于经认定的从事战略性、前瞻性、颠覆性、交叉性领域研究的战略科技力量，按一所（院）一策原则，予以支持。属于事业单位性质的机构，不定行政级别，实行编制动态调整，不受工资总额限制，实行综合预算管理，实施岗位管理制度与人员聘用制度，给予研究机构长期稳定持续支持，赋予研究机构充分自主权。

十一、符合条件的新型研发机构按照要求申报国家和省级科技重大专项、重点研发计划、自然科学基金等各类政府科技项目、科技创新基地和人才计划。激励科技人员开展科技成果转化，享受科技成果转化收入分配政策。积极参与国际科技和人才交流合作，鼓励新型研发机构引进高水平技术和管理人才，联合国内外知名大学、科研机构、跨国公司等开展研发，设立研发、科技服务等机构。

十二、推动新型研发机构加强科研诚信和科研伦理建设，根据科学研究、技术创新和研发服务实际需求，自主确定研发选题，动态设立调整研发单元，灵活配置科研人员、组织研发团队、调配科研设备。

十三、新型研发机构应采用市场化用人机制、薪酬制度，充分发挥市场机制在配置创新资源中的决定性作用，自主面向社会公开招聘人员，对标市场化薪酬合理确定职工工资水平，建立与创新能力和创新绩效相匹配的收入分配机制。以项目合作等方式在新型研发机构兼职开展技术研发和服务的高校、科研机构人员按照双方签订的合同进行管理。

十四、组织开展绩效评价，根据评价结果给予新型研发机构相应支持，连续 2 次评价不通过的，资格自动失效。主要评价以下内容：

（一）新型研发机构主营业务收入、支出等情况，科技研发等科技服务收入占营业收入的比重、知识产权申请及授权等情况。

（二）新型研发机构自主或委托其他机构开展所属领域前瞻性技术项目所需的研发费用支出等情况。

（三）新型研发机构孵化、引进企业数量、培育高企数量情况。

（四）新型研发机构利用已形成的基础研究成果或对外购买重大原创性基础研究成果，进行二次开发所需的研发费用支出情况（包括人员、设备、材料、试验及燃料动力等费用）。

（五）高层次人才引进与团队建设情况，包括引进专职的高层次人才所需科研启动资金、薪酬，以及机构独立法人单位市场聘用的专职人员薪酬支出等情况。

（六）新型研发机构中试研发平台建设、产业战略研究、技术转移能力提升、国际科技合作交流等产业技术研发能力建设产生的支出等情况。

（七）新型研发机构开展体制机制创新、日常管理运行、文化环境完善等方面情况。

十五、对有弄虚作假等失信的行为，一经查实，将不再列入新型研发机构序列；对发生违反科技计划、资金管理等规定，违背科研伦理、学风作风、科研诚信等行为的新型研发机构，依法依规予以问责处理。

十六、本指导办法自发布之日起施行，有效期两年。

广西壮族自治区

关于印发广西新型产业技术研发机构管理办法（试行）的通知

桂科政字〔2019〕45号

各有关单位：

为贯彻落实《中共广西壮族自治区委员会　广西壮族自治区人民政府关于实施创新驱动发展战略的决定》和《广西加快科技创新平台和载体建设实施办法》精神，加快广西新型产业技术研发机构建设，推动创新创业高质量发展，现印发《广西新型产业技术研发机构管理办法（试行）》，请遵照执行。

广西壮族自治区科学技术厅　广西壮族自治区财政厅

2019年5月6日

（此件主动公开）

广西新型产业技术研发机构管理办法（试行）

第一章　总　则

第一条　为贯彻落实《中共广西壮族自治区委员会　广西壮族自治区人民政府关于实施创新驱动发展战略的决定》（桂发〔2016〕23号）和《广西加快科技创新平台和载体建设实施办法》（桂政办发〔2016〕116号）精神，加快广西新型产业技术研发机构（以下简称"新型研发机构"）建设发展，决定面向全国公开遴选新型研发机构，推动创新创业高质量发展，制定本办法。

第二条　本办法所称新型研发机构，是指围绕广西产业技术创新需求建立的投资主体多元化、建设模式多样化、运行机制市场化、管理制度现代化，具有可持续发展能力，产学研协同创新的独立法人组织。

第三条   自治区科技厅负责研究制定新型研发机构发展规划和政策，协调解决新型研发机构建设和发展过程中遇到的重大问题。自治区科技厅择优委托独立的第三方专业机构组织开展新型研发机构的申报、论证、管理和考核评估工作。

第四条   设区市科技行政管理部门负责本地区新型研发机构的培育、申报和日常管理工作。

第二章   申报与认定

第五条   申请认定为广西新型研发机构应当符合以下条件：

（一）在广西境内注册为独立法人的企事业单位、民办非企业机构、社团组织或机构，其主要办公和研发场所设在广西。

（二）以合同科研和科技服务为主要收入来源，科研等科技服务收入（含技术转让、技术股权收益）占总收入的比重不低于60%；具备开展研究、开发和试验所需的科研仪器、设备和固定场所。

（三）在职研发人员占在职员工总数比例不低于30%。

（四）符合广西重点产业技术创新需求，以研究开发为主，具有明确的研发方向和目标定位，在前沿技术研究、工程技术开发、科技成果转化等方面有鲜明特色。

（五）建立现代科研机构管理制度、科研项目管理制度、科研经费财务会计独立核算制度等。

主要从事教育培训、科学普及、科技咨询服务、园区管理等活动的单位，原则上不予受理。

第六条   申报广西新型研发机构须提交以下材料：

（一）广西新型产业技术研发机构申报表；

（二）组织机构代码证（统一社会信用代码）、营业执照或者事业单位（社会团体）登记证、税务登记证等有效证件复印件；

（三）研发人员（含兼职科研人员）和管理人员的姓名、年龄、学历、专业、职称、工作岗位等信息清单；

（四）具备的科研仪器设备清单（包括设备和软件的名称、数量、原值总价、购置年份等信息）；

（五）机构章程和管理制度（包括人才引培、薪酬激励、成果转化、科研项目管理、研发经费核算等）；

（六）近2年（注册运营不足半年的免交）承担的政府和企业科技计划项目、自主立项研发项目、合作及委托研发项目清单（包括项目名称、项目下达部门、编号、合作或委托单位、金额、起止时间）、立项材料或项目合同复印件；

（七）近2年（注册运营不足半年的免交）科技成果产出和转化清单（包括成果名称、成果形式、成果登记时间、转化方式、转化收入及技术交易合同等相关材料）；

（八）近2年（注册运营不足半年的免交）创业与孵化育成企业清单（包括服务、创办、孵化企业，设立产业投资基金，开展产学研协同创新等材料）。

第七条　广西新型研发机构申报认定程序：

（一）发布通知。自治区科技厅发布申报广西新型研发机构的通知，明确申报单位需提交的申请材料和认定工作流程等相关要求，委托第三方专业机构组织开展申报工作。

（二）申报推荐。申报单位按通知要求填写有关申报材料，设区市科技行政管理部门对申报材料的真实性和完整性进行审核，并提出推荐意见，汇总后报送自治区科技厅。

（三）形式审查。第三方专业机构对申报材料的真实性、完整性、合法性进行审查，符合要求的进入评审论证环节。

（四）推荐论证。第三方专业机构组成专家组，采取定量与定性相结合的方法对申报材料进行论证，结合实地考察论证提出综合意见，并报送自治区科技厅。

（五）结果公示。自治区科技厅根据专家论证意见，提出认定方案，在自治区科技厅官方网站向社会公示，公示期为5个工作日。

（六）结果公布。对公示无异议的申报机构，自治区科技厅正式行文公布，并函报自治区财政厅。

第八条　对自治区党委、自治区人民政府重点扶持或广西产业发展急需的新型研发机构，可以按照"一事一议"原则组织论证或建设。

第三章　政策扶持

第九条　对通过认定的由全国两院"院士"、国家级人才项目的科学家、世界500强企业以产学研共建等形式在广西发起设立的新型研发机构，可采取"一事一议"方式报自治区人民政府审定后，优先予以经费支持，用于新型研发机构建设和自主选题科研活动。

第十条　对通过认定的新型研发机构，从自治区科技基地和人才专项中一次性给予最高不超过500万元的经费支持，主要用于新型研发机构建设和自主选题科研创新方面的开支。

第十一条　通过认定的广西新型研发机构，还享受以下扶持政策：

（一）在申报、承担各级财政科技计划项目、科研人员参与职称评审，进口科研仪器设备购置等，享受自治区科研机构同等待遇。

（二）聘用本科以上专业技术人员、管理人员及海外留学人员，符合条件的可享受国家、自治区和所在市有关引进人才的优惠政策。

附件：广西新型产业技术研发机构申报表 .doc

第四章　管理与考核

第十二条　通过认定的新型研发机构，分别授予广西新型产业技术研发机构牌匾，自颁发资格之日起有效期为 3 年。

第十三条　新型研发机构名称、投资主体、主要人员变动等重大事项发生变化的，事前须向受托管理的第三方专业机构提出书面申请，报经自治区科技厅同意后，维持有效期不变。不提出申请或未经同意的，取消其新型研发机构资格。

第十四条　第三方专业机构对新型研发机构开展三年一期的目标考核评估工作。考核通过的，继续保留 3 年资格，考核不通过的，取消资格，收回牌匾。

第十五条　每年 3 月底前，新型研发机构向管理机构报送上一年度工作总结报告、研发和经营活动基本信息情况。

第十六条　新型研发机构严格遵守国家和自治区有关财经纪律，确保财政性资金专款专用，并自觉接受监督检查。

第十七条　新型研发机构对申请材料的真实性负责。在申报认定前，如发现有弄虚作假行为的，取消其 3 年内申请资格；并将其及负责人记入广西科研失信记录"黑名单" 3 年；已经通过认定的新型研发机构，发生失信或违规违法行为的，终止其资格并收回牌匾，并取消其及负责人的申报资格 3 年。

第五章　附　则

第十八条　本办法由自治区科技厅负责解释。

第十九条　本办法自发布之日起施行。

吉林省

吉林省人民政府关于印发吉林省加快新型研发机构发展
实施办法的通知

吉政发〔2018〕31 号

各市（州）人民政府，长白山管委会，长春新区管委会，各县（市）人民政府，省政府各厅委办、各直属机构：

现将《吉林省加快新型研发机构发展实施办法》印发给你们，请认真组织实施。

吉林省人民政府

2018 年 11 月 30 日

（此件公开发布）

吉林省加快新型研发机构发展实施办法

第一章　总　则

第一条　为贯彻党的十九大"深化科技体制改革"部署，落实《国家创新驱动发展战略纲要》和《中共吉林省委吉林省人民政府关于深入实施创新驱动发展战略推动老工业基地全面振兴的若干意见》（吉发〔2016〕26 号）精神，加快我省新型研发机构发展，结合实际，制定本办法。

第二条　本办法所称新型研发机构是指围绕吉林省重大科技创新需求，采用多元化投资、企业化管理和市场化运作，主要从事科学研究与技术开发及相关的技术转移、衍生孵化、技术服务等活动的独立法人机构。

第三条　新型研发机构应具备现代化的高效治理模式，具备完善的议事机制、决策机制及监督机制，根据国家法律、法规和出资者的约定，实行章程管理。

第四条　新型研发机构发展应遵循创新机制、民办公助、企业运作、突出特色和服务产业的原则。鼓励域外名企、名校和高端人才来我省设立新型研发机构；鼓励在吉中直机构与本地产业需求结合设立新型研发机构；鼓励本省科研单位和高校创新机制设立新型研发机构；鼓励以企业为主体产学研金联合设立新型研发机构。

第五条　围绕全省"一主、六双"产业空间布局，在节能、新能源与智能网联汽车、先进轨道交通装备、现代中药、生物医药和高性能医疗器械、卫星、通用航空、精密仪器与装备、大数据、人工智能与新一代信息技术、新材料、新能源、现代农业等领域，以及未来颠覆性技术领域，重点依托长春新区、国家级开发区、农业科技园区、可持续发展实验区等区域和创新型企业、高校、科研院所，培育引进一批新型研发机构。

第二章　认定与管理

第六条　新型研发机构的基本条件：

（一）新型研发机构应为在我省注册的独立法人机构，鼓励人才团队控股；

（二）依托国内一流科研院所、高校和行业龙头企业科研平台，或境外国际知名大学、跨国公司、研究机构等高水平研发平台，具有稳定的科研课题成果来源；

（三）拥有一支国内外高层次人才团队领衔的研发队伍，且研发人员占职工总人数比例不低于50%；其中硕士或中高级职称以上研发人员应占研发人员总数的50%以上；

（四）新型研发机构以技术研发与服务为核心功能，研究成果以技术许可和转让方式等予以转化。

第七条　新型研发机构的确认程序：

（一）拟申报新型研发机构的企业应在完成工商注册后到省科技厅备案，同时编制建设方案并向省科技厅提出认定申请。

（二）省科技厅在企业报送相关材料基础上组织相关专家进行咨询论证，对通过论证并经公示无异议的企业确认为新型研发机构。对省委、省政府重点扶持和产业发展急需的新型研发机构，可单独组织论证，采取"一事一议"的方式进行支持。

第三章　政策支持

第八条　资金支持及管理。

（一）省科技创新等专项资金，以后补助的方式支持新型研发机构建设和发展，后补助额度依据相关绩效评估结果确定。

（二）对符合条件的新型研发机构，鼓励各类创投基金优先给予股权投资；鼓励各类担保基金优先提供科技担保服务；积极推动其上市挂牌融资。

（三）各级政府在承担科技计划项目、重大科研设施和大型科研仪器开放共享、开展职称评审等方面，给予新型研发机构与科研院所、高等学校同等的待遇。

（四）试行创新券等方式，支持企业向新型研发机构购买研发服务。

第九条 落实税费优惠政策。

（一）对符合条件的新型研发机构从事技术开发、技术转让以及与之相关的技术咨询、技术服务所得的收入，免征增值税；一个纳税年度内，技术转让所得不超过 500 万元的部分，免征企业所得税，超过 500 万元的部分，减半征收企业所得税。

（二）新型研发机构为开发新技术、新产品、新工艺发生的研究开发费用，未形成无形资产计入当期损益的，在按照规定据实扣除的基础上，在 2018 年 1 月 1 日至 2020 年 12 月 31 日期间，再按照实际发生额的 75% 在税前加计扣除；形成无形资产的，在上述期间按无形资产成本的 175% 在税前摊销。

（三）对符合相关条件的新型研发机构进口科研用仪器设备免征进口关税和进口环节增值税、消费税，具体名单由省科技厅报长春海关备案。

（四）符合相关条件的新型研发机构在 2018 年 1 月 1 日至 2020 年 12 月 31 日期间新购进的仪器、设备，单位价值不超过 500 万元的，允许一次性计入当期成本费用，在计算应纳税所得额时扣除，不再分年度计算折旧；单位价值超过 500 万元的，可缩短折旧年限或采取加速折旧的方法，最低折旧年限不得低于《中华人民共和国企业所得税法实施条例》规定。

第十条 人才激励措施。

（一）股权激励。新型研发机构拥有科技成果的所有权和处置权，鼓励让科技人员通过股权收益、期权确定等方式更多地享有对技术升级的收益，实现研发人员创新劳动同其利益收入对接。鼓励新型研发机构牵头与地方园区、人才团队共同组建研发中心，探索各方共同出资、由研发团队控股的运营公司，增值收益按股权分配。

（二）新型研发机构在薪酬待遇上探索年薪制，加大对重大科研团队负责人和重点引进人才的薪酬奖励，对外聘的事业单位人员可采取市场化薪酬。

（三）在新型研发机构开展职称自主评定试点，对引进的海外高层次人才、博士后研究人员、特殊人才畅通直接认定"绿色通道"。

（四）对于新型研发机构引进的人才（团队），及时兑现高层次人才引进优惠政策，优先支持申报国家、省级人才计划。

（五）新型研发机构中符合相关规定的人才可享受相应的人才安居政策。

第十一条 鼓励引进培育高端研发资源，打造新型高端研发机构。鼓励在全球遴选国际一流领军人才或项目经理人，领办创办新型高端研发机构，赋予其组织研发团队、提出研发课题、决定经费分配的权利。

第四章 考核管理

第十二条 省科技管理部门按照有关规定提出标准和要求，委托第三方对新型研发机构进行绩效考核，第三方应根据实际情况选择合适的考核方式，考核结果作为新型研发机构奖励及淘汰依据。

第五章 附 则

第十三条 本办法由省科技厅负责解释。

第十四条 本办法自印发之日起执行。

宁夏回族自治区

宁夏回族自治区科技创新平台专项及引进共建研发机构专项管理暂行办法
（征求意见稿）

第一章　总　则

第一条　为规范科技创新平台专项和引进共建研发机构专项资金的管理，提高专项资金使用绩效，根据《自治区党委人民政府关于深入推进创新驱动战略的实施意见》（宁党发〔2017〕26号）、《自治区党委人民政府关于深入实施创新驱动发展战略加快推进科技创新的若干意见》（宁党发〔2016〕47号）、《自治区人民政府关于财政支持自治区科技创新平台建设的政策意见》（宁政发〔2011〕157号）等文件精神，自结合各类创新平台管理或认定办法的相关规定，特制订本办法。

第二条　本办法所称科技创新平台专项及引进共建研发机构专项为科技基础条件建设计划，重点支持各类科技创新平台和研发机构持续开展科技研发、科技成果转化、对外科技合作交流、科技人才建设，逐步提高创新平台和研发机构科技基础条件及自主创新能力。

第三条　科技创新平台是指批复组建（或认定）的国家级、自治区级重点实验室、技术创新中心、产业技术协同创新中心、临床医学研究中心等平台。

第四条　引进共建研发机构是指国家级科研机构、一流大学和创新实力强的大型企业来宁设立分院分所、产业技术研究院、技术转移中心等研发和成果转化机构；支持与我区联合共建的重点实验室、技术创新中心、临床医学研究中心等。

第五条　专项资金由自治区财政年度预算安排，自治区科技厅和财政厅共同管理，科技厅具体负责组织实施。

第二章　申报与审核

第六条　科技创新平台专项实行申报审核制。

（一）项目采取不见面网上推荐申报、常年受理的方式，由各市县（区）科技主管部门、宁东管委会、高新区管委会、园区管委会、科研院所、高校及自治区有关部门组织创新平台的依托单位通过宁夏科技管理信息系统（以下简称"管理信息系统"）按要求进行网上申报和推荐。管理信息系统与宁夏政务服务网项目公开信息互通共享。保密项目按相关规定执行。

（二）自治区科技厅相关业务处负责对申报单位（创新平台依托单位）基本情况、创新平台批复组建文件等相关证明材料等进行审核。

（三）依托同一单位组建的不同创新平台不能重复申报。

（四）自治区科技厅相关业务处根据财政经费预算，对审核后符合支持范围和标准的创新平台，提出专项资金支持额度，经厅务会审定后上报自治区财政厅，自治区财政厅下达专项资金补助文件。

第七条 引进共建研发机构专项资金采取因素分配法，将项目资金切块下达至五市、宁东管委会，分类自主实施。

（一）自治区科技厅会同财政厅，按照因素分配法，将项目资金切块下放至五市科技局、宁东管委会。

（二）五市科技局、宁东管委会负责专项资金申报、评审、年度检查、绩效评价全过程管理，并承担廉政责任。

（三）五市科技局、宁东管委会可结合地方发展需要，自主发布项目申报指南；在专项规定时限内由各县（区）组织项目申报工作。

（四）五市科技局、宁东管委会采取竞争性评审方式，由相关专家对专项进行评审论证，并将建议立项专项金分配清单以及相关附件材料报送自治区科技厅各归口业务处（单位）。经各归口业务处（单位）进行查重和规范性审查后，由五市和宁东科技管理部门下发项目立项文件。

（五）对批准立项的专项，五市科技局、宁东管委会可委托第三方对项目实施情况开展年度评估（检查），并将评估（检查）结果报科技厅发展计划处和归口业务处（单位）。

（六）到期专项由五市科技局、宁东管委会负责督促专项承担单位提交专项结题验收材料，由各地市级科技管理部门组织验收。专项验收后报科技厅归口业务处（单位）审核备案。

第三章　支持标准和资金使用

第八条 创新平台专项支持的范围及标准

（一）对已建成并投入运行 2 年以上的国家级和自治区级重点实验室、技术创新中心每 2 年开展一次绩效评价，对评价结果得分 70 分以上的给予支持。国家级给予 50 万元支持，自治区级给予 30 万元支持。

（二）对新获批省部级研发平台，给予一次性 100 万元支持；新认定的产业技术协同创新中心，给予一次性 500 万元支持。

第九条　引进共建研发机构专项支持的范围及标准

（一）国家级科研机构、一流大学和创新实力强的大型企业来宁设立分院分所、产业技术研究院、技术转移中心等研发和成果转化机构，设立整建制机构给予投资总额 30%、最高不超过 2000 万元支持，设立分支机构给予投资总额 30%、最高不超过 500 万元支持。

（二）对与自治区联合共建重点实验室、技术创新中心、临床医学研究中心的，列入基础条件建设和人才支持计划，按照新增投资额的 30%、最高不超过 1000 万元给予支持。

第十条　为了发挥财政资金引导作用，激励创新主体加大 R&D 经费投入，原则上以企业为申报单位的，企业研发自筹资金不低专项资金，以科研院所和高校为申报单位的，优先支持有自筹资金的。

第十一条　项目资金应主要用于各类创新平台、引进共建研发机构科研基础条件建设及相关的研发活动，具体资金使用根据各类创新平台管理办法中相关规定进行列支及管理。主要用于科研仪器设备购置、维修、开展技术攻关、人才培养、科技交流、科技奖励等，实施周期一般为 1 ~ 2 年。用于人才培养的资金要与自治区人才奖励补助资金相互统筹使用，防止重复交叉等情况。

（一）支持资金的 40% 用于创新平台和引进共建研发机构的基础条件建设，包括大型科研仪器设备、小试、中试阶段相关实验设备的购置、维修等，通过完善平台研发机构的科技基础条件，提高研发水平和能力，实现开放、合作、共享。

（二）支持资金的 60% 用于创新平台和引进共建研发机构开展研发活动。包括设立自主研发课题和开放课题，围绕本领域关键瓶颈技术需求，自主设立课题，开展应用基础研究或新技术、新产品、新工艺等方面的攻关，与共建或伙伴单位联合，设立开放课题，开展先进技术引进吸收集成再创新等。

（三）各类创新平台和引进共建研发机构结合建设实际需求，可从 60% 的研发活动资金中提出不超过 3% 的经费支持人才队伍建设，包括人才的引进、培养和使用。主要用于柔性引进高层次人才或创新人才，培养研发团队的技术骨干，开展对外科技合作交流等。可安排部分资金对创新平台及研发机构建设作出重大或突出贡献的学术带头人、技术骨干给予一定的奖励。科技奖励的前提是本单位制定出台对科技人员进行奖励的制度或办法，且已实施 2 年以上。奖励的标准依据自治区党委、政府出台的相关制度规定及本单位制度办法执行。

第四章　组织管理与监督检查

第十二条　专项资金坚持"谁主管谁负责，谁审批谁负责，谁实施谁负责"的原则，科技创新平台专项由科技厅相关业务处负责全过程管理；引进共建研发机构专项资金由五市科技局、宁东管委会负责全过程管理。

第十三条　科技创新平台专项下达后 15 日内，各依托单位组织创新平台填写《科技创新平台专项资金实施方案》，明确目标、建设（研究）任务、经费使用明细、经济社会生态效益、组织管理等内容。经属地科技管理部门、宁东管委会、高新区管委会、园区管委会、科研院所、高校及区直部门（单位）的归口管理部门审核同意后，报自治区科技厅相关业务处审定备案管理，作为绩效评价考核的依据。

第十四条　五市科技局、宁东管委会负责引进共建研发机构专项全过程管理，要建立健全内控制度，确保项目实施及资金监管工作的责任化、制度化、绩效化。

第十五条　获得专项资金的创新平台或引进共建研发机构，应实行专账核算，并在研发费用辅助账基础上设置创新平台辅助明细账进行核算，确保资金使用规范合理，有据可查。若在资金使用或管理上存在不规范行为，自治区科技厅有权要求各类平台或研发机构的依托单位进行纠正或整改，若经多次纠正或整改仍不符合要求的，将按有关规定追回资金，并将创新平台、研发机构及其依托单位纳入不诚信记录。

第十六条　已获得支持专项资金的创新平台或引进共建研发机构，若在专项资金实施期内被撤销的，将全额追回支持经费。

第十七条　项目实行绩效评价制度。自治区科技厅委托第三方机构，每 2 年对创新平台专项资金进行绩效评价，评价结果作为专项预算安排和改进政策、完善项目管理的依据；五市科技局、宁东管委会 2 年对引进共建研发机构专项资金进行绩效评价，评价结果作为专项资金因素分配的其中依据之一，可委托第三方机构开展。

第十八条　自治区财政厅会同自治区科技厅加强项目资金的预算监管和监督检查，发现问题及时督促整改。

第十九条　发现项目单位弄虚作假、虚报套取等情况取消享受专项资金支持资格，对已拨付的专项资金一律收回财政，5 年内不得申报相关专项政策支持。

第五章　附　则

第二十条　本办法涉及资金具体事宜按照自治区财政项目资金有关管理规定执行。

第二十一条　本办法自公布之日起施行，由自治区科技厅、财政厅负责解释。